普通高等教育"十二五"重点规划教材·公共课系列

计算机应用基础

（第二版）

陈　捷　李建俊　主编

陈翠松　王莹莹　林晓敏　副主编

科学出版社

北京

内 容 简 介

本书结合企业的实际情况，选取了9个项目进行教学，包括接手计算机，制作公司文件，制作会展邀请函、制作产品推广手册，制作工资表，处理销售数据，制作产品演示文稿，计算机组装、维护与网络访问，以及企业可视化分析与营销等。在项目实施过程中学习计算机基础知识、基本概念和一些常用软件的使用，内容主要包括计算机基础知识、Windows XP基本操作、计算机网络与 Internet 应用、计算机安全、电子邮件收发、中文字处理 Word、电子表格处理 Excel、演示文稿制作 PowerPoint、Visio以及 Publisher 等。

本书是高职高专院校各专业学生学习计算机应用基础知识的必备教材，还可以作为各种计算机培训班的相关教材以及参加全国高校计算机水平等级考试的辅导用书。

图书在版编目（CIP）数据

计算机应用基础/陈捷，李建俊主编. —2 版. —北京：科学出版社，2010
（普通高等教育"十二五"重点规划教材·公共课系列）
ISBN 978-7-03-028964-3

Ⅰ.①计… Ⅱ.①陈… ②李… Ⅲ.①电子计算机-高等学校-教材
Ⅳ.①TP3

中国版本图书馆 CIP 数据核字（2010）第 177533 号

责任编辑：吕建忠　李　伟 / 责任校对：耿　耘
责任印制：吕春珉 / 封面设计：子时文化

科 学 出 版 社 出版
北京东黄城根北街 16 号
邮政编码：100717
http://www.sciencep.com

百 善 印 刷 厂 印刷
科学出版社发行　　各地新华书店经销
*

2006 年 9 月第 一 版　　开本：787×1092 1/16
2010 年 9 月第 二 版　　印张：22 3/4
2010 年 9 月第一次印刷　　字数：515 000
印数：1—3 500

定价：35.00 元
（如有印装质量问题，我社负责调换〈百善〉）

销售部电话 010-62134988　编辑部电话 010-62135763-8021

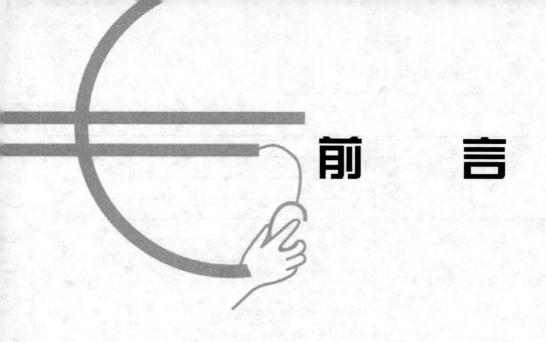

前 言

进入 21 世纪以来，计算机技术的发展更加迅速，应用更加广泛，计算机技术已深入到社会的各个领域，掌握计算机的基础知识和使用技能已成为当代大学生的一项基本学习任务。

本书在写法上，按照任务描述、解决方案、拓展知识来完成项目和任务的学习，主要内容如下。

序　号	名　　称	任　务　列　表	课　　时
项目一	接手计算机	任务 1　检查计算机配置	10
		任务 2　管理文件	
		任务 3　设置个性化桌面	
		任务 4　安装网络打印机	
项目二	制作公司文件	任务 1　制作文件框架	4
		任务 2　处理文件文本	
		任务 3　校对文本	
		任务 4　打印	
项目三	制作会展邀请函	任务 1　制作文本主控文档	6
		任务 2　添加图片美化邀请函	
		任务 3　添加表格安排日期	
		任务 4　合并生成邀请函	
项目四	制作产品推广手册	任务 1　制作封面	4
		任务 2　处理长文档	
		任务 3　添加目录	
项目五	制作工资表	任务 1　建立工资表	6
		任务 2　建立个人所得税税率表	

续表

序号	名称	任务列表	课时
项目五	制作工资表	任务3 核算工资	6
		任务4 美化工资表	
		任务5 打印工资表	
项目六	处理销售数据	任务1 建立商品销售表	10
		任务2 利用排序功能处理数据	
		任务3 利用分类汇总功能统计数据	
		任务4 利用图表直观比较数据	
		任务5 利用筛选功能查询数据	
		任务6 利用数据透视表深入分析数据	
项目七	制作演示文稿	任务1 添加产品信息	6
		任务2 美化演示文稿	
		任务3 预演彩排	
项目八	计算机组装、维护与网络访问	任务1 确定需求表	8
		任务2 确定项目采购方案	
		任务3 组装计算机	
		任务4 计算机软件及网络安装与调试	
		任务5 系统维护	
项目九	企业可视化分析与营销	任务1 绘制组织结构图	6
		任务2 绘制贸易流程图	
		任务3 绘制办公室平面图	
		任务4 设计名片	
		任务5 设计折叠广告	
合计			60

本书第二版的编写吸收了专家、学者和一线专业教师的意见，与第一版相比具有以下几个特点。

1. 实用性强

计算机应用基础是一门实践性很强的课程，本书通过多种企业实例，提高实用性，激发学生的学习兴趣。

2. 精选案例

精选计算机在企业日常办公、财务管理、宣传推广等方面应用的实际例子，包含丰富的扩展案例，供学生课后自学，提高学生学习能力。

3. 工学结合

企业人员参与项目设计，教学内容再现工作情景，有较强的应用性和针对性，让学生身临其境，在做中学，有效实现学生职业技能的培养，真正实现所学与所用的无缝对接，突出"理论够用、重在实操"。

为了增加可读性，书中增加了知识点目录，方便对知识点的查找。在表达操作步骤的图中增加了鼠标和键盘小图标，说明如下。

表示鼠标左键单击；　表示鼠标右键单击；　表示鼠标左键双击；　表示用键盘输入文字；　表示按回车键，其中1、2、3表示操作步骤。

本书的编写人员均为从事计算机基础一线教学、并拥有丰富的企业实践经验的教师、企业专家，广东机电职业技术学院信息工程学院李建俊副院长对本书的结构及内容提出了指导性意见，广州博夫玛五金进出口贸易有限公司林晓敏经理为本书提供了珍贵的资料。项目一由陈捷老师编写，项目二～项目四由陈翠松老师编写，项目五和项目六由王莹莹老师编写，项目七由胡泽军老师编写，项目八由李志杰老师编写，项目九由曹党生老师编写。全书由陈捷老师统稿。

本书的编写过程中，受到广东机电职业技术学院各级领导的关心和支持，在此表示衷心感谢！对于书中不妥之处，恳请广大读者批评指正，编者邮箱：dingding2008@gmail.com。

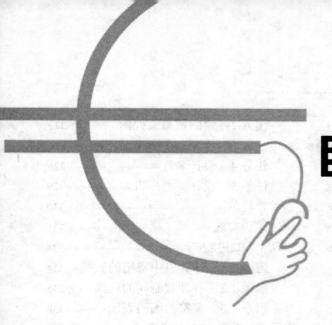

目　录

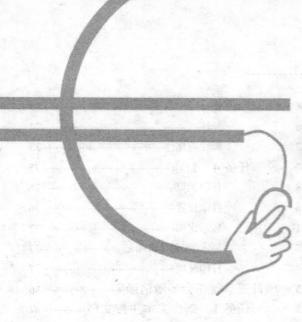

知识点目录

Excel 的应用

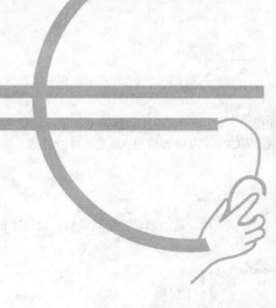

项目一

接手计算机

在信息化的今天，工作和学习都离不开计算机，如打印文件、收发传真、联系客户、进行企业管理和财务管理，听音乐、看电影、玩游戏等。刚接手一台计算机，要先检查并记录计算机的配置，为了使计算机更适合自己的工作与学习，提高工作效率，还可以进行个性化设置。

任务 1　检查计算机配置

任务描述

刚领用一台计算机，作为办公用品的交接，公司要求每位员工确认计算机的基本信息，方便管理。表 1.1 所示为公司的计算机配置表，本任务就是要了解和熟悉计算机的配置情况。

表 1.1　计算机配置表

品牌型号	Dell Vostro 230 微塔式（T220506CN）
CPU	英特尔 奔腾 双核处理器 E5400（2.70GHz，800MHz FSB，2MB 二级高速缓存）
内存	2GB（2X1GB）NECC 双通道 DDR3 1333MHz SDRAM 内存
硬盘	320GB SATA 3.0Gb/s 硬盘含 NCQ
显示器	戴尔 ™ E2010H 20 英寸宽屏显示器
键盘	DELL 戴尔（TM）无线键盘
鼠标	戴尔 ™ 无线鼠标
光驱	16X DVD-ROM 光驱
其他	

交接日期：　　　　　　　　　使用者签名：　　　　　　　技术员签名：

解决方案

　　要检查计算机的基本信息，首先，从外观上，可以观察到显示器类型、鼠标、键盘及机箱等信息；其次，通过查看系统属性来获取 CPU、内存等信息；最后，可以通过"我的电脑"查看磁盘驱动器的信息。

　　1. 观察计算机外观

　　一般来说，现在的计算机至少包括四个部分：主机、显示器、键盘和鼠标，如图 1.1 所示。

图 1.1　计算机的外观

　　（1）主机

　　主机是计算机最重要的组成部分，由主机箱以及机箱内的各种硬件组成，大部分的计算机硬件设备（如电源、主板、CPU、内存条、硬盘、显示卡、声卡、光盘驱动器等）装在主机中。

　　（2）显示器

　　显示器是计算机必不可少的输出设备，负责将计算机处理的中间结果和最终结果以人们能够识别的字符、表格、图形或图像等形式显示出来。

　　显示器通常也称为监视器。显示器的外观像一台电视机，按屏幕尺寸大小可以分为 17 英寸、21 英寸、30 英寸甚至更大的尺寸，也可以分为 CRT、LCD、LED、等离子显示器等多种。

　　（3）键盘

　　键盘是计算机最基本的、也是不可缺少的输入设备，常用键盘的布局如图 1.2 所示。

　　图 1.3 所示为基准键位指法图，正确的指法，不但可以帮助我们记住键盘上的键位，而且提高了打字速度。

　　（4）鼠标

　　鼠标是输入设备中除了键盘之外，另一种最常用的输入设备。

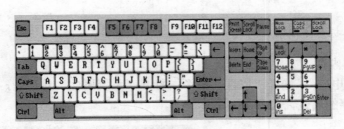

图 1.2　键盘的布局

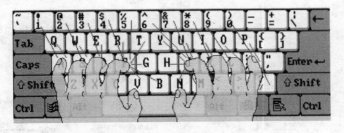

图 1.3　基准键位指法图

鼠标左侧的键为"鼠标左键"，一般单击用于选定对象，双击用于执行命令；其右侧的键为"鼠标右键"，一般单击鼠标右键会弹出快捷菜单。

手握鼠标的正确方法是：用右手握住鼠标主体，将食指轻放在左键上，中指轻放在右键上，操作时带动鼠标进行平面移动，如图 1.4 所示。

图 1.4　鼠标的使用

> 说　明
>
> Windows 大部分的操作都可通过鼠标来完成，下面简单介绍鼠标的基本操作。
>
> 1）指向：将鼠标指针移到某个对象上，但不会选定该对象。
>
> 2）单击：迅速按下鼠标左键并立即松开，该操作常用于选定某个对象（例如图标、选项或按钮等）。
>
> 3）右击：迅速按下鼠标右键并立即松开，会弹出该对象的快捷菜单等。
>
> 4）双击：连续两次快速点击鼠标左键，该操作常用于启动程序或打开窗口。
>
> 5）拖动：用鼠标左键单击某个对象，并按住不放，移动鼠标到目的地，再松开鼠标左键。该操作常用于将对象移到新的位置。在实际工作中，可以将键盘和鼠标结合起来使用，能够极大地提高工作效率，下面介绍几种常用的组合方式。
>
> ● Ctrl+单击：在 Windows 操作系统中，按下 Ctrl 键后，用鼠标逐个单击各对象，可以选定这些不连续的对象。在 Word 中，按下 Ctrl 键后，单击当前句子的任意位置，可以选定一个整句。
>
> ● Shift+单击：在 Windows 操作系统中，先单击第一个对象（如文件或活页夹图标），然后按下 Shift 键并单击另一个对象，则两个对象之间的所有连续排列的对象均被选定。

2. 查看计算机基本配置

（1）CPU 与内存

右击"我的电脑"，选择"属性"命令，打开"系统属性"对话框，可查看该计算机的 CPU 与内存的属性，如图 1.5 所示。

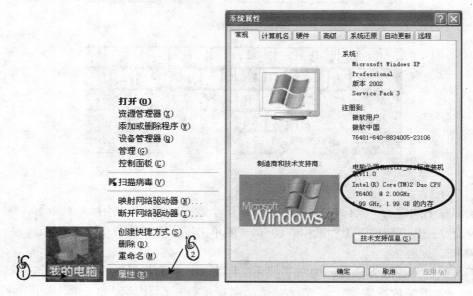

图 1.5　查看系统属性

CPU 是微型计算机的核心部分，又称为中央处理器，由控制器和运算器组成。

在计算机中，内存是由成千上万个小的电子线路单元组成的，每个单元有两种工作状态，如电平的高或低，分别由 0 和 1 来代表。因此，各种数据在计算机内都是使用二进制编码形式表示的，计算机只认识 0 和 1，这是计算机最小的存储单位，称为"位"（bit，简写 b）。8 个位组成一个字节（Byte，简写 B），字节是存储器的基本计算单位。通常存储一个英文字母或一个数字需要一个字节，存储一个汉字需要两个字节。由若干个字节组成一个存储单元，称为"字"（Word）。一个存储单元存放一条指令或一个数据。如果一台计算机的指令由 8 个字节组成，称这台计算机的字长为 64 位，因为它用 64 位二进制数据表示一条指令。

比字节更大的存储器单位有 KB、MB、GB、TB 等，它们之间的进率是 1024，即

1KB=1024B，1MB=1024KB，1GB=1024MB，1TB=1024GB

目前，常用内存条的容量有 1GB、2GB 和 4GB 等。

（2）查看磁盘驱动器信息

双击桌面上"我的电脑"图标，由图 1.6 可见，该计算机的硬盘共分了四个区，总容量为 250GB 左右。硬盘是微机中非常重要的外存储器，目前常见的硬盘容量为 250GB、320GB、500GB，甚至 5TB。

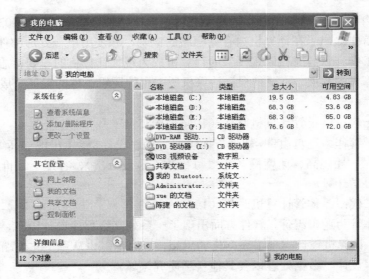

图 1.6 查看"我的电脑"

拓展知识

1. 计算机的发展概况

1946 年 2 月 14 日，美国正式验收了一台名为 ENIAC（Electronic Numerical Integrator and Calculator）的电子数值积分计算机，宣告了人类第一台电子计算机的诞生，标志着信息时代的来临，如图 1.7 所示。

图 1.7 第一台电子计算机 ENIAC

在现代计算机的发展中，最杰出的代表人物是英国的图灵（Alan Mathison Turing，

1912～1954 年）和美籍匈牙利人冯·诺依曼（John Von Neumann，1903～1957 年）。冯·诺依曼首先提出了在计算机内存储程序的概念，并使用单一处理部件来完成计算、存储及通信工作。有着"存储程序"的计算机成为现代计算机的重要标志。

电子计算机的发展，主要是根据计算机所采用的逻辑组件的发展分成 4 个阶段，习惯上称为四代。

（1）第一代：电子管计算机时代（1946～1955 年）

采用电子管作为逻辑组件，软件方面确定了程序设计概念，出现了高级语言的雏形。特点是体积大、耗能高、速度慢（一般每秒数千至数万次）、容量小、价格昂贵，主要用于军事和科学计算。

（2）第二代：晶体管计算机时代（1956～1963 年）

采用晶体管为逻辑组件，软件方面出现了一系列高级程序设计语言，并提出了操作系统的概念。计算机设计出现了系列化的思想，应用范围也从军事与尖端技术方面延伸到气象、工程设计、数据处理以及其他科学研究领域。

（3）第三代：集成电路计算机时代（1964～1971 年）

采用中、小规模集成电路（IC）作为逻辑组件，软件方面出现了操作系统以及结构化、模块化程序设计方法。软硬件都向通用化、系列化、标准化的方向发展。

（4）第四代：大规模和超大规模集成电路计算机时代（1972 年至今）

采用 VLSID（超大规模集成电路）和 ULSID（极大规模集成电路）、中央处理器，高度集成化是这一代计算机的主要特征。

2. 计算机的分类

计算机按照功能与体积的大小可分为超级计算机、大型机、小型机和微型计算机。

（1）超级计算机

超级计算机是计算机中功能最强、运算速度最快、存储容量最大的一类计算机，多用于国家高科技领域和尖端技术研究，是国家科技发展水平和综合国力的重要标志。

2009 年，由国防科技大学成功研制出峰值速度为每秒 1206 万亿次的"天河一号"超级计算机，如图 1.8 所示，使我国成为继美国之后世界上第二个能够研制千万亿次超级计算机系统的国家。"天河一号"主要运用在动漫渲染、石油勘探数据处理、生物医药研究、航空航天装备研制、资源勘测和卫星遥感数据处理、金融工程数据分析、气象预报、新材料开发和设计，以及基础科学理论计算等方面。

在 2010 年 5 月的全球超级计算机 500 强排行榜中，位于中国深圳的国家超级计算机中心的"星云"排名第二，排名首位的是美国橡树岭国家实验室的"美洲虎"（Jaguar）。

"美洲虎"的计算速度为每秒钟 1.76 千万亿次浮点运算，而"星云"的计算速度为每秒钟 1.27 千万亿次浮点运算。但是，"星云"的理论最高计算速度为每秒钟 2.98 千万亿次。

图 1.8　中国"天河一号"超级计算机

（2）大型机

大型机一般用在尖端的科研领域，主机非常庞大，通常由许多中央处理器协同工作，拥有超大的内存、海量的存储器，使用专用的操作系统和应用软件。大型主机在每秒百万指令数方面已经不及微型计算机，但是它的 I/O 能力、非数值计算能力、稳定性和安全性却是微型计算机所望尘莫及的。图 1.9 所示是 IBM 大型机。

（3）小型机

小型机是指性能和价格介于 PC（Personal Computer）服务器和大型主机之间的一种高性能 64 位计算机，如图 1.10 所示。一般而言，小型机具有高运算处理能力、高可靠性、高服务性和高可用性等四大特点。

图 1.9　IBM 大型机　　　　　　　　　图 1.10　小型机

小型机具有区别于 PC 及其服务器的特有体系结构，还有各制造厂自己的专利技术，有的还采用小型机专用处理器，比如美国 Sun、日本 Fujitsu（富士通）等公司的小型机是基于 SPARC 处理器架构，而美国 HP 公司的小型机则是基于 PA-RISC 架构，Compaq公司是 Alpha 架构。另外，I/O 总线也不相同，Fujitsu 是 PCI，Sun 是 SBUS 等，这就意味着各公司小型机机器上的插卡，如网卡、显示卡、SCSI 卡等可能也是专用的。此外，小型机使用的操作系统一般是基于 UNIX 的，例如 Sun、Fujitsu 是用 Sun Solaris，HP 是用 HP-UX，IBM 是 AIX。所以，小型机是封闭专用的计算机系统。使用小型机的用户

一般是看中 UNIX 操作系统的安全性、可靠性和专用服务器的高速运算能力。

（4）微型计算机

微型计算机简称"微型机"、"微机"，又称为"个人计算机 PC"，个人计算机一词源自于 1978 年 IBM 的第一部桌上型计算机型号 PC，在此之前有 Apple II 的个人用计算机。个人计算机不需要共享其他计算机的处理、磁盘和打印机等资源也可以独立工作。今天，个人计算机一词则泛指所有的个人计算机，如台式计算机（如图 1.1 所示）、笔记本电脑（如图 1.11 所示）等。笔记本电脑的发展趋势是体积越来越小，重量越来越轻，而功能却越来越强大，如 Notebook，也就是俗称的上网本，跟 PC 的主要区别在于其携带方便。

（5）其他类型的计算机

除了以上介绍的几种类型的计算机，近些年又出现了很多智能设备，如智能手机（如图 1.12 所示）、PDA 等。

图 1.11　笔记本电脑　　　　图 1.12　智能手机 iPhone

任务 2　管 理 文 件

任务描述

由于办公自动化的普及，日常的工作文件越来越多，有时会因为版本不规范出现混乱，造成不必要的重复与时间的浪费；有时会因为机器故障丢失文件，造成不可挽回的损失，因此，电子文件的管理越来越重要。通常，我们将系统数据存放在 C 盘，而将工作文档数据存放在 D 盘、E 盘。为了规范工作文件，要新建不同的文件夹来分类存放不同类型的文件，最好还能记录每天对文件的处理情况，如增加、删除或是修改了哪些文件，并做好定期备份。

（1）新建工作目录

在 D 盘新建以下文件夹：工具软件、工作室、今天的任务、其他；并在"工作室"文件夹中新建子文件夹：工作流程、产品、展会、阿里巴巴，如图 1.13 所示。

（2）创建快捷方式

在桌面创建"工作室"快捷方式，如图1.14所示。

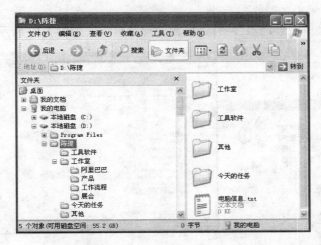

图1.13　新建工作目录　　　　　　图1.14　快捷方式图标

（3）新建文件

在D盘根目录上新建文件"电脑信息.txt"，记录每天完成的任务，如图1.15所示。

（4）修改文件属性

将"电脑信息.txt"属性改为只读、隐藏，如图1.16所示。

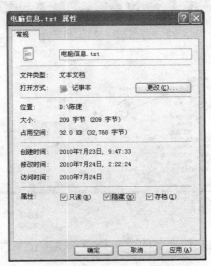

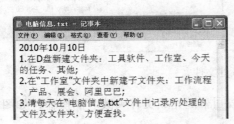

图1.15　电脑信息.txt　　　　　　图1.16　"电脑信息.txt 属性"

（5）文件的复制、剪切、删除和还原

（6）共享文件夹

共享"工作室"文件夹，如图1.17所示。

图1.17　共享"工作室"文件夹

解决方案

1. 启动资源管理器

右击"开始"，选择"资源管理器"，打开资源管理器窗口，如图 1.18 所示。

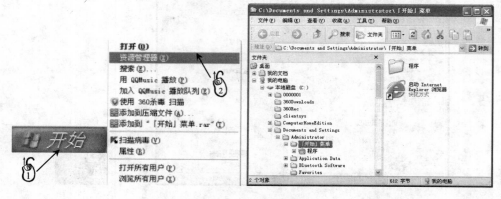

图 1.18　资源管理器窗口

2. 新建文件夹

在资源管理器窗口中，单击"本地磁盘（D:）"，在右侧窗口的空白处右击，然后单击快捷菜单中的"新建"→"文件夹"命令，新建一个文件夹，如图 1.19 所示。

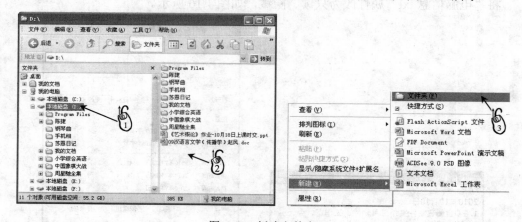

图 1.19　新建文件夹

在文件夹名的反白处输入"工作室"，按回车键完成文件夹改名的操作，如图 1.20 所示。

3. 创建快捷方式

右击"工作室"文件夹，选择"发送到"→"桌面快捷方式"命令，如图 1.21 所示，在桌面上可以看到"工作室"快捷方式图标。

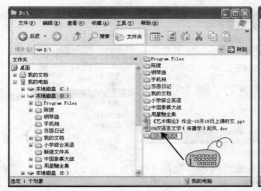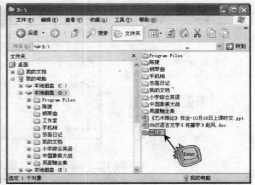

图 1.20 文件夹改名

图 1.21 创建快捷方式

4. 新建文件

在资源管理器窗口中，单击"本地磁盘 （D:）"，在右侧窗口的空白处右击，然后选择快捷菜单中的"新建"→"文本文档"命令，新建一个文本文档，在文件名的反白处输入"电脑信息.txt"，按回车键完成新建文件的操作，如图 1.22 所示。双击打开该文件，输入文件内容，选择"文件"→"保存"命令，完成保存。

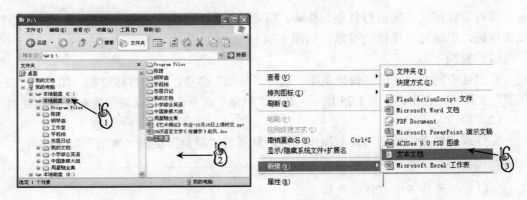

图 1.22 新建文件，输入文件内容并保存

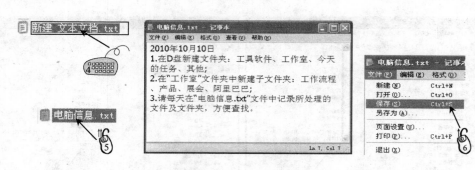

图 1.22　新建文件，输入文件内容并保存（续）

5. 修改文件属性

右击文件，选择"属性"命令，打开"电脑信息.txt 属性"对话框，选中"只读"、"隐藏"、"存档"，单击"确定"按钮，如图 1.23 所示。

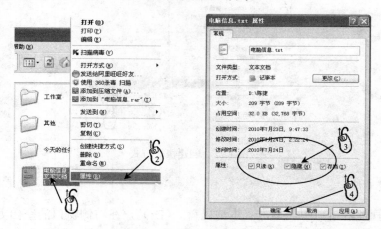

图 1.23　修改文件属性

6. 复制、剪切、删除和还原

要对文件或文件夹进行复制、移动、删除等操作，在操作之前一定要选中这些文件或文件夹，以确定要操作的对象，如图 1.24 所示。

（1）复制

右击选中的文件，出现快捷菜单，选择"复制"命令，来到目标位置，如 D 盘"工作室"文件夹，右击，如图 1.25 所示，选择"粘贴"命令，可完成文件或文件夹的复制。

（2）剪切

文件或文件夹的剪切与复制操作相似，只需将"复制"换成"剪切"命令即可。

> **操作技巧**
>
> （1）不连续多个文件的选择
>
> "单击+Ctrl"表示先选择一个文件，再按住 Ctrl 同时单击另一个文件。

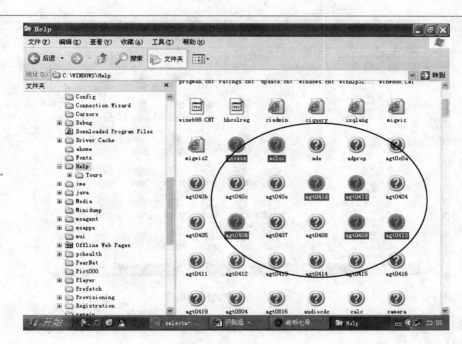

图 1.24　文件的选择

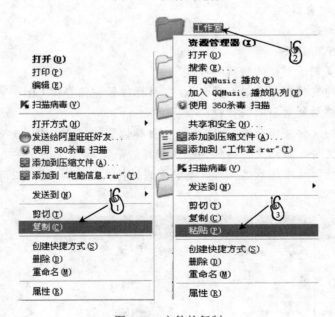

图 1.25　文件的复制

（2）连续多个文件的选择

1）"单击+Shift"表示选择第一个文件，再按住 Shift 同时单击最后一个文件，如图 1.26 所示。

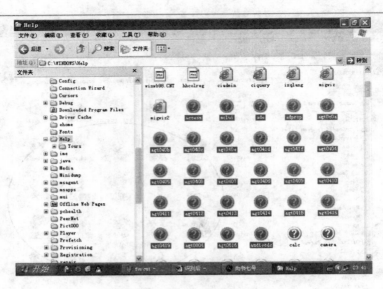

图 1.26　连续多个文件的选择

2）用鼠标拖动的方式也可以选择连续文件。

（3）全选

按 **Ctrl+A** 组合键。

（4）取消选择

在空白处单击鼠标。

（5）文件复制所对应的快捷键

对要复制的文件按组合键 **Ctrl + C**，在目标位置按组合键 **Ctrl + V**。

（6）文件移动所对应的快捷键

对要移动的文件按组合键 **Ctrl + X**，在目标位置按组合键 **Ctrl + V**。

（7）复制文件、移动文件、创建快捷文件的最简单方法

鼠标右键拖动选中的这些文件，把它放到目标文件夹，如图 1.27 所示，选择相应命令即可。

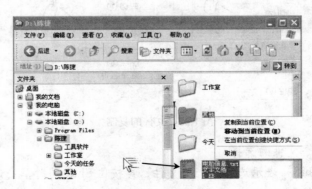

图 1.27　右键拖动文件到目标位置，完成文件的复制、移动、建立的快捷方式

（3）删除文件

按 Delete 键，打开"确认文件删除"对话框，单击"是"按钮可以删除选中的文件或文件夹，如图 1.28 所示。

图 1.28　删除文件

（4）还原文件

双击桌面上的"回收站"图标，选择要还原的文件，选择"文件"→"还原"命令，如图 1.29 所示。

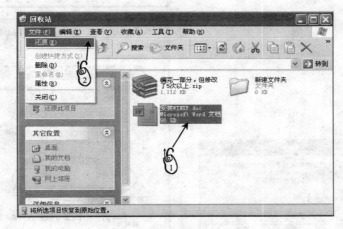

图 1.29　还原文件

操作技巧

1）按组合键 Shift+Delete 可以彻底删除文件，此时文件不放入回收站。

2）清空回收站可以释放磁盘空间。

3）可以对回收站的各种属性进行设置，可以设置 C、D 盘共用一个回收站，也可以设置每个磁盘都有独立的回收站，还可以设置直接永久性删除文件或文件夹。

7. 共享文件夹

右击要共享的文件夹，选择"共享和安全"，打开属性对话框的"共享"选项卡，单击"如果您知道在安全方面的风险，但又不想运行向导就共享文件，请单击此处。"部分，打开"启用文件共享"对话框，选中"只启用文件共享"，单击"确定"按钮。在"共享"选项卡中输入"共享名"，单击"应用"按钮，最后单击"确定"按钮完成共享操作，如图 1.30 所示。

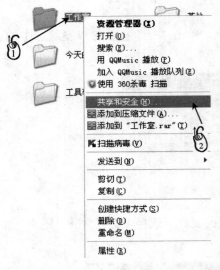

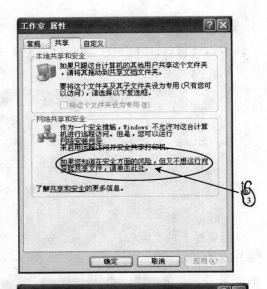

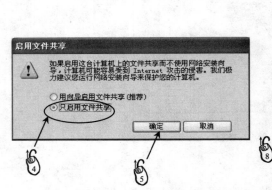

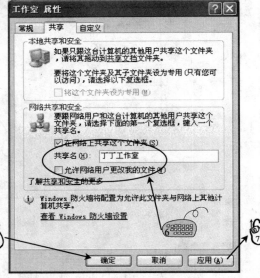

图 1.30　共享文件夹

　　打开"资源管理器"或者双击"网上邻居"可以查看共享文件夹图标，如图 1.31 所示。

（a）资源管理器中的共享文件夹图标　　　　　　　（b）网上邻居中的共享文件夹图标

图 1.31　共享文件夹在资源管理器与网上邻居中的不同图标

8. 输入法设置

每次启动计算机和程序时，都会使用计算机默认的输入语言及其输入法，根据不同用户的使用习惯，可以改变默认的输入语言和输入法。

中文 Windows XP 操作系统提供了很多输入法，如微软拼音输入法、智能 ABC 输入法、全拼输入法及一些其他国家语言的输入法。我们可以通过"控制面板"窗口中的"区域和语言选项"来进行输入法设置，也可以通过以下方法来设置。

1）添加新的输入法，例如微软拼音输入法，并将它设为默认输入法。右击任务栏上的输入法图标，在"设置"选项卡中单击"添加"按钮，打开"添加输入语言"对话框，完成输入法的添加后，单击"确定"按钮。在"设置"选项卡的"默认输入语言"栏中选择微软拼音输入法，如图 1.32 所示。

图 1.32　添加新的输入法

2）设置输入法热键，当按 Ctrl+Shift+1 组合键时切换到微软拼音输入法。

打开"文字服务与输入语言"对话框，单击"键设置"按钮，在"输入语言的热键"列表框中选择"中文－微软拼音输入法"，单击"更改按键顺序"按钮，打开"更改按键顺序"对话框，可设置输入法热键，如图 1.33 所示。

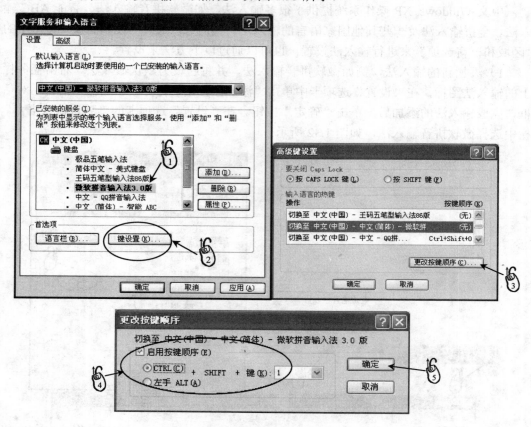

图 1.33　设置输入法热键

拓展知识

1. 窗口的组成

在 Windows XP 中启动一个应用程序或打开一个文件夹，就会出现一个窗口。例如，双击桌面上"我的电脑"图标，打开"我的电脑"窗口，如图 1.34 所示。

2. 文件与文件夹

文件是计算机保存信息的一种组织形式。计算机将程序、图像、声音、文字等信息以文件为单位，存储在计算机硬盘、U 盘、光盘等设备上。

最大的文件可以大于几十 GB，最小的文件为 0B。一台计算机保存的文件往往有百万个之多。文件按功能的不同来分类，文件类型有几百种。图 1.35 中列举了几种常用的文件类型。

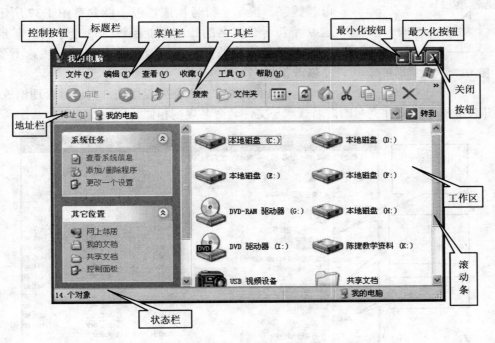

图 1.34 "我的电脑"窗口

名称 ▲	大小	类型	修改日期
1.VOB	1,048,404 KB	VOB 文件	2008-6-5 0:42
0701班电话.xls	18 KB	Microsoft Excel...	2009-7-3 20:21
2007Player25.swf	16 KB	Shockwave Flash...	2009-11-10 11:35
TEST	0 KB	文件	2009-9-1 11:41
电脑信息.txt	1 KB	文本文档	2010-7-24 2:22
计算机应用基础教案.rar	119 KB	WinRAR 压缩文件	2009-9-18 19:31
计算机应用基础样题.doc	137 KB	Microsoft Word ...	2009-12-20 23:03
课件.fla	8,656 KB	Flash 文档	2005-6-29 11:57
快捷方式.bmp	2,305 KB	ACDSee 9.0 BMP ...	2010-7-23 11:51
闪电狗DVD中字无水印美国...	498,430 KB	RMVB 文件	2009-1-25 13:07
Teach2.exe	172 KB	应用程序	2005-12-27 19:37

图 1.35 几种常用的文件类型

单击"修改日期"可以按修改日期对文件进行排序，结果如图 1.36 所示。

名称	大小	类型	修改日期 ▲
课件.fla	8,656 KB	Flash 文档	2005-6-29 11:57
Teach2.exe	172 KB	应用程序	2005-12-27 19:37
1.VOB	1,048,404 KB	VOB 文件	2008-6-5 0:42
闪电狗DVD中字无水印美国...	498,430 KB	RMVB 文件	2009-1-25 13:07
0701班电话.xls	18 KB	Microsoft Excel...	2009-7-3 20:21
TEST	0 KB	文件	2009-9-1 11:41
计算机应用基础教案.rar	119 KB	WinRAR 压缩文件	2009-9-18 19:31
2007Player25.swf	16 KB	Shockwave Flash...	2009-11-10 11:35
计算机应用基础样题.doc	137 KB	Microsoft Word ...	2009-12-20 23:03
快捷方式.bmp	2,305 KB	ACDSee 9.0 BMP ...	2010-7-23 11:51
电脑信息.txt	1 KB	文本文档	2010-7-24 2:22

图 1.36 将文件按修改日期排序

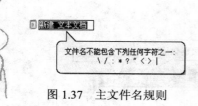

图 1.37 主文件名规则

文件名的结构为：主文件名. 扩展名，主文件名由字母、数字、汉字、符号构成，但不能含有图 1.37 所示的这 9 个符号。主名的长度不能超过 255 个字符。扩展名一般表示文件的类型，在修改文件名称时，注意不要轻易修改扩展名。

由于文件太多，所以需要使用文件夹进行合理地放置，如图 1.38 所示。文件夹名的命名规则与文件名命名规则相似。

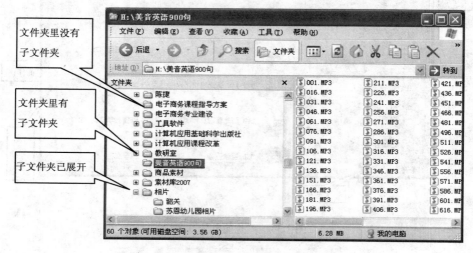

图 1.38 文件夹

文件夹图标由 📁 变为 📂，表示该文件夹打开，这时右侧窗口将出现该文件夹所含内容。如图 1.38 所示，右侧窗口展示了文件夹"美音英语 900 句"里面的文件。

通过观察文件夹的属性就可以知道此文件夹里有多少个文件和子文件夹，如图 1.39 所示。

3. 搜索文件和文件夹

为了方便查找文件，规定符号 * 代表 0～255 个任意字符；规定？代表 1 个任意字符。

若想不起要搜索的文件的完整名字，如何搜索呢？例如图 1.40 用 "n??e*.exe" 找到了文件 notepad.exe，从这个规则也理解了为什么 * 和？这两个符号不允许用来作为文件名。

可以设置多条件来查找文件和文件夹，如图 1.41 所示，查找 C 盘大于 1MB 的文件。

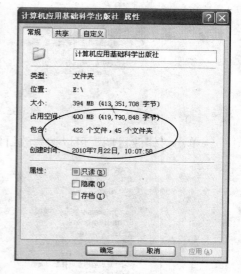

图 1.39 文件夹属性

图 1.40 用 * 和 ? 搜索文件   图 1.41 多条件搜索

4. 磁盘清理

由于所有文件都保存在磁盘上，掌握磁盘的一些基本操作就显得尤为重要，要了解磁盘的使用情况，可以通过"属性"命令来查看，如图 1.42 所示。从图 1.43 中看到，本地磁盘 C：已用空间为 14.5GB，可用空间为 4.96GB。此外，还可以修改磁盘名称，可以进行磁盘清理。磁盘清理能删除某个驱动器上的旧的或不需要的文件，释放一定的空间，从而起到提高计算机运行速度的效果，定期清理磁盘对计算机的帮助很大。

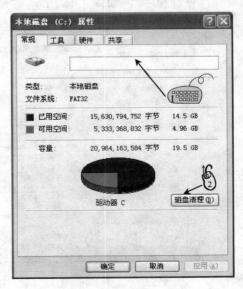

图 1.42 查看磁盘属性   图 1.43 本地磁盘 C：属性窗口

图 1.44 所示为正在对 C 盘进行磁盘清理的计算。计算完成后会自动打开磁盘清理窗口，如图 1.45 所示，在"要删除的文件"列表框中选择要删除的文件，单击"确定"按钮。

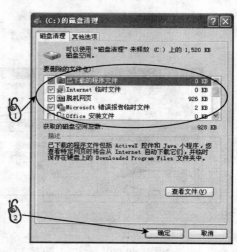

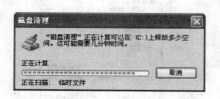

图 1.44　进行磁盘清理　　　　　　　　　图 1.45　磁盘清理窗口

5. 磁盘碎片整理

"文件碎片"表示一个文件被存放到磁盘上不连续的区域。当文件碎片很多时，从硬盘存取文件的速度将会变慢。可以使用"磁盘碎片整理程序"重新整理硬盘上的文件和使用的空间，以达到提高程序运行速度的目的。

单击"开始"→"程序"→"附件"→"系统工具"→"磁盘碎片整理程序"，启动"磁盘碎片整理程序"，如图 1.46 所示。"磁盘碎片整理程序窗口"如图 1.47 所示，磁盘碎片整理过程如图 1.48 所示。

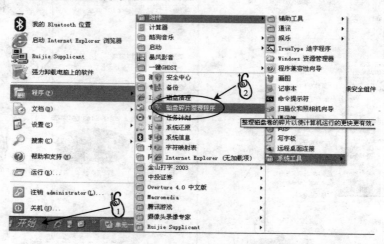

图 1.46　启动"磁盘碎片整理程序"

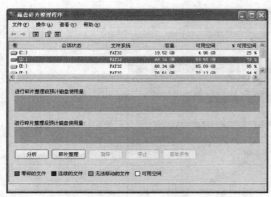

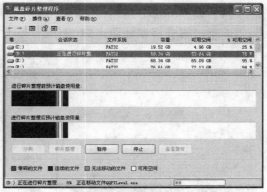

图 1.47 "磁盘碎片整理程序"窗口 图 1.48 磁盘碎片整理过程

任务 3 设置个性化桌面

任务描述

（1）设置个性化桌面

将公司 Logo 作为桌面背景，位置居中，如图 1.49 所示。

（2）设置屏幕保护程序

设置字幕方式的屏幕保护程序，等待时间为 5 分钟，如图 1.50 所示。字幕位置居中，速度为慢，其他字幕设置如图 1.51 所示。

图 1.49 "显示 属性"窗口 图 1.50 设置屏幕保护程序

（3）设置计算机的节能方式

设置计算机的节能方式，其中电源使用方案为"家用/办公桌"，如图 1.52 所示。

（4）调整屏幕分辨率

调整屏幕分辨率如图 1.53 所示。

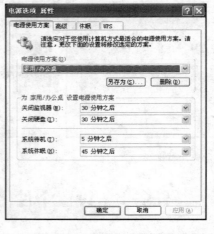

图 1.51　字幕设置　　　　　　图 1.52　电源使用方案设置　　　　图 1.53　调整屏幕分辨率

（5）调整日期、时间

在图 1.54 所示的"日期和时间 属性"窗口中设置时间和日期。

（6）调整音量

在图 1.55 所示的"主音量"窗口中调整音量。

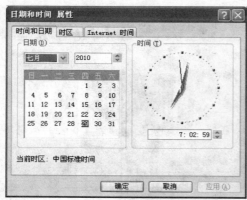

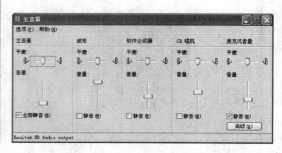

图 1.54　设置时间和日期　　　　　　　　　　图 1.55　调整音量

解决方案

1. 设置桌面

桌面的背景图形可以根据自己的喜好来选择，比如将公司 Logo 设置为桌面。右击桌面空白处出现快捷菜单，如图 1.56 所示，选择"属性"命令，打开"显示 属性"对话框，选择"桌面"选项卡，如图 1.57 所示。单击"浏览"按钮，然后选择一幅图片作为桌面的背景，如图 1.58 所示，再选择图片位置为"居中"，如图 1.59 所示。

图 1.56 右击桌面空白处后的快捷菜单

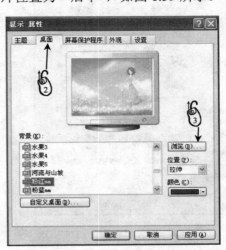

图 1.57 "桌面"选项卡

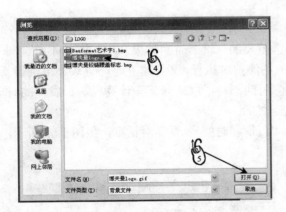

图 1.58 选择一张图片

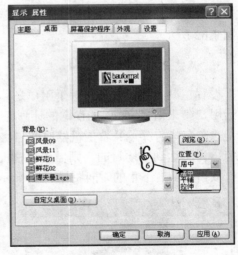

图 1.59 选择图片位置

2. 设置屏幕保护程序

在"显示 属性"对话框中，选择"屏幕保护程序"选项卡，可以设置不同图案或文字的屏幕保护程序。如图 1.60 所示。

3. 设置计算机的节能方式

单击"显示 属性"对话框中"电源"按钮，选择"电源使用方案"选项卡，如图 1.61 所示。选择合适的时间，计算机就会在没有鼠标和键盘操作的相应时间之后，使相应的设备进入低功耗状态或切断其电源。

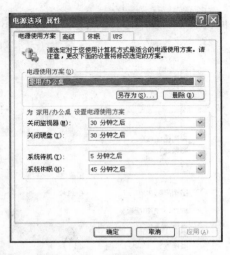

图 1.60　设置屏幕保护程序　　　　　图 1.61　设置电源使用方案

4.　调整屏幕分辨率

在"显示 属性"对话框中选择"设置"选项卡，在该对话框中设置屏幕分辨率，如图 1.62 所示。

5.　调整日期、时间

设置正确的系统时间，对于用户是非常重要的。机器时间如果和实际时间不符，则会给用户带来诸多麻烦，如设定的计划任务不能按时执行，文件建立时间记录不准确等。但是，在有些情况下又希望机器时间与实际时间不符，以避开某些计算机病毒发作的时间等。为了达到上述目的，则需要调整机器时间。

双击桌面右下角的时间图标 22:28，显示"日期和时间 属性"对话框，如图 1.63 所示。

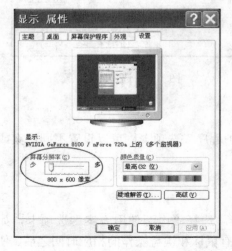

图 1.62　调整屏幕分辨率　　　　　　图 1.63　修改日期和时间

6. 调整音量

单击桌面右下角的喇叭图标，显示如图 1.64 所示对话框，可以调整主音量大小。双击桌面右下角的喇叭图标，显示如图 1.65 所示对话框，可以调整不同设备的音量，以解决计算机声音问题。

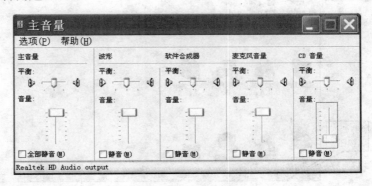

图 1.64　调整音量　　　　　图 1.65　调整多种设备的音量

拓展知识

1. Windows 操作系统

据统计，全球超过 80%的个人计算机安装了 Microsoft Windows 操作系统。1985 年 Windows 诞生，2001 年 Microsoft 公司推出 Windows XP（eXPerience），2006 年推出 Windows Vista，2009 年推出 Windows 7。当前人们使用的 Windows XP 是 2008 年改版的 SP3（Service Packs）。

Windows XP 的程序代码大约有 4000 万行。

操作系统（Operating System，OS）是管理计算机所有硬件与软件的复杂程序，它控制着所有程序的运行，改善人机界面，为应用软件提供支持等。目前，计算机上常用的操作系统有 Windows、UNIX、Linux、DOS 等。

2. 桌面

桌面及桌面上各部分如图 1.66 所示。

3. 任务栏

任务栏是使用最频繁的区域，一般情况下，任务栏分为"开始"按钮区、快速启动工具栏区、任务按钮区及状态栏。通过任务栏可以快速切换当前窗口、查看机器状态、启动应用程序等。

为了方便处理当前的多个任务，可以对已打开的窗口进行如下操作：右击任务栏空白处，出现如图 1.67 所示的快捷菜单，选择"层叠窗口"，其效果如图 1.68 所示。选择"横向平铺窗口"，其效果如图 1.69 所示。选择"纵向平铺窗口"，其效果如图 1.70 所示。

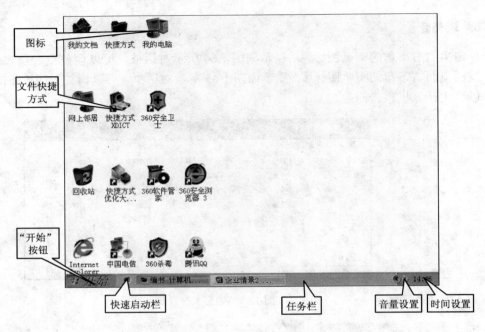

图 1.66　桌面

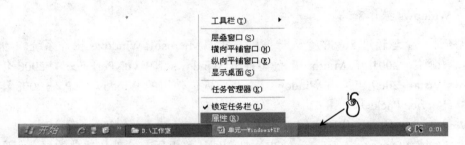

图 1.67　任务栏与任务栏快捷菜单

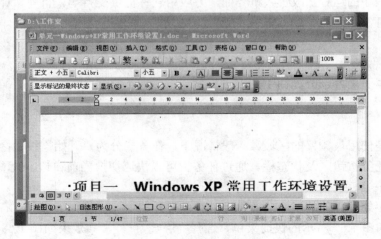

图 1.68　两个窗口层叠

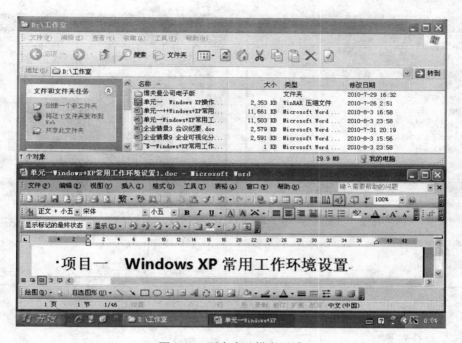

图 1.69　两个窗口横向平铺

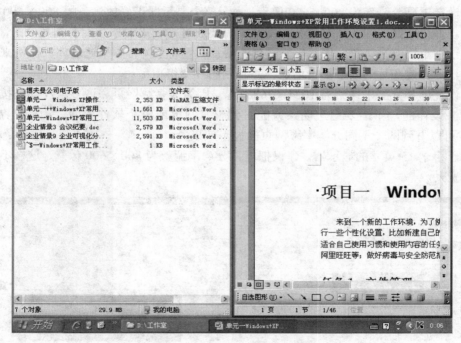

图 1.70　两个窗口纵向平铺

单击任务栏快捷菜单的"属性"命令，打开"任务栏和'开始'菜单属性"对话框，如图 1.71 所示，可在该对话框中设置任务栏和"开始"菜单属性。

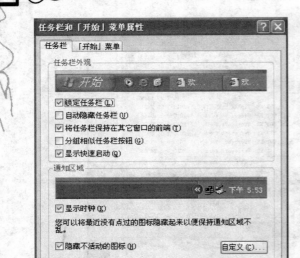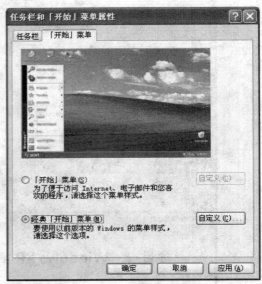

图 1.71　设置任务栏与"开始"菜单属性

4.　屏幕分辨率

　　若设定屏幕分辨率为 800×600 像素，表示整个显示器正好放满一幅 800×600 像素的图片。如果选择的图片超过这个像素，就需要通过拖动滚动条才能看到其余的部分。如果通过缩小比例来浏览此图片，所看到的图片质量将下降；如果通过放大比例来观察此图片，那么此图片的细节不会增加，却感到图片变得粗糙。

　　建议把屏幕分辨率调整为 1024×768 像素，因为大多数网页和许多软件都是按照这个尺寸来设计的，不需要用滚动条就能看到整张网页或整个软件界面。由图 1.72 和图 1.73 可以看到两个不同分辨率下网页的显示效果。

　　对于小于 15 英寸的显示器，建议把屏幕分辨率调整为 800×600 像素，这样不至于眼睛太费劲。

图 1.72　屏幕分辨率为 1024×768 像素　　　　图 1.73　屏幕分辨率为 800×600 像素

5. 待机

"待机"是将当前运行中的程序、数据保存在内存中，计算机只对内存供电，而对硬盘、屏幕和 CPU 等部件停止供电。由于数据存储在速度快的内存中，因此进入待机状态的速度和唤醒的速度都比较快。由于这些数据保存在内存中，一旦断电则会使数据丢失。

有两种方式可以进入待机状态。

1）单击"开始"→"关闭计算机"→"待机"，如图 1.74 所示。

2）在图 1.61 所示"电源选项 属性"窗口中，设置了 5 分钟的待机时间后，如果键盘和鼠标在 5 分钟之内没有动作，计算机将自动进入待机状态。

图 1.74　待机和休眠

休眠是将当前处于运行状态的所有程序和数据都保存在硬盘中，然后整机将完全停止供电。因为数据存储在硬盘中，而硬盘速度要比内存低得多，所以进入休眠状态的速度和唤醒的速度都比待机慢。

机器休眠后，若再启动它，启动时间大约在 10～30s。若休眠前打开的几个软件都没有关闭，脱离休眠的时间仍然是 10～30s，而关机再开机的启动时间通常为 60～90s。若加上启动后，打开要使用的软件的时间，往往需要 3min 甚至更长。

一般地，计算机平均功率大约为 130～170W，所以待机不仅节能环保，而且延长了计算机的寿命。

任务 4　安装网络打印机

任务描述

在办公室中，往往是多人共用一台打印机，如何顺利的安装打印机并与同事共享，或者连接到同事已共享的打印机是本任务的重点。

（1）安装打印机

安装 HP LaserJet 2000 打印机，并将它命名为 HP1，设置为默认打印机，如图 1.75 所示。

图 1.75　成功安装并设置打印机

（2）共享打印机

将 HP1 设置为共享，如图 1.76 所示。

（3）连接网络上的打印机

连接网络上已安装的 HP2 打印机，如图 1.77 所示。

图 1.76　共享打印机　　　　图 1.77　安装网络打印机

解决方案

1. 安装打印机

打印机是最常用的输出设备，当使用一台新的打印机时，首先进行硬件连接，然后安装打印机的驱动程序。打印机一般都配有驱动光盘。安装打印机驱动程序的一般方法是进入 Windows 系统后，将打印机的驱动光盘放入光驱，在一般情况下打印机的安装盘会自动运行，按照安装向导的提示进行安装即可。如果不能自动安装，则需要使用"添加打印机"命令进行安装。

下面是通过"添加打印机"命令来进行安装的步骤。

选择"开始"→"设置"→"打印机和传真"，在"打印机和传真"对话框中双击"添加打印机"，按照安装向导一步一步完成，如图 1.78 所示。

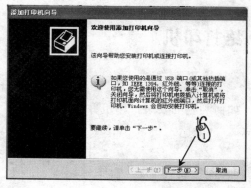 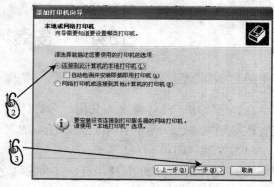

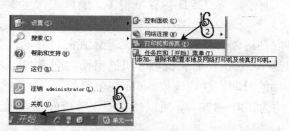 

图 1.78　完成打印机安装

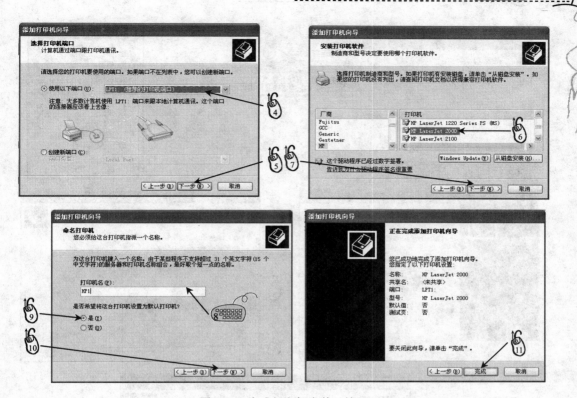

图 1.78 完成打印机安装（续）

2. 设置共享打印机

若要把此打印机设置成共享的打印机，选择"开始"→"设置"→"打印机和传真"，在"打印机和传真"窗口中右击打印机图标，打开快捷菜单，选择"共享"，在"共享"选项卡中选中"共享这台打印机"，如图 1.79 所示。

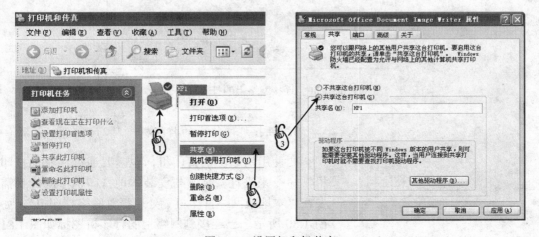

图 1.79 设置打印机共享

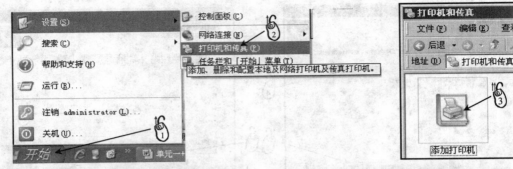

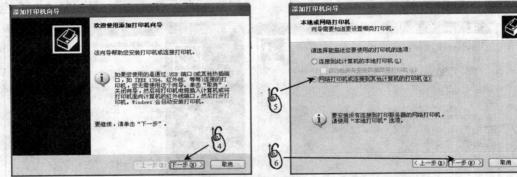

图 1.80　连接网络上的打印机

3. 连接到网络上的打印机

要使用网络上的打印机，也需要通过"添加打印机"命令来进行安装，与安装本地打印机不同的是需要在"本地或网络打印机"处选择"网络打印机"，如图 1.80 所示。已连接到网络上的打印机图标如图 1.81 所示。

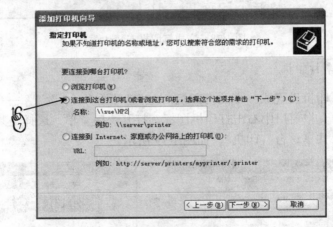

图 1.81　已连接到网络上的打印机

拓展知识

1. 控制面板

单击"开始"按钮，选择"设置"→"控制面板"命令，启动"控制面板"窗口，如图 1.82 所示。

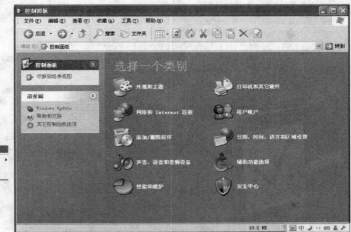

图 1.82　启动控制面板

"控制面板"集合了中文 Windows XP 操作系统中大部分的软/硬件配置。可以使用两种方法启动"控制面板"，第一是通过"我的电脑"启动；第二是从"开始"菜单中启动。第二种方法是最常用的方法。

2. 添加和删除程序

虽然 Windows XP 操作系统提供了一些常用的应用程序，但远远不能满足人们的使用要求，因此用户要经常添加一些需要使用的程序或软件。对于已经不再使用的程序，为了节省磁盘空间和提高系统运行效率，可以将它们删除。

安装应用程序有三种方法：直接安装法、光盘启动安装法和使用控制面板的添加/删除程序安装法。下面主要介绍使用控制面板中的添加/删除程序安装法，这是较为常用的方法，尤其是在删除一些不再需要的应用程序的时候。

（1）删除程序

单击"开始"→"设置"→"控制面板"，在"控制面板"窗口中选择"添加/删除程序"命令，打开"添加或删除程序"窗口，如图 1.83 所示，单击"删除"按钮，进行删除。

（2）添加程序

在"添加或删除程序"窗口中选择"添加新程序"，单击"CD 或软盘"进行安装，如图 1.84 所示。

图 1.83　删除程序

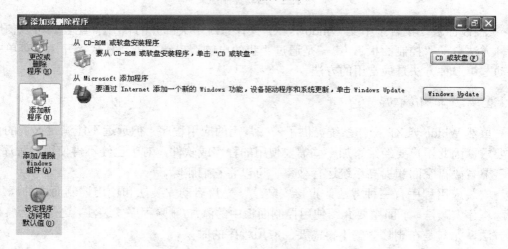

图 1.84　添加程序

3. 用户帐户

（1）创建一个新帐户

在"控制面板"窗口中选择"用户帐户"，打开"用户帐户"窗口，选择"创建一个新帐户"选项，输入帐户名称并选择帐户类型，即可完成新帐户的创建，如图 1.85 所示。

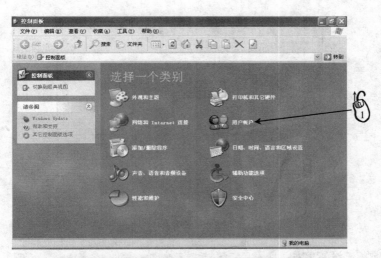

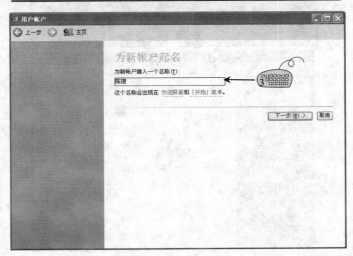

图 1.85　创建一个新帐户

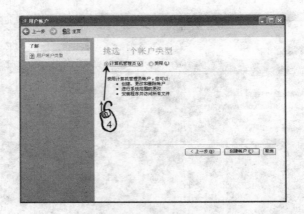

图 1.85　创建一个新帐户（续）

（2）为新帐户设置密码

在"用户帐户"窗口中选择某用户，然后选择"创建密码"选项，输入新密码和确认密码即可完成密码的设置，如图 1.86 所示，或者选择该用户的计算机图标进行密码的更改。

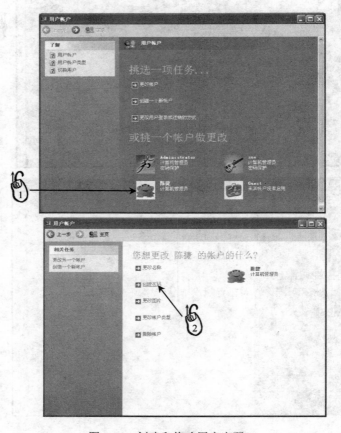

图 1.86　创建和修改用户密码

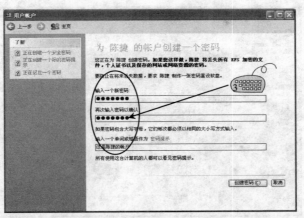

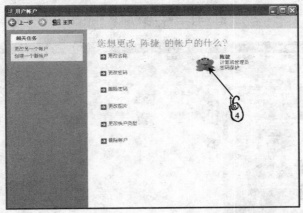

图 1.86 创建和修改用户密码（续）

4. 设置鼠标

（1）设置鼠标双击速度

选择"开始"→"设置"→"控制面板"→"打印机和硬件"→"鼠标"命令，打开如图 1.87 所示"鼠标 属性"对话框，在该对话框内设置鼠标双击速度。

（2）切换主要和次要的按钮

如果鼠标左键不好用，可以通过勾选图 1.89 中的"切换主要和次要的按钮"选项，然后就可以把鼠标右键当成左键来使用了。

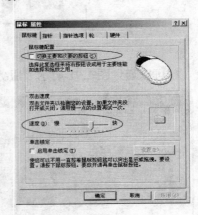

图 1.87 设置鼠标属性

5. 性能和维护

在"性能与维护"窗口可以查看系统的基本信息，包括硬件、网络和内存设置，可以更改视觉效果、释放硬盘空间、备份数据、进行磁盘碎片整理，还可以查看设备的安装与配置、硬件设备与程序的相互关系，如图 1.88～图 1.90 所示。

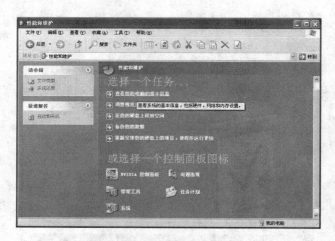

图 1.88　"性能与维护"窗口

图 1.89　"管理工具"窗口

可以通过图 1.91 所示"服务"窗口设置计算机硬件设备的"启动"和"停止"。

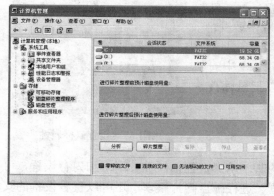

图 1.90　"计算机管理"窗口

图 1.91　"服务"窗口

6. 辅助功能选项

"辅助功能选项"窗口提供了"放大镜"、"屏幕键盘"、调整屏幕文字颜色和颜色的对比度的等功能,如图 1.92 所示。"辅助功能选项"对话框可设置键盘"粘滞键"、"筛选键"、"切换键"等,如图 1.93 所示。

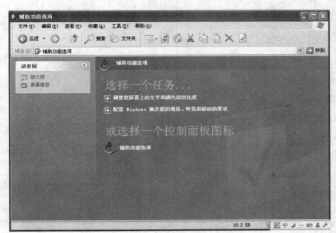

图 1.92 "辅助功能选项"窗口   图 1.93 "辅助功能选项"对话框

7. 安全中心

"安全中心"主要是帮助用户进行 Windows 安全设置,如防火墙、自动更新和病毒防护,如图 1.94 所示。此外,还可以进行 Internet 属性设置,如图 1.95 所示。

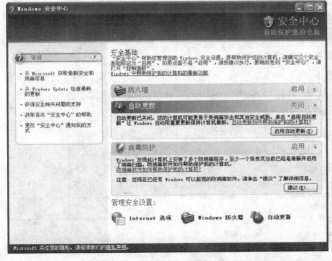
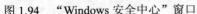

图 1.94 "Windows 安全中心"窗口   图 1.95 "Internet 属性"对话框

验 收 单

学习领域		计算机操作与应用		
项目一		接手计算机	学时	10
	关键能力	评价指标	自测（在□中打√）	备注
基本能力测评	自我管理能力	1. 培养自己的责任心	□A　□B　□C	
		2. 管理自己的时间	□A　□B　□C	
		3. 所学知识的灵活运用	□A　□B　□C	
	沟通能力	1. 知道如何尊重他人的观点	□A　□B　□C	
		2. 能否与他人有效地沟通	□A　□B　□C	
		3. 在团队合作中表现积极	□A　□B　□C	
		4. 能获取信息并反馈信息	□A　□B　□C	
	解决问题能力	1. 学会使用信息资源	□A　□B　□C	
		2. 能发现并解决常规及特殊问题	□A　□B　□C	
	设计创新能力	1. 面对问题能根据现有的技能提出有价值的观点	□A　□B　□C	
		2. 使用不同的思维方式	□A　□B　□C	
业务能力测评	检查计算机配置	1. 完成计算机配置情况表	□A　□B　□C	
		2. 在 20 分钟内完成	□A　□B　□C	
	管理文件	1. 完成工作目录的新建、建立快捷方式	□A　□B　□C	
		2. 完成文件"电脑信息.txt"的创建及其内容的填写	□A　□B　□C	
		3. 将"电脑信息.txt"属性改为只读、隐藏	□A　□B　□C	
		4. 复制文件、移动文件、重命名文件、删除文件	□A　□B　□C	
		5. 共享文件夹	□A　□B　□C	
		6. 在 30 分钟内完成	□A　□B　□C	
	设置个性化桌面	1. 设置桌面、设置屏幕保护程序	□A　□B　□C	
		2. 设置计算机的节能方式	□A　□B　□C	
		3. 调整屏幕分辨率	□A　□B　□C	
		4. 修改日期时间、调节音量	□A　□B　□C	
		5. 在 25 分钟内完成	□A　□B　□C	
	常用硬件的个性化设置	1. 安装打印机	□A　□B　□C	
		2. 设置共享打印机	□A　□B　□C	
		3. 连接到网络上的打印机	□A　□B　□C	
		4. 25 分钟内完成	□A　□B　□C	
	其他			

教师评语

成绩		教师签字	

课 后 实 践

一、填空题

1．待机状态下＿＿＿＿＿（能，不能）下载文件。

2．降低显示器亮度，＿＿＿＿＿（能，不能）省电。

3．关于资源管理器（如图 1.6 所示）。

（1）窗口分成＿＿＿＿＿（1，2，3）个部分。

（2）左边区域显示＿＿＿＿＿。

（3）右边区域显示＿＿＿＿＿。

（4）当一个文件夹的左边框带"＋"，表示＿＿＿＿＿。

（5）当一个文件夹的左边框带"－"，表示＿＿＿＿＿。

二、问答题

1．设置屏幕保护的作用是什么？

2．图 1.37 中的提示框是如何出现的？为什么这 9 个符号不能作为文件名？

3．"资源管理器"与"我的电脑"有何区别？如何转换？

4．计算机显示主题（如图 1.96 所示）有什么作用？

5．计算机处于休眠时，切断电源插座上的电源，对这台计算机有没有影响？

6．如何修改文件的扩展名？

7．文件或文件夹的复制或移动有哪几种方法？

8．使用剪贴板进行文件或文件夹的移动或复制，应怎样操作？

图 1.96　"主题"选项卡

9．使用鼠标拖动进行文件或文件夹的移动或复制，应怎样操作？

10．如何将隐藏的文件找回来？

三、操作题

1．为桌面放置一张背景图片。

2．用 msconfig 文件去掉不必要的开机加载项。

3．在写字板中，进行文本的复制、移动和删除。

4．在"我的电脑"中，进行以下文件或文件夹的基本操作。

（1）在 D 盘上建立两个文件夹 WW 与 RR。

（2）在 RR 文件夹中创建文件 a.txt。

（3）将 a.txt 复制到 WW 文件夹中，并更名为 b.txt。

（4）将 RR 文件夹中的文件 a.txt 删除。

（5）在桌面上建立 WW 文件夹的快捷方式。

5．打开"资源管理器"，将下列信息记录到新建文件"电脑信息.txt"中。

（1）每个存储盘名称、类型、大小、可用空间。

（2）Windows 文件夹内有多少个文件、多少个文件夹。

（3）C 盘最大文件的文件名和大小。

（4）C 盘的 wav 音乐文件有多少个，最早的 wav 文件的修改日期是什么。

6．进行窗口的基本操作。

（1）对"我的电脑"窗口进行最大化、最小化、还原和关闭等操作。

（2）调整"我的电脑"窗口的大小及位置。

（3）打开"我的文档"窗口，并对打开的两个窗口进行纵向平铺操作。

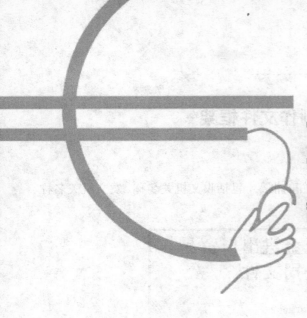

项目二
制作公司文件

文秘岗位职责中一项非常重要的内容就是各类公文的处理工作，包括上级领导机关和公司外相关单位的来文管理工作、公司的发文管理工作等。最近，公司正在讨论《广州博夫玛五金进出口贸易有限公司差旅费管理办法（修订）》，由王秘书起草文件，公司总经理审阅通过，如图 2.1 所示。

图 2.1　公司文件效果图

任务 1 制作文件框架

任务描述

　　制作该文件的首要任务就是制作该文件的框架，包括收文机关名称、发文机关名称、发文标题等信息，如图 2.2 所示。

广州博夫玛五金进出口贸易
有限公司文件

粤博夫玛财〔2010〕8 号

印发《广州博夫玛五金进出口贸易有限公司

差旅费管理办法（修订）》的通知

各部门：

主题词：差旅费△ 管理 办法

抄送：公司各部门

广州博夫玛五金进出口贸易有限公司　　2010 年 8 月 6 日

（共印 40 份）

图 2.2　文件框架

相关知识

　　1．Word 2003 的界面组成

　　Word 2003 应用程序的运行界面如图 2.3 所示，主要包括标题栏、菜单栏、常用工具栏、格式工具栏、标尺、编辑区和状态栏等。

　　2．编辑区

　　在 Word 窗口中，面积最大的区域是文档编辑区，它位于窗口中央，是用来输入和编辑文本和图片的地方。在普通视图显示方式下，编辑区有四个标记。

　　1）插入点，它是一条闪烁的竖线，用来标记文本或图形插入的位置。用鼠标和方向键可以改变插入点的位置。

　　2）I 形鼠标指针，在文本编辑区移动鼠标，鼠标指针变成 I 形。当把 I 形指针移到希望编辑处，单击鼠标左键就可直接定位插入点的位置。

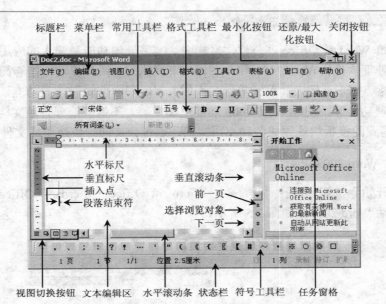

图 2.3 Word 2003 界面

3) 段落结束标志,用于标记段落的结尾,并记录了该段落的编排信息。在 Word 中,每个段落结束标志对应一段,不管它对应的文本是文章的标题还是正文,这与语文中的段落有所区别。

4) 文档结束标志,是文档末尾的一条横线,用于标记文档的结束。

3.状态栏

状态栏位于屏幕的下方,它主要用来显示在文档编辑过程中,当前文档所处的状态,如当前光标所处的页码、节号、位置、行号、列号,以及 Word 的编辑状态(录制、修订、扩展、改写)和语言状态、拼写与语法状态,如图 2.4 所示。其中,"位置"是从页面顶端到当前插入点位置的距离,"行号"是从当前页第一行开始计算,直至插入点光标所在位置间的行数。

图 2.4 状态栏

双击 Word 的编辑状态框,可以改变编辑状态。

4.任务窗格

任务窗格提供了与当前位置有关的一组快捷操作命令。Word 2003 提供了多组任务窗格,系统会根据工作性质不同,自动切换相应的任务窗格。

在"视图"菜单下有一个任务窗格菜单命令,通过该命令可显示或隐藏 Word 的任务窗格。

解决方案

Microsoft Word 是 Office 办公软件家族中，文字处理功能最强大的应用软件。作为优秀的文本处理软件，Word 2003 拥有友好的可视化用户图形界面；能够简单快捷地编辑文本、表格、图形、图表和公式等；强大的文字、图表编辑和排版功能，以及新增的Web 智能管理功能等，使得 Word 2003 功能更加完善，不但能处理普通文档，还可利用Word 2003 内置的模板快速生成各种实用文档，通过公文向导快速生成文件框架。

1. 启动 Word 2003

单击"开始"按钮，选择"程序"→Microsoft Office→Microsoft Office Word 2003命令可以启动 Word 2003，如图 2.5 所示。

图 2.5　启动 Word 2003

2. 新建文档

在 Word 应用程序中，各操作任务是以文档的形式来处理的，因此，利用 Word 进行文档处理的第一步是创建一个空白文档。

单击"常用"工具栏的第一个按钮"新建空白文档" □，Word 应用程序的工作区立即增加一个空白文档。

Word 2003 为了提高效率，内置了很多模板，如表 2.1 所示。

表 2.1　Word 2003 提供的常用模板

模板类型	种　类
报告	典雅型报告、稿纸向导、公文向导、实用文体向导、现代型报告
备忘录	备忘录向导、典雅型备忘录、现代型备忘录、专业型备忘录
出版物	论文、目录、手册、小册子
其他文档	典雅型简历、会议议程向导、简历向导、名片制作向导、日历向导、现代型简历、英文简历向导、专业型简历、转换向导
其他英文模板	英文专业型简历、英文专业型信函、英文传真向导、英文典雅型报告、英文典雅型传真、英文典雅型简历、英文典雅型信函、英文现代型报告、英文现代型传真、英文现代型简历、英文现代型信函、英文信函向导、英文专业型报告、英文专业型传真

续表

模板类型	种　　类
信函和传真	标准传真、传真向导、典雅型传真、典雅型信函、个人传真、商务传真、现代型传真、现代型信函、信函向导、邮件标签向导、专业型传慎、专业型信函
英文模板	英文备忘录向导、英文典雅型备忘录、英文空白文档、英文现代型备忘录、英文专业型备忘录
邮件合并	典雅型邮件合并传真、典雅型邮件合并地址列表、典雅型邮件合并信函、现代型邮件合并传真、现代型邮件合并地址列表、现代型邮件合并信函、邮件合并传真、专业型邮件合并传真、专业型邮件合并地址列表、专业型邮件合并信函

要通过模板来创建文档，可以单击"文件"→"新建"来完成，如图2.6所示。

图2.6　选择"本机上的模板"

打开"模板"对话框，选择"报告"选项卡，选择"公文向导"，如图2.7所示。打开"公文向导"对话框，如图2.8所示，单击"下一步"按钮。

图2.7　"报告"选项卡　　　　　　图2.8　"公文向导"对话框

在"公文向导"对话框中选择公文的格式，如"流行格式"，如图2.9所示，单击"下一步"按钮。设定公文的大小，如"A4"，如图2.10所示，单击"下一步"按钮。

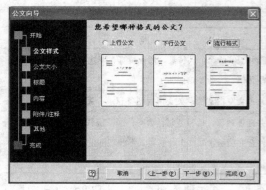

图 2.9　选择"流行格式"　　　　　　　　图 2.10　选择"A4"

设定公文的标题信息，如图 2.11 所示，单击"下一步"按钮。输入公文的内容，如图 2.12 所示，单击"下一步"按钮。

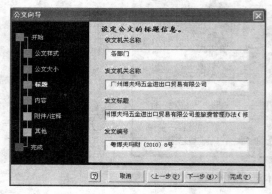

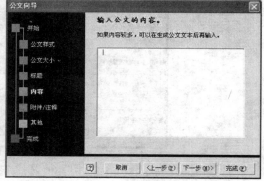

图 2.11　设定公文的标题信息　　　　　　图 2.12　输入公文的内容

设定公文的附件和注释，如图 2.13 所示，单击"下一步"按钮。设定公文的其他信息，如图 2.14 所示，单击"下一步"按钮。

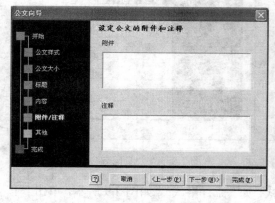

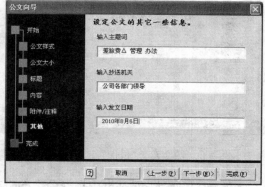

图 2.13　设定公文的附件和注释　　　　　图 2.14　设定公文的其他信息

公文向导设置完毕，如图 2.15 所示，单击"完成"按钮。

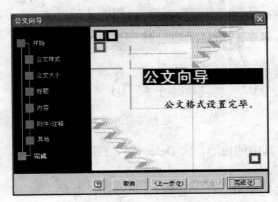

图 2.15　公文向导设置完毕

向导生成效果如图 2.16 所示。

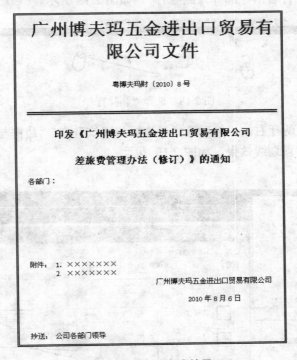

图 2.16　向导生成效果

3. 修改文件尾

对比图 2.1 和图 2.16 可知，模板生成的框架与实际要求还有一定区别，需要对文件尾进行适当修改。

1）单光标移动"附件"两字左边线的左边，当光标的形状变为向右的空心箭头时单击，"附件"所在行立即反白显示，即已选定这一行。

2）在选择区右击，选择"合并单元格"，如图 2.17 所示。

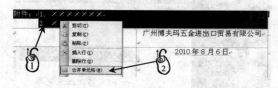

图 2.17　选择"合并单元格"

3）拖动鼠标选中其中的内容，按 Delete 键，删除其中的内容，然后输入："主题词：差旅费△　管理　办法"。

4）按同样的方法处理第二行，并输入："抄送：公司各部门"。

5）在第三行左边单元格输入："广州博夫玛五金进出口贸易有限公司"，右边单元格输入："2010 年 8 月 6 日"，拖动两单元格间的分隔线调整两个单元格的大小。

6）选中最后一行右击，选择"删除行"，如图 2.18 所示。

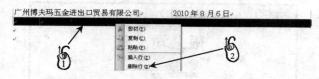

图 2.18　选择"删除行"

7）选择表格后两行右击，然后选择"边框与底纹"，在"边框与底纹"对话框中的"边框"选项卡中设置划线效果，如图 2.19 所示。

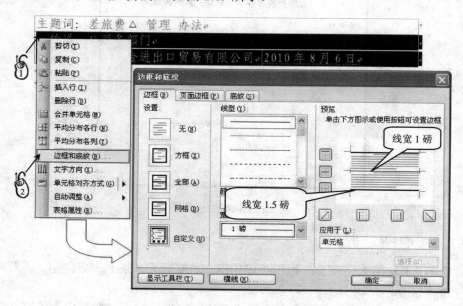

图 2.19　设置划线效果

8) 设置后的文件尾效果如图 2.20 所示。

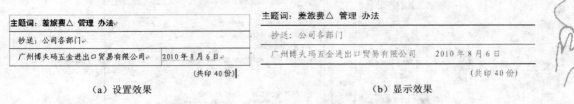

（a）设置效果　　　　　　　　　　　　　（b）显示效果

图 2.20　文件尾的设置效果和显示效果

4. 保存文档

完成一个文档后，如果要长久保存，需要将文档由内存保存到硬盘等外部存储设备上，这个过程称为存盘。存盘前先要确定好保存位置和文件名，方便下次查找。

"文件"菜单下有两个命令都可以用来保存文件，如果正在编辑的文档已有文件名，选择"保存"菜单，会直接以原来的文件名保存文档，选择"另存为"菜单，则会弹出"另存为"对话框，让用户选择保存位置和文件名；如果正在编辑的文档没有文件名，则不管选择"保存"菜单还是"另存为"菜单都会弹出"另存为"对话框。

"另存为"对话框如图 2.21 所示。

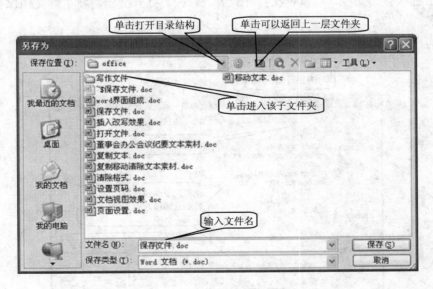

图 2.21　"另存为"对话框

按要求设置好后，单击"保存"按钮完成操作。

对于非常重要的文档，一般要加密保存，在图 2.21 所示的对话框上选择右上角的"工具"，操作过程如图 2.22 所示。单击"工具"选择"安全措施选项"命令，打开"安全性"对话框，在该对话框中设置打开文件密码和修改文件密码，再次输入确认。

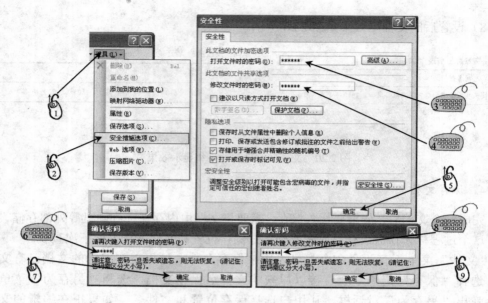

图 2.22　加密保存

5. 打开文档

对于已保存的文档，可以再次打开查看、修改。打开文档需要了解文档保存的位置和文件名。

单击"文件"→"打开"命令，显示如图 2.23 所示的对话框。

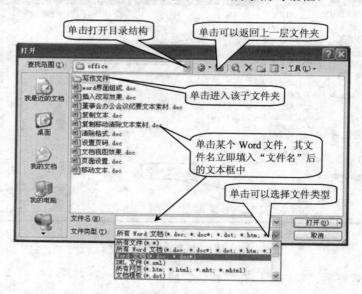

图 2.23　打开文件对话框

按要求设置好后，单击"打开"按钮完成操作。

6. 关闭文档

文档按要求处理完成后，可将其关闭。

单击"文件"→"关闭"命令，若文档打开后没有修改，会直接关闭，如果文档打开后进行了适当修改，将会弹出一个对话框，提示是否需要存盘，如图 2.24 所示。

图 2.24　提示保存对话框

● 单击"取消"，返回 Word 2003 界面。
● 单击"是"，存盘退出。
● 单击"否"，放弃存盘退出。

7. Word 2003 的退出

退出 Word 2003 的方法很多，以下是三种常用方法。
1）单击右上角的关闭按钮 ☒。
2）按 Alt+F4 组合键。
3）单击"文件"→"退出"命令。

> **提　示**
>
> 　　如果文件还没有保存，在退出 Word 2003 应用程序时，将会弹出一个对话框，提示是否需要存盘，如图 2.24 所示。

拓展知识

1. 视图切换按钮

"视图"切换按钮位于水平滚动条左端，共有 5 个按钮，如图 2.25 所示。

图 2.25　视图切换按钮

1）普通视图：可以显示页面中各类编辑符号，但不能显示纸张的实际页边距、页眉、页脚信息。一般适用于页面排版的精细控制。

2）Web 版式视图：可以按网页方式以图形显示内容，此视图便于处理有背景、声音、视频剪辑和其他与 Web 页面内容相关的编辑及修饰处理，一般适用于处理网页类文档。

3）页面视图：窗口显示的内容和版式与实际打印输出的效果相符，即"所见即所得"，建议尽量在页面视图中处理一般文档。

4）大纲视图：可以按文稿的各级标题直观显示纲目结构，并提供与结构相关的工具，比较适合长文稿的结构组织。

5）阅读视图：可在一个屏幕中按左右两页方式显示文稿内容，以满足传统的阅读习惯。

2. 工具栏的显示与隐藏

很多初学 Word 的同学，经常找不到所需的工具栏或工具，可以借助"视图"菜单来显示或隐藏工具，如图 2.26 所示，前面有☑标记表示该工具栏已显示，没有☑标记的表示该工具栏已隐藏。

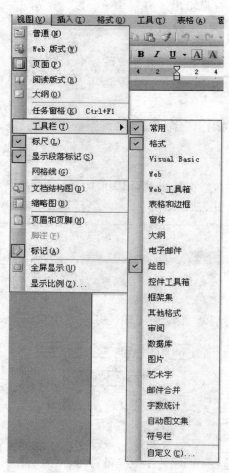

图 2.26　隐藏或显示工具栏

3. 定制工具栏

Word 文档处理能力很强，但它各个功能安排在不同的菜单和工具栏中，因此，Word 提供了很多工具栏，如图 2.26 所示。当处理比较复杂的文档时，需要同时使用很多不同的工具栏，工具栏会占用一定空间，导致 Word 编辑区变小，不方便处理文档。

可以通过自定义工具栏来定制工具栏，将自己工作生活中常用的工具集中到一个自定义的工具栏中。

1）在图 2.26 中选择"自定义...", 在"自定义"对话框中单击"新建"按钮，打开"新建工具栏"对话框，输入工具栏名称，选择自定义工具栏的使用范围，如图 2.27 所示。

2）完成各项设置后单击"确定"按钮，将在"工具栏"子菜单中添加一个"MyWordTool"工具栏，如图 2.28 所示。

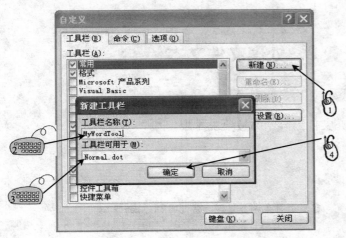

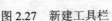

图 2.27　新建工具栏

图 2.28　自定义工具栏

3）单击"命令"选项卡，在左边的"类别"列表框中选择指定的大类，然后在右边的"命令"列表框中选择指定的命令，将其直接拖到自定义的工具栏上即可，如果要删除自定义工具栏的命令，只需将指定命令拖到自定义工具栏之外即可，如图 2.29所示。

4. 设置自动保存时间间隔

Word 文档在没有保存前都存放在内存中，正常关闭或退出文档，系统都会提示是否保存，如果不小心选择了"否", 或者非正常退出，如停电等，正在处理的文档将完全丢失。为减少损失可使用 Word 的自动保存功能，系统会间隔一定的时间自动保存，可通过选择"工具"命令，在"选项"对话框的"保存"选项卡中设置自动保存的间隔时间，如图 2.30 所示。

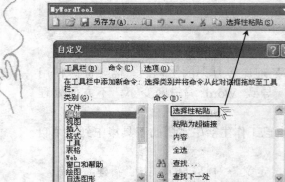

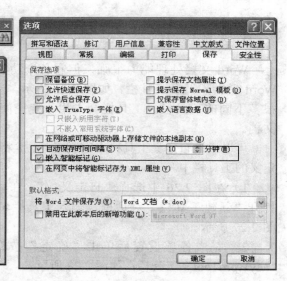

图 2.29　添加工具　　　　　　　　图 2.30　设置自动保存时间间隔

任务 2　处理文件文本

任务描述

文件框架生成后，需要填充文件内容，并按要求排版。

1. 输入文本

输入以下内容。

印发《广州博夫玛五金进出口贸易有限公司差旅费管理办法（修订）》的通知

公司各部门：

《广州博夫玛五金进出口贸易有限公司差旅费管理办法（修订）》经公司研究同意，现予以印发，相关工作请按规定执行。

特此通知。

附件：《广州博夫玛五金进出口贸易有限公司差旅费管理办法（修订）》

二〇一〇年八月六日

附件：

广州博夫玛五金进出口贸易有限公司差旅费管理办法

（修　订）

第一章　总　则

第一条　为了保证出差人员工作和生活的需要，规范差旅费管理，根据广东省财政厅有关文件的精神，结合我公司实际，特制定本办法。

第二条　本办法适用于公司全体员工。

第三条　差旅费开支范围包括城市间交通费、住宿费、伙食补助费和公杂费等。

第四条　城市间交通费和住宿费在规定标准内凭据报销，伙食补助费和公杂费实行定额包干。

第五条　凡使用部门经费出差，差旅费由部门负责人批准，部门负责人出差由总经理审批。凡使用公司公用经费出差，须经总经理审批。

第二章　城市间交通费

第六条　出差人员要按照规定乘坐不高于规定等级的交通工具，凭据报销城市间交通费。乘坐超规定等级交通工具的，超支部分自理。

第七条　乘坐火车，从当日晚 8 时至次日晨 7 时之间，在车上过夜 6 小时以上的，或连续乘车超过 12 小时的，可购同席卧铺票。

第八条　乘坐飞机往返机场的专线客车费用、民航机场管理建设费、燃油附加费和航空人身意外伤害保险费（限每人每次一份），凭据报销。

第三章　住宿费

第九条　出差人员一般应住宿在社会上三星级（或以下）的宾馆、饭店。出差人员住宿费标准上限为：公司总经理每人每天 600 元，公司副总经理每人每天 400 元，部门经理每人每天 300 元，其他人员（讲师及以下技术职务人员）每人每天 150 元。

第十条　出差人员无住宿费发票的，一律不予报销住宿费。

第四章　伙食补助费和公杂费

第十一条　出差人员在省内（不含广州 10 区）、省外出差，伙食补助费按出差自然（日历）天数实行定额包干，标准每人每天 50 元。

第十二条　出差人员的公杂费实行定额包干，用于补助市内交通、文印传真等支出，按出差自然（日历）天数，省内（不含广州 10 区）、省外同一标准，每人每天 30 元。

第十三条　员工到广州 10 区办理有关业务，原则上不发放误餐补贴。

第十四条　经公司批准到国外参加短期业务培训或学术会议，由主管部门统一组织。

第五章　与会、外派等的差旅费

第十五条　工作人员到广州 10 区以外参加会议和本部门、本行业的业务培训班，在途期间的住宿费、伙食补助费和会议期间与在途期间的公杂费，按照第三、四章的规定报销。由主办单位统一安排食宿的，会议（培训）期间的住宿费、伙食补助费由主办单位按会议费规定统一开支；不统一安排食宿的，会议（培训）期间的住宿费、伙食补助费和公杂费均按照第三、四章的规定报销。

第十六条　因工作需要被上级主管部门抽调人员，在抽调期间开展专项工作或到地方督导工作的差旅费，按上级抽调部门的相关通知报销。

第十七条　到广州 10 区以外参加国家和省级党政机关、工青妇团体举办的党员培训班、任职培训班、干部培训班（不含学历、学位教育），学习期间伙食费自理的，凭培训通知回单位报销学习补助费。补助标准为：学习培训时间在一个月以内的，每人每天补助 15 元；学习培训时间在一个月以上的，每人每天补助 10 元。不再报销伙食补助费和公杂费。

第十八条　汽车司机驾驶汽车出差的，按一般工作人员的差旅费规定执行。

第七章　附　则

第十九条　工作人员出差或调动工作期间，事先经单位领导批准就近回家省亲办事的，其绕道交通费，扣除出差直线单程交通费，多开支的部分由个人自理。绕道和在家期间不予报销住宿费、伙食

补助费和公杂费。

第二十条　工作人员出差期间，因游览或非工作需要的参观而开支的费用，均由个人自理。出差人员不准接受违反规定用公款支付的请客、送礼、游览。

第二十一条　本办法未涉及的内容或特殊情况的差旅费经总经理审批后报销。

第二十二条　本办法由人力资料部、财务部负责解释。

第二十三条　本办法自公布之日起实行，公司原制定的《差旅费开支暂行规定》同时停止执行。

二〇一〇年八月六日

2. 格式设置要求

格式设置要求如表 2.2 所示。

表 2.2　格式设置要求

设置项目	设置要求
页面设置	A4 纸，上边距为 3 厘米，下边距为 2.7 厘米，左、右边距为 2.5 厘米
页码设置	页码显示在底部且居中、首页不显示页码
文件正文	仿宋_GB2312、三号字，首行缩进 2 字符，两端对齐，段前、段后各 6 磅，行距最小值 12 磅
日期	仿宋_GB2312、三号字，首行缩进 13.5 字符，两端对齐，行距最小值 12 磅
"附件"两字	仿宋_GB2312、三号字，两端对齐，行距最小值 12 磅
附件标题目	黑体、小二，居中对齐，行距固定值 12 磅
"修订"两字	仿宋_GB2312、三号字，居中对齐，行距最小值 12 磅
附件正文标题	仿宋_GB2312、三号字、加粗，居中对齐，行距最小值 12 磅
附件正文	仿宋_GB2312、三号字，首行缩进 2 字符，两端对齐，行距最小值 12 磅
主题词	黑体、三号字，两端对齐，行距最小值 12 磅
文件尾文本	仿宋_GB2312、三号字，首行缩进 1 字符，两端对齐，行距最小值 12 磅

解决方案

输入文本是一项最简单的工作，在 Word 的文档编辑区中，先定位好插入点的目标位置，然后敲击键盘输入内容即可。

在输入文本时，在同一段文本之内不需要换行，当输入内容超过页面宽度时，Word 会自动换行。录入完一段文字，按回车键分段，该段文字末尾添加段落标记，同时插入点自动移到下一行。

1. 文本输入方式

在 Word 文档中，输入文本有两种方式：插入方式和改写方式。

如果状态区的改写编辑状态框为灰色虚体，说明当前处于插入方式，此时键入的文字将插入在插入点之后。在"选择方式"的"择"字后，插入"正确的"三个字，如图 2.31 所示。

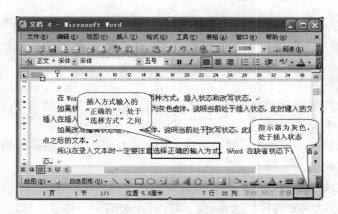

图 2.31　插入方式

如果改写编辑状态框为黑色实体，说明当前处于改写方式，此时键入的文本将覆盖插入点之后的文本。在"选择方式"的"择"字后，插入"正确的"三个字，如图 2.32 所示。

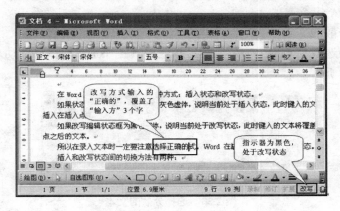

图 2.32　改写方式

所以，在录入文本时一定要注意选择正确的输入方式。Word 在默认状态下处于插入方式。

插入和改写方式间的切换方法有两种：双击状态区中的"改写"状态框和按 Insert 键。

2.　文本的选取

当需要对文档进行某些修改和格式设置等编辑工作时，首先需要选定欲操作的文本内容。在 Word 中，选定文本可用鼠标实现，也可用键盘操作。

选定的文本将"反白显示"，即文本变成白色，而背景则变成黑色。

（1）任选某部分文本

1）将鼠标移至欲选文字开始处，按住鼠标左键不放，拖动鼠标到欲选文字结束处，放开鼠标左键。拖动的方向可以是上、下、左、右四个方向。

2）将插入点移至欲选定文本的开始或结尾处，按住 Shift 键并按箭头键，Shift 键与不同箭头键组合，可将选定范围扩展到不同的区间，如 Shift+下箭头↓，则选定范围从插入点向下扩展一行。

3）将插入点移至欲选定文本的开始（或结束）处，按住 Shift 键不放，在欲选文字结束（或开始）处，再次单击。

（2）选取某一行

将鼠标移动到欲选行的选择区，即行首左边的空白位置，然后单击。

（3）选择某个词

将鼠标移动到欲选词位置，然后双击，如果光标刚好位于两个词的中间位置，则选择插入点前面的词语。

（4）选择某段

1）将鼠标移动到欲选行的选择区，即行首左边的空白位置，然后双击。

2）将插入点移动到欲选段的中间，然后三击鼠标左键。

（5）选取整个文档

1）单击"编辑"→"全选"命令。

2）按 Ctrl+A 组合键。

（6）选择分散的文本

用鼠标拖动选取第 1 部分文本，然后按住 Ctrl 键不放，用鼠标拖动选取其他部分的文本，如图 2.33 所示。

图 2.33　选择分散的文本

3．文本的复制

Word 应用程序在进行文本复制操作时，先将选定的内容存入剪贴板，然后再将剪贴板的内容插入到文档指定位置，因此文本的复制有 4 个操作步骤，如图 2.34 所示。

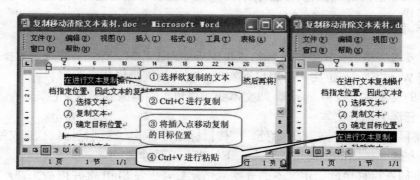

图 2.34　复制文本

复制到剪贴板的内容可多次粘贴，只要没有新内容写入剪贴板或关闭剪贴板，剪贴板的内容将一直保存。

文本的复制还有一种更快捷的方法：先选定欲复制的文本内容，按住 Ctrl 键不放，将鼠标光标置于所选文本的范围之内，然后按住鼠标左键不放，将其拖动到目标位置后放开鼠标左键。

> **提　示**
>
> 通过鼠标拖动复制文本时，没有将复制内容存入剪贴板。

4. 文本的移动

文本的移动操作与复制操作相似，如图 2.35 所示。

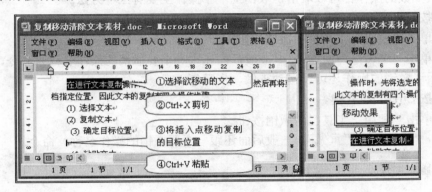

图 2.35　移动文本

与复制操作中粘贴文本的操作方法完全相同，也可以多次粘贴。

文本的移动也有一种更快捷的方法：先选定欲移动的文本内容，将鼠标光标置于所选文本的范围之内，然后按住鼠标左键不放，将其拖动到目标位置后放开鼠标左键。

5. 删除与清除格式

（1）删除文本

在选定欲删除的文本后，删除所选文本主要有三种操作方法：按 Delete 键、按 BackSpace 键和单击“编辑”→“清除”→“内容”命令。

（2）清除格式

选择“编辑”→“清除”→“格式”命令可清除格式，如图 2.36 所示。

清除格式时，文本内容不变，只是删除文本所设的格式。操作之前，可先选定文本，此时一般为清除所选文本的字符格式，也可不选定文本，则清除插入点所在段的所有格式。

6. 撤销与重做

有时候不小心误删了某些文字，还可将其再“找”回来，其实，在 Word 应用程序

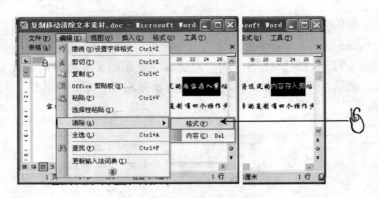

图 2.36　清除格式效果

中，绝大多数的操作都可以取消，取消上一个操作主要有三种方法。

1）按 Ctrl+Z 组合键。

2）单击"常用"工具栏的撤销按钮 。

3）单击"编辑"→"撤销"（一般后面还跟一个要撤销的操作名称）命令。

对于误撤销的操作还可以自动重做，步骤如下。

1）按 Ctrl+Y 组合键。

2）单击"常用"工具栏的撤销按钮 。

单击"编辑"→"重做"（一般后面还跟一个要撤销的操作名称）命令。

7．插入文件

如果文件的内容已输入到计算机，可直接将文本对应的文档插入到指定位置，如图 2.37 所示。

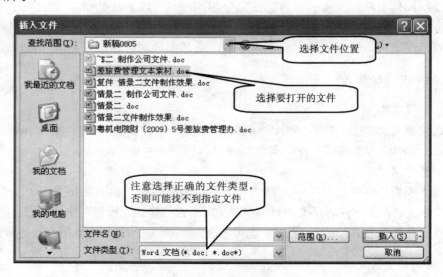

图 2.37　插入文件

8. 页面设置

原则上，纸张的选择与设置可以在文档处理的任何阶段进行，但为了避免已设置的好文档因纸张的改变而不得不再次设置，建议在写作之初，先选择好规范、合适的纸型，并按要求设置好页边距。

在日常生活和工作中，最常用的纸型为 A4，其他常用的纸型还有 A3、B5、16 开、32 开等，对于有特殊要求的纸张可通过自定义纸张来实现。

选择"文件"→"页面设置"命令，在"页面设置"对话框中设置页边距和纸张，如图 2.38 所示。

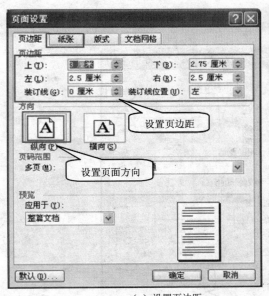
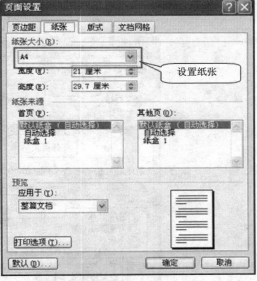

（a）设置页边距　　　　　　　　　（b）设置纸张

图 2.38　页面设置

9. 页码设置

单击"插入"→"页码"命令，打开"页码"对话框，在该对话框中设置页码位置和对齐方式等，单击"格式"按钮，打开"页码格式"对话框，设置页码格式，如图 2.39 所示。

10. 字体设置

选择"格式"→"字体"命令可设置文本的字体格式，"字体"对话框有三个选项卡。

1）选择"字体"选项卡设置字体效果，如图 2.40 所示。

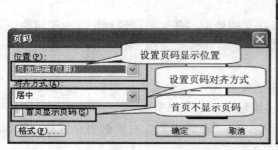

(a) 设置页码位置和对齐方式　　　　(b) 设置页码格式

图 2.39　设置页码

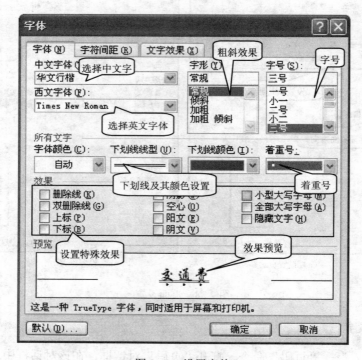

图 2.40　设置字体

Word 中，字体大小通过字号设置来实现，字号大小有两种表示方法：数字和汉字。数字表示法中，数字越大字越大，如 16、24 等；汉字表示法中，值越大字越小，如小四的字大于五号字。

2）选择"字符间距"选项卡设置字体间距，如图 2.41 所示。

3）选择"文字效果"选项卡设置字体动态效果，如图 2.42 所示。

部分字体设置效果如图 2.43 所示。

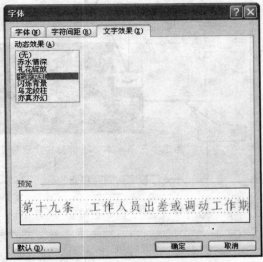

图 2.41 设置字符间隔　　　　　　图 2.42 设置字体动态效果

11. 段落设置

（1）段落设置中有关缩进的概念
段落设置中有关缩进的概念如图 2.44 所示。

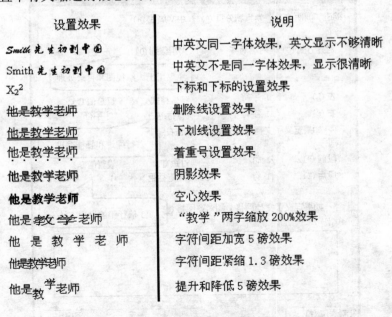

设置效果	说明
Smith 先生初到中国	中英文同一字体效果，英文显示不够清晰
Smith 先生初到中国	中英文不是同一字体效果，显示很清晰
$X_2{}^2$	下标和下标的设置效果
他是教学老师	删除线设置效果
他是教学老师	下划线设置效果
他是教学老师	着重号设置效果
他是教学老师	阴影效果
他是教学老师	空心效果
他是教学老师	"教学"两字缩放 200%效果
他 是 教 学 老 师	字符间距加宽 5 磅效果
他是教学老师	字符间距紧缩 1.3 磅效果
他是教学老师	提升和降低 5 磅效果

图 2.43 部分字体设置效果

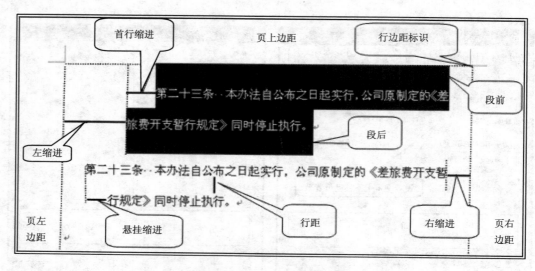

图 2.44　段落设置中有关缩进的概念

（2）设置段落缩进和间距

可在"段落"对话框的"缩进和间距"选项卡中设置段落缩进和间距等，如图 2.45 所示。

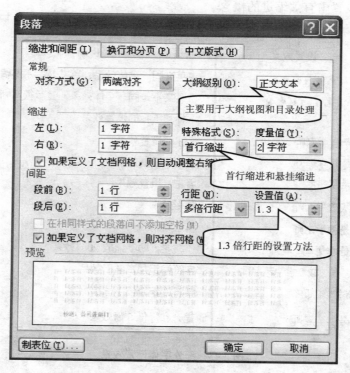

图 2.45　设置段落缩进和间距

拓展知识

1. 插入特殊符号

文档中的一般字符可通过键盘输入，但对于部分特殊字符需要通过符号工具栏输入，如"→"符号等。

选择"插入"→"符号"命令，在"符号"对话框中查找并选定符号"→"，如图 2.46 所示，然后单击"插入"按钮。

在"符号"对话框中，可通过"子集"下拉列表框来选择不同类型的符号，对于部分特殊的符号，可单击"特殊字符"选项卡，直接在"字符"列表中选择对应的特殊符号。

2. 即点即输与改写模式

在传统方式下，光标只能定位在文档结束符之前，段落标记符之左。如果要在段落标记符之后某个位置输入文本，只有先插入若干个空格，将段落标记符移动到目标位置后再输入，如果要在文档末尾某个位置输入文本，要先按若干次回车键，将文档结束符移动目标位置之后，然后再输入文本，操作比较麻烦。

Word 应用程序提供"即点即输"功能，它是文档输入方面的增强功能。有了该功能，可以在页面任意位置双击指定插入点位置。

默认情况下，即点即输功能处于关闭状态，要使用即点即输功能必须打开该功能。

打开 Word 应用程序时，默认的改写模式为插入方式，可以将其修改为改写方式。

选择"工具"→"选项"命令，打开"选项"对话框，如图 2.47 所示。

图 2.46　"符号"对话框

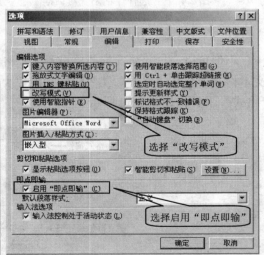

图 2.47　启用"即点即输"功能

3. 选择性粘贴

选择"粘贴"命令会将剪贴板上内容原样粘贴，包括内容和格式，如果粘贴时不需

要原来的格式可以选择"选择性粘贴"命令。

选择"编辑"→"选择性粘贴"命令，打开如图 2.48 所示的"选择性粘贴"对话框。

4. 修改度量单位

选择"工具"→"选项"命令，打开"选项"对话框，选择"常规"选项卡，可在该选项卡中修改度量单位，如图 2.49 所示。在该选项卡中还可修改"文件"菜单中显示的最近修改的文档数目。

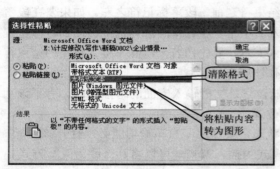

图 2.48 　"选择性粘贴"对话框

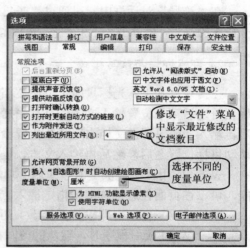

图 2.49 　"常规"选项卡

5. 利用格式工具栏设置格式

不但可以通过"格式"菜单设置文本格式，而且还可通过"格式"工具栏快速设置文本格式，只是"格式"工具栏的功能要少于格式菜单，一般只适合简单的格式设置。"格式"工具栏如图 2.50 所示。

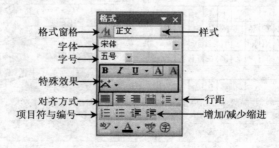

图 2.50 　"格式"工具栏

6. 同一页面不同度量单位处理

修改度量可以让 Word 显示指定的度量单位，但同一页面都是相同的度量单位，如果要在同一页面设置不同度量单位的值，可以在输入值后直接输入度量单位，如图 2.51 所示。注意，完成操作后，再次打开"页面设置"对话框，所有设置值均按已设置的度量单位显示，系统已自动进行单位换算。

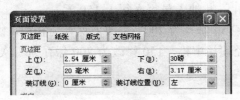

图 2.51　同一页面不同度量单位的设置

同样，当找不到指定字号或指定行距时，可以直接将指定值输入到对应的文本框。如设置字号为 180，则只能直接将 180 输入到字号框里。

7. 格式刷

Word 提供一个专门用于复制格式的工具——格式刷，可快速进行格式化，其操作方法如下。

1）将光标放到已设好指定格式的区域内。

2）单击工具栏的格式刷工具，如果要多次重制格式则双击格式刷工具，此时光标变成刷子形状。

3）将光标移动动欲格式的文本区域，单击可以将段落格式复制到指定段落，选中相关文本则可以将该格式完全复制到指定文本区域。

8. 利用标尺设置缩进格式

直接拖动标尺上对应的手柄，可以直观、快速地设置缩进值。悬挂缩进与左缩进是同一手柄，上面的三角形表示悬挂缩进，下面的长方形表示左缩进。当拖动左缩进手柄时，首行缩进手柄会自动跟随移动，使左缩进和首行缩进保存相同的相对距离，如图 2.52 所示。

图 2.52　利用标尺设置缩进格式

任务 3　修 订 文 件

任务描述

王秘书处理完文件的初稿后，交给公司总经理审阅，作为文件初稿，对于某些关键数据，领导会综合各方面情况进行适当调整，因此，王秘书接下来的任务是与公司总经理交流，完成文件的修改工作。

文件中有一部分内容为：总经理每人每天 600 元，公司副总经理每人每天 400 元，部门经理每人每天 300 元，其他人员每人每天 150 元。

将 600 修改为 800，150 修改为 200。修改前保存为初稿，修改后保存为最终稿；将 600 修改为 800 保存为经理初审稿，150 修改为 200 保存为二次修改稿。

解决方案

1. 版本管理

文件的制定过程中，经常需要反复讨论、推敲，前后对比，有时还需要以旧代新，可通过版本管理来保存文件不同版本的文档。

（1）保存现有版本

单击"文件"→"版本"命令，弹出当前文档对应版本管理对话框，选中"关闭时自动保存版本"选项，单击"现在保存(S)…"按钮，在"保存版本"对话框中输入备注内容，如图 2.53 所示。

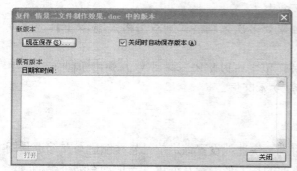

图 2.53　保存现有版本

（2）版本管理

历史版本都显示在"原有版本"列表框中，如图 2.54 所示。列表中显示出各个版本的保存时间、保存者、备注等信息。选定某个版本后，可对其进行以下操作。

单击"打开"按钮，打开选定版本对应的文档。

单击"删除"按钮，可以删除指定版本，删除时，系统会提示"是否确认要删除所选版本？此操作无法撤消"，如图 2.55 所示。

单击"查看备注"按钮，可打开"查看备注"对话框，查看完整的备注信息，如图 2.54 所示。

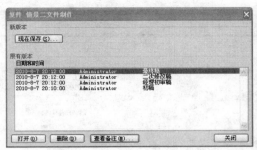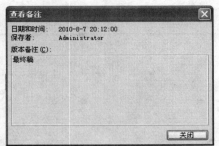

图 2.54　版本管理

图 2.55　版本删除确认

2．修订

单击"工具"→"修订"命令，文档进入修订状态，此时，编辑区上方显示修订工具栏，如图 2.56 所示。

图 2.56　修订工具栏

1）第一个下拉列表框中有 4 个选项。

- "原始状态"显示修订前的原始文本。
- "最终状态"显示修订后的最终文本。
- "显示标记的原始状态"显示原始数据，提示修改后的数据，如图 2.57 所示。
- "显示标记的最终状态"显示最终数据，提示修改前的数据，如图 2.58 所示。

> 第九条·出差人员一般应住宿在社会上三星级（或以下）的
> 宾馆、饭店。出差人员住宿费标准上限为：公司总经理每人每天　　　　插入的内容：800
> 600 元，公司副总经理每人每天 400 元，部门经理每人每天 300
> 元，其它人员（讲师及以下技术职务人员）每人每天 150 元。　　　插入的内容：200
> 第十条·出差人员无住宿费发票的，一律不予报销住宿费。

图 2.57　显示标记的原始状态

2）单击显示 (S) ▾，可设置显示元素。

3）单击 ✍，展开如图 2.59 所示的选项，选择其中一项来接受所做的修订。接受修订后，选择最终状态，结束修订。

第九条　出差人员一般应住宿在社会上三星级（或以下）的
宾馆、饭店。出差人员住宿费标准上限为：公司总经理每人每天
800 元，公司副总经理每人每天 400 元，部门经理每人每天 300
元，其它人员（讲师及以下技术职务人员）每人每天 200 元。
　　第十条　出差人员无住宿费发票的，一律不予报销住宿费。

删除的内容：600

删除的内容：150

图 2.58　显示标记的最终状态

4）单击 ，展开如图 2.60 所示的选项，选择拒绝修订的类型。

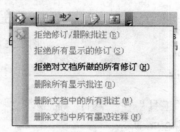

图 2.59　选择接受修订类型　　　　图 2.60　拒绝修订的类型

5）单击 ，可插入一个批注。

6）单击 ，可在修订状态和普通状态之间转换。

接受修订后，保存文档。

拓展知识

1．批注

单击"插入"→"批注"命令，系统自动识别插入位置对应的词组，然后插入批注，如图 2.61 所示，然后输入批注内容即可。为了确保批注的准确性，最好先选定指定文本。

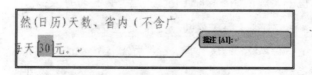

图 2.61　自动插入批注

选中批注，然后右击，在快捷菜单中选择"编辑批注"命令，可以修改批注，选择"删除批注"命令可删除批注，如图 2.62 所示。

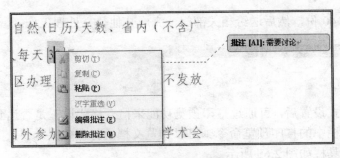

图 2.62 编辑批注和删除批注

2. 脚注与尾注

1）选择要添加脚注的文本。

2）单击"插入"→"引用"→"脚注和尾注"命令，打开"脚注和尾注"对话框，如图 2.63 所示。在"位置"区域中选择"脚注"，设置"编号格式"，完成后单击"应用"按钮。

3）输入脚注的内容"作品的正文没改动，只是对其做了一点小的处理"。

4）光标移到设置脚注的文本时，光标会变成一页卷角的白纸，当光标停留一会就显示批注的内容，如图 2.64 所示。

图 2.63 设置脚注和编号格式　　　　图 2.64 脚注效果

5）将光标移到脚注序号后面，连按两次 Delete 键即可删除对应的脚注。

6）尾注与脚注只是显示位置的不同，操作方法与脚注完全相似。

任务 4　打　　印

任务描述

　　文件通过讨论、修订与审核之后形成最终定稿，整个文档的制作过程已结束，但保存于计算机中的文件不方便管理，所以必须将其打印出来。接下来的任务是利用公司打印机将文件打印 40 份，然后送给相关部门，完成其他公文处理工作。

解决方案

1. 打印预览

完成文档格式设置后，可通过打印预览功能来检查格式设置是否达到设计要求。单击"常用"工具栏中的打印预览命令 可以预览文档的打印效果。

打印预览工具栏如图 2.65 所示。

图 2.65　打印预览工具栏

- 单击 ，打印文档。
- 单击 ，缩入显示比例。
- 单击 ，进行单页预览。
- 单击 ，进行多页预览。
- 单击 100% ，改变显示比例。
- 单击 ，全屏显示。
- 单击 关闭(C)，结束打印预览。

2. 打印设置

单击"常用"工具栏的打印命令 直接打印，如果要先进行打印设置，则要单击"文件"→"打印"命令，打开"打印"对话框，如图 2.66 所示。

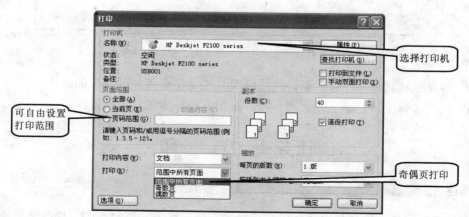

图 2.66　"打印"对话框

拓展知识

1. 显示比例

在实际工作中，常会因为某些特殊的要求而设置很大或很小的字号，字号太大则文本区显示不了多少文本，字号太小则看不清文本内容，都不方便文本的编辑。可以通过设置显示比例来缩小过大字体或放大过小字体的显示效果，方便编辑。在"常用"工具栏选择显示比例 75% ，如图 2.67 所示，选择不同的显示比例即可。

图 2.67 修改显示比例

一般情况下，当需要设置文档布局时，可以缩小显示比例，方便从大局观察设置效果；当要设置某些细节格式时，可以放大显示比例，方便细节格式的设置与编辑。在具体工作中，可通过显示比例，将不同格式的文档设置为适合自己阅读的显示比例，在保护眼睛的同时，提高工作效率。

2. 显示/隐藏编辑标记

Word 中有很多编辑标记，如段落结束符、空格符、分页符等，这些编辑标识打印时不会显示，但太多的编辑标识也会让人感觉杂乱，可以根据自己的习惯进行设置。单击"常用"工具栏中的显示/隐藏编辑标记 ，可显示或隐藏编辑标记。

单击"工具"→"选项"命令，打开"选项"对话框的"视图"选项卡，如图 2.68 所示，可对显示的标记进行设置。

3. 打印选项

在图 2.66 中，单击"打印"，打开如图 2.69 所示的对话框，可对打印选项和附加信息进行设置。最后一个选项"双面打印选项"的实用价值很大。

图 2.68 设置显示标记

图 2.69 设置打印选项

验 收 单

学习领域		计算机操作与应用			
项目二		制作公司文件	学时		4
关键能力		评价指标	自测结果（在□中打✓）		备注
基本能力测评	自我管理能力	1. 培养自己的责任心	□A □B □C		
		2. 管理自己的时间	□A □B □C		
		3. 灵活运用所学知识	□A □B □C		
	沟通能力	1. 知道如何尊重他人的观点	□A □B □C		
		2. 能否与他人有效地沟通	□A □B □C		
		3. 在团队合作中表现积极	□A □B □C		
		4. 能获取信息并反馈信息	□A □B □C		
	解决问题能力	1. 学会使用信息资源	□A □B □C		
		2. 能发现并解决问题	□A □B □C		
	设计创新能力	1. 面对问题能根据现有的技能提出有价值的观点	□A □B □C		
		2. 使用不同的思维方式	□A □B □C		
业务能力测评	文档操作	1. Word 的界面组成及其应用	□A □B □C		
		2. 文档的新建、保存、打开操作	□A □B □C		
		3. 选项设置与自制工具栏	□A □B □C		
		4. 文本输入与编辑	□A □B □C		
		5. 字体设置	□A □B □C		
		6. 段落设置	□A □B □C		
		7. 页面设置	□A □B □C		
		8. 页码设置	□A □B □C		
		9. 打印	□A □B □C		
	文档修订	1. 版本管理	□A □B □C		
		2. 修订	□A □B □C		
		3. 批注	□A □B □C		
		4. 脚注与尾注	□A □B □C		
	其他				
教师评语					
成绩			教师签字		

课 后 实 践

一、选择题

1. 在 Word 2003 主窗口呈最大化显示时，该窗口的右上角可以同时显示的按钮是

_____ 按钮。

    A. 最小化、还原、最大化   B. 还原、最大化和关闭

    C. 最小化、还原和关闭   D. 还原和最大化

2. 如果想在 Word 2003 主窗口中显示常用工具按钮，应当使用的菜单是 _____。

    A. "工具"菜单   B. "视图"菜单

    C. "格式"菜单   D. "窗口"菜单

3. 在 Word 2003 中，当前活动窗口是文档 D1.doc 的窗口，单击该窗口的"最小化"按钮 _____。

    A. 不显示 D1.doc 文档内容，但 D1.doc 文档并未关闭

    B. 该窗口和 D1.doc 文档都被关闭

    C. D1.doc 文档未关闭，且继续显示其内容

    D. 关闭了 D1.doc 文档，但该窗口并未关闭

4. 如想关闭 Word 2003 窗口，可在主窗口中单击"文件"菜单，然后单击该下拉菜单中的 _____ 命令。

    A. 关闭   B. 退出   C. 发送   D. 保存

5. 在 Word 2003 的编辑状态下，执行"编辑"菜单中的"复制"命令后 _____。

    A. 被选择的内容被复制到插入点处

    B. 被选择的内容被复制到剪贴板

    C. 插入点所在的段落被复制到剪贴板

    D. 插入点所在的段落内容被复制到剪贴板

6. 在 Word 2003 中，设定打印纸张大小时，应当使用的命令是 _____。

    A. "文件"菜单中的"打印预览"命令

    B. "文件"菜单中的"页面设置"命令

    C. "视图"菜单中的"工具栏"命令

    D. "视图"菜单中的"页面"命令

7. 在 Word 2003 的编辑状态下，进行字体设置操作后，按新设置的字体显示的文字是 _____。

    A. 插入点所在段落中的文字   B. 文档中被选定的文字

    C. 插入点所在行中的文字   D. 文档的全部文字

8. 下面对 Word 2003 的叙述中，正确的是 _____。

    A. Word 是一种电子表格   B. Word 是一种字表处理软件

    C. Word 是一种数据库管理系统   D. Word 是一种操作系统

9. 在 Word 2003 中，可以利用 _____ 很直观地改变段落的缩进方式，调整左右边界和改变表格的列宽。

    A. 菜单栏   B. 工具栏   C. 格式栏   D. 标尺

10. 在 Word 2003 中，用智能 ABC 输入法编辑 Word 文档时，如果需要进行中英文切换，可以按 _____ 键。

A．Ctrl+空格　　B．Ctrl+Alt　　C．Ctrl+S　　D．Shift+空格

11．在 Word 2003 的编辑状态，要想删除光标前面的字符，可以按______键。

A．BackSpace　　B．Delete　　C．Ctrl+P　　D．Shift+A

12．在 Word 2003 的编辑状态，执行“编辑”菜单中的“粘贴”命令后，______。

A．被选择的内容移到插入点处　　B．被选择的内容移到剪贴板

C．剪贴板中的内容移到插入点处　　D．剪贴板中的内容复制到插入点处

13．在 Word 2003 的______视图方式下，可以显示分页效果。

A．普通　　B．大纲　　C．页面　　D．Web 版式

14．在 Word 2003 的“字体”对话框中，不可设置文字的______。

A．字间距　　B．字号　　C．删除线　　D．行距

15. Word 2003 文档的扩展名是______。

A．txt　　B．doc　　C．wps　　D．blp

二、操作题

1．制作请假条存根，效果如图 2.70 所示，其验收标准如表 2.3 所示。

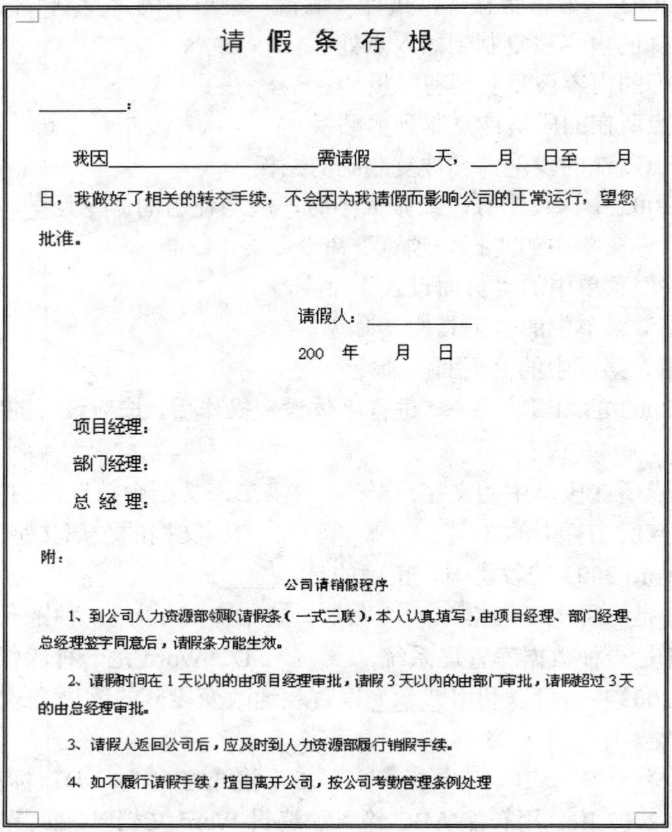

请 假 条 存 根

________：

我因______________________需请假______天，___月___日至___月___日，我做好了相关的转交手续，不会因为我请假而影响公司的正常运行，望您批准。

请假人：__________

200　年　　月　　日

项目经理：

部门经理：

总 经 理：

附：

公司请销假程序

1、到公司人力资源部领取请假条（一式三联），本人认真填写，由项目经理、部门经理、总经理签字同意后，请假条方能生效。

2、请假时间在 1 天以内的由项目经理审批，请假 3 天以内的由部门审批，请假超过 3 天的由总经理审批。

3、请假人返回公司后，应及时到人力资源部履行销假手续。

4、如不履行请假手续，擅自离开公司，按公司考勤管理条例处理

图 2.70　请假条存根

表 2.3　请假条存根验收标准

设置项目	设置要求	分值
页面设置	A4 纸，上、下边距为 3 厘米，左、右边距为 2.5 厘米	10
请假条存根	黑体、二号字、加宽 8 磅、居中	10
＿＿＿＿＿＿：	宋体、四号字、两端对齐、段前段后各 0.5 行	10
请假条正文	宋体、四号字、两端对齐、首行缩进 2 字符、段前段后各 0.5 行、行距固定值 35 磅	10
请假人：＿＿＿＿＿＿ 200　年　月　日	宋体、四号字、两端对齐、首行缩进 15 字符、段前 0.5 行	10
项目经理：	宋体、四号字、两端对齐、首行缩进 2 字符	10
附：	黑体、四号字、两端对齐	5
公司请销假程序	黑体、小四、居中对齐，行距固定值 15 磅	10
附件正文	宋体、小四、两端对齐，首行缩进 2 字符，1.5 倍行距	10
速度	40 分钟内完成得 5 分，30 分钟内完成得 10 分，15 分钟内完成得 15 分	15

2. 最近公司董事会召开了一次例行办公会议，董事长秘书王小明作为会议记录人参加本次会议，会后，她要写一份会议纪要，会议纪要如图 2.71 所示。领导在审核签发时，发现会议纪要有几处错误：将"人力资源部"写了"人力资料部"；Word 提示"作出"有错，于是将其改为"做出"，通过查证后又改回"作出"。验收标准如表 2.4 所示。

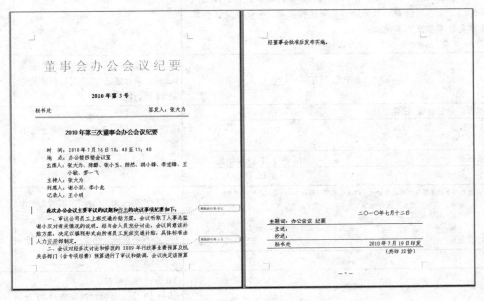

图 2.71　会议纪要

表2.4　会议纪要验收标准

设置项目		设置要求	分值
加密保存		打开密码：123456 修改密码：121121	10
页面设置与页码设置		A4 纸，上边距为 3 厘米，下、左、右边距为 2.5 厘米、页码显示在底部且居中、首页不显示页码	10
秘书处	签发人：张大为	字体：仿宋_GB2312、三号字	5
2010 年第三次董事会办公会议纪要		方正小标宋简体、小二、居中、加粗、行距固定值28 磅	5
时　间：2010 年 7 月 16 日 10：40 至 11：40 地　点：办公楼四楼会议室 出席人：张大为、陈醇、张小玉、陈然、胡小锋、李宏锋、王小敏、梦一飞 主持人：张大为 列席人：谢小双、李小龙 记录人：王小明		仿宋_GB2312、三号、左缩进 3 字符、县挂缩进 4 字符、行距固定值 23 磅	10
此次办公会议主要审议的议题和作出的决议事项纪要如下：		仿宋_GB2312、三号、字符间距紧缩 0.4 磅、首行缩进 2 字符、行距固定值 23 磅、两端对齐	5
一、审议公司员工上班交通补贴方案。会议听取了人事总监谢小双对有关情况的说明。经与会人员充分讨论，会议同意该补贴方案，决定以福利形式向所有员工发放交通补贴，具体标准由人力资料部制定。 　　二、会议对经多次讨论和修改的 2009 年行政事业费预算及机关各部门（含专项经费）预算进行了审议和微调，会议决定该预算经董事会批准后发布实施。		仿宋_GB2312、三号、首行缩进 2 字符、行距固定值 23 磅、段前 0.2 行、两端对齐	10
二○一○年七月十二日		仿宋_GB2312、三号、字符间距紧缩 0.2 磅、首行缩进 17 字符、行距固定值 23 磅、段前 0.2 行	5
主题词：办公会议 纪要 主送： 抄送： 秘书处　　　　　　2010 年 7 月 19 日印发 　　　　　　　　（共印 32 份）		主题词：黑体、三号、行距固定值 23 磅 其他文本：仿宋_GB2312、三号字	10
此次办公会议主要审议的议题和作出的决议事项纪要如下： 　　一、审议公司员工上班交通补贴方案。会议听取了人事总监谢小双对有关情况的说明。经与会人员充分讨论，会议同意该补贴方案，决定以福利形式向所有员工发放交通补贴，具体标准由人力资源部制定。		将"作出"改为"做出"，再改为"作出"； 将"人力资源部"改为"人力资料部"	10
其他		文件框架	5
速度分		80 分钟内完成得 5 分，60 分钟内完成得 10 分，50 分钟内完成得 15 分	15

3. 广东生同学明年即将毕业，他精心准备了求职信，如图 2.72 所示。按表 2.5 所示验收标准进行设置。

求职信

尊敬的领导：

您好！

感谢您百忙之中来关注我的个人求职信。

我是一名 2011 届本科生，就读于教育部直属重点大学——西南交通大学，我的姓名是广东生，所读专业是桥梁与隧道工程。在校期间我刻苦学习、严格遵守学校的规章制度、社会公德，尊敬师长，团结同学乐于助人，在德、智、体、美、劳方面得到全面发展。通过我的努力，我在专业课的学习上每年获得学校的奖学金，凭着优异的成绩进入了学校的辅修专业课程《计算机网络》的学习，同样以优良的成绩圆满毕业，能连接局域网及 INTERNE 的接入。在校期间我还利用业余时间学习了许多计算机知识，WORD、AUTOCAD、PHOTOSHOP、及 C 语言、汇编语言、HTML 等都得以学习和掌握。特别是对 WORD、AUTOCAD 的应用十分熟练。我已经具备了计算机操作的基本能力，并且坚信会在计算机应用及编程方面创造出一片蔚蓝的天空。

英语是我擅长的科目之一，通过了全国大学英语四级考试，我在英语阅读与写作上更显优势，借助词典能阅读翻译专业型英文资料，总之我有着相当的英语水平。

平时我的课余活动也十分广泛，乒乓球、篮球、羽毛球等球类运动都是我的爱好，还喜欢阅读书籍，这主要是为了培养艺术能力，有艺术才会树立好形象，才能用计算机设计出代表个人、企事业单位的好标志。最后，请领导核实我的情况，相信我，我会在您给我提供的舞台上献上最美的舞姿，希望领导接纳我，我愿我一生的勤勉报答贵单位！我愿与您携手共进！再次感谢您对我的关注。

此致

敬礼！

广东生

2010 年 8 月

图 2.72　求职信

表 2.5　求职信验收标准

设置项目	设置要求	分值
页面设置	A4 纸，上、下、左、右边距均为 3 厘米	10

续表

设置项目	设置要求	分值
标题	宋体、小三、居中	10
称呼	仿宋_GB2312、小四、两端对齐、1.5 倍行距	10
正文	仿宋_GB2312、小四、两端对齐、首行缩进 2 字符、1.5 倍行距	10
署名和日期	仿宋_GB2312、小四、右对齐、1.5 倍行距	10
版本控制	8 月 5 日完成初稿 8 月 6 日完成修改稿 8 月 7 日完成定稿	20
速度分	40 分钟内完成得 5 分，30 分钟内完成得 10 分，20 分钟内完成得 15 分， 15 分钟内完成得 20 分，15 分钟内完成得 250 分，5 分钟内完成得 30 分	30

4．公司王秘书接到李总的安排的新任务，为公司制作一份产品销售合同书，如图 2.73 所示，按表 2.6 所示验收标准进行设置。

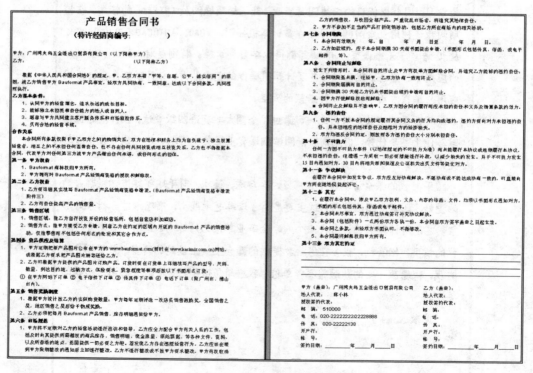

图 2.73　产品销售合同书

表 2.6　产品销售合同书验收标准

设置项目	设置要求	分值
页面设置	A4 纸，上边距 1.65 厘米、下边距 1.92 厘米、左边距 2.22 厘米、右边距 2.59 厘米	5
标题	宋体、二号、居中、加粗	5

续表

设置项目	设置要求	分值
（特许经销商编号：　　　　）	中文宋体，英文 Times New Roman、小三、加粗、居中	5
文本中所有标题及大条款	中文字体：宋体，英文字体：Arial、五号、加粗、两端对齐	15
所有小条款	中文字体：宋体，英文字体：Arial、五号、两端对齐，左缩进 2 字符，悬挂缩进 1 字符	20
所有文本正文	中文字体：宋体，英文字体：Arial、五号、两端对齐、首行缩进 2 字符，有附件的地方用红色字	20
版本控制	7 月 15 日完成初稿 8 月 6 日完成讨论修改稿 8 月 17 日完成定稿	5
并于不可抗力发生 15 日内通知对方，30 日内将相关新闻报道及公证机关出具文件等提交对方	领导要求将 15 修订为 10，30 修订为 20，并讨论	10
速度分	60 分钟内完成得 5 分，45 分钟内完成得 10 分，30 分钟内完成得 15 分	15

项目三
制作会展邀请函

中国进出口商品交易会，又称广交会，创办于 1957 年春季，迄今已有近五十年历史，是中国目前历史最长、层次最高、规模最大、商品种类最全、到会客商最多、成交效果最好的综合性国际贸易盛会，被称为中国第一展。

第 107 届广交会秋交会于 2010 年 10 月 15 日开始在中国进出口商品交易会琶洲展馆举行，广州博夫玛五金进出口贸易有限公司作为广交会的多年参展单位，今年将携公司最新产品隆重参展，为了提高公司展位知名度和人气，以争取更多订单，公司计划邀请所有合作伙伴，组成完整的产业链进行参展，为新老客户提供更专业的服务。现需要制作会展邀请函，要求第一页为会展邀请函正文，第二页为第 107 届广交会简介，如图 3.1 所示。

图 3.1　会展邀请函

任务 1　制作文本主控文档

任务描述

1. 文本主控文档效果

文本主控文档效果如图 3.2 所示。

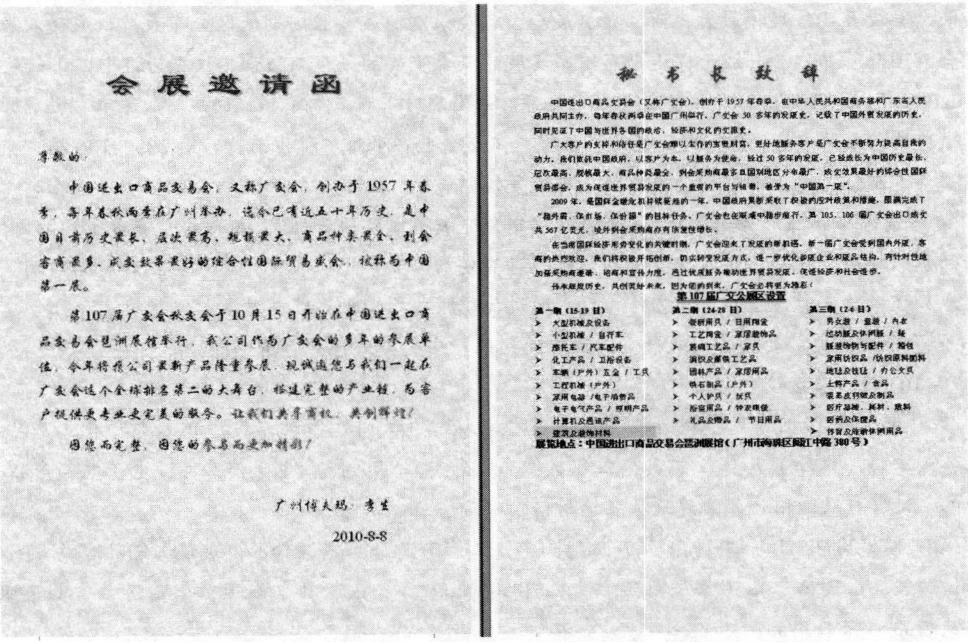

图 3.2　文本主控文档效果

2. 文本素材

文本素材如下。

会展邀请函

尊敬的：

中国进出口商品交易会，又称广交会，创办于 1957 年春季，每年春秋两季在广州举办，迄今已有近五十年历史，是中国目前历史最长、层次最高、规模最大、商品种类最全、到会客商最多、成交效果最好的综合性国际贸易盛会，被称为中国第一展。

第 107 届广交会秋交会于 10 月 15 日开始在中国进出口商品交易会琶洲展馆举行，我公司作为广交会的多年的参展单位，今年将携公司最新产品隆重参展，现诚邀您与我们一起在广交会这个全球排名第二的大舞台，搭建完整的产业链，为客户提供更专业更完美的服务。让我们共寻商机，共创辉煌！

因您而完整，因您的参与而更加精彩！

广州博夫玛：李生

2010-8-8

秘书长致辞

中国进出口商品交易会（又称广交会），创办于1957年春季，由中华人民共和国商务部和广东省人民政府共同主办，每年春秋两季在中国广州举行。广交会50多年的发展史，记载了中国外贸发展的历史，同时见证了中国与世界各国的政治、经济和文化的交流史。

广大客户的支持和信任是广交会赖以生存的宝贵财富，更好地服务客户是广交会不断努力提高自我的动力。我们依托中国政府，以客户为本，以服务为使命，经过50多年的发展，已经成长为中国历史最长、层次最高、规模最大、商品种类最全、到会采购商最多且国别地区分布最广、成交效果最好的综合性国际贸易盛会，成为促进世界贸易发展的一个重要的平台与纽带，被誉为"中国第一展"。

2009年，是国际金融危机持续蔓延的一年，中国政府果断采取了积极的应对政策和措施，圆满完成了"稳外需、保市场、保份额"的目标任务。广交会也在艰难中稳步前行，第105、106届广交会出口成交共567亿美元，境外到会采购商亦有恢复性增长。

在当前国际经济形势变化的关键时期，广交会迎来了发展的新机遇。新一届广交会受到国内外展、客商的热烈欢迎。我们将积极开拓创新，切实转变发展方式，进一步优化参展企业和展品结构，有针对性地加强采购商邀请、招商和宣传力度，通过优质服务推动世界贸易发展，促进经济和社会进步。

传承辉煌历史，共创美好未来，因为您的到来，广交会必将更为精彩！

第107届广展区设置

第一期（15-19日）：大型机械及设备；小型机械／自行车；摩托车／汽车配件；化工产品／卫浴设备；车辆（户外）五金／工具；工程机械（户外）；家用电器／电子消费品；电子电气产品／照明产品；计算机及通信产品；建筑及装饰材料

第二期（24-28日）：餐厨用具／日用陶瓷；工艺陶瓷／家居装饰品；玻璃工艺品／家具；编织及藤铁工艺品；园林产品／家居用品；铁石制品（户外）；个人护具／玩具；浴室用品／钟表眼镜；礼品及赠品／节日用品

第三期（2-6日）：男女装／童装／内衣；运动服及休闲服／鞋；服装饰物与配件／箱包；家用纺织品／纺织原料面料；地毯及挂毯／办公文具；土特产品／食品；裘革皮羽绒及制品；医药及保健品；体育及旅游休闲用品

展览地点：中国进出口商品交易会琶洲展馆（广州市海珠区阅江中路380号）

3. 格式设置要求

会展邀请函的格式设置要求如表3.1所示。

表3.1　会展邀请函格式设置要求

设置项目	格式要求
页面设置	A4纸，上、下、左、右边距均为2厘米
背景设置	"羊皮纸"填充效果
邀请函标题	隶书、初号、阴影、加粗、紫色、加宽10磅
邀请函正文	行文行楷、小二、首行缩进2字符、段前段后分别为0.5行、1.5倍行距

续表

设置项目	格式要求
右下角显示在图片上的文字	行文行楷、小二、首行缩进 2 字符、段前段后各 0.5 行、1.5 倍行距、红色、阴文
署名文本	行文行楷、小二、首行缩进 16 字符、段前段后各 0.5 行、1.5 倍行距
日期	Times New Roman、小二、首行缩进 20 字符、段前段后各 0.5 行、1.5 倍行距
秘书长致辞标题	行文行楷、一号、红色、加粗、加宽 15 磅
秘书长致辞正文	仿宋、五号字、首行缩进 2 字符、两端对齐、行距固定值 18 磅
广交会展区	仿宋、五号字
日期安排和展区设置两个标题	仿宋、小四、加粗、居中

解决方案

1. 前期格式设置

前期格式设置效果如图 3.3 所示。

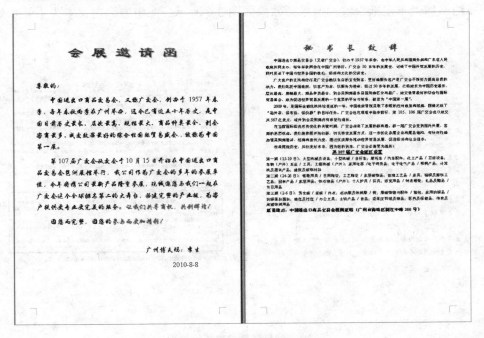

图 3.3　前期格式设置效果

2. 设置背景

单击"格式"→"背景"→"填充效果"命令，打开"填充效果"对话框，如图 3.4 所示。选择"纹理"选项卡，选择"羊皮纸"，单击"确定"按钮，如图 3.5 所示。

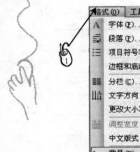

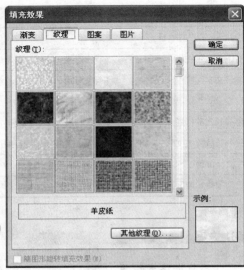

图 3.4　选择"填充效果"　　　　　　　图 3.5　选择纹理

　　成功添加"羊皮纸"纹理背景后效果如图 3.6 所示。图中方框内文本为下一步处理对象。

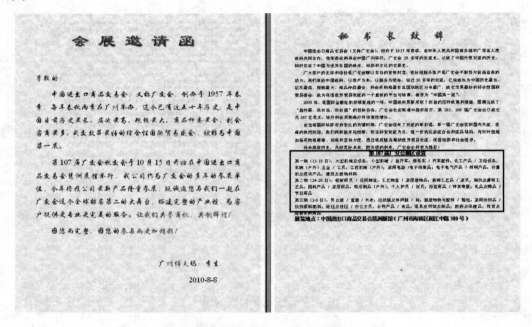

图 3.6　"羊皮纸"纹理背景效果

　　默认情况下，背景只是电子文档的修饰效果，在打印预览时是看不到的，也不会打印出来。如果要将背景打印出来，需要单击"工具"→"选项"命令，打开"选项"对话框，在"打印"选项卡中选中"背景色和图像"，单击"确定"按钮，如图 3.7 所示。

在图 3.4 中"背景"子菜单下选择"无填充颜色"即可取消背景。

3. 查找和替换

需要查找文档中某个字词或某句话，如果没有工具的帮助，这种查找将会很困难，而且这种难度会随文本长度的增加而成倍增加。针对这种需求，Word 提供了"查找"命令，还可以使用"替换"命令替换某些内容。

查找/替换不但可以查找/替换普通文本，还可以替换特别符号。

1) 如果要在指定区域内查找，则要先选定该区域，如果在整个文档内查找可以不选定区域。

2) 单击"编辑"→"查找/替换"命令，打开"查找/替换"对话框，选择"查找"选项卡，如图 3.8 所示。在"查找内容"文本框中输入查找内容后，单击"查找下一处"按钮即可查找。

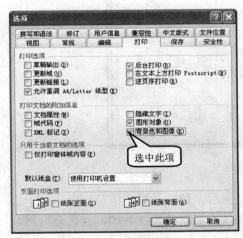

图 3.7　设置打印"背景色和图像"

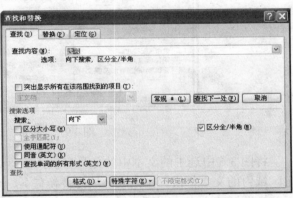

图 3.8　"查找"选项卡

- 单击"常规"按钮，可以展开或折叠"搜索选项"。
- 单击"取消"按钮，放弃查找。
- 在"搜索"下拉列表框中可以选择"向上"、"向下"和"全部"。
- "区分大小写"选项，对于英文查找内容，可以设置此项来决定是否区分大小写。

3) 单击"替换"选项卡，在"替换为"文本框中输入要替换的文本，单击"替换"即可完成一次替换。

- "全部替换"，如果文档中有多个查找内容，可以一次性替换完成，系统完成替换任务会提示共进行了多少次替换。
- "特殊字符"，如图 3.9 所示，列出了很多特殊符号，如选择"段落标记"后，在"替换为"文本框显示"^P"即段落结束符。

特殊符号可以插入到"查找内容"文本框，也可以插入到"替换为"文本框，因为在插入特殊符号前，一定要光标移动到指定框中，初学者很容易忽略这一步。

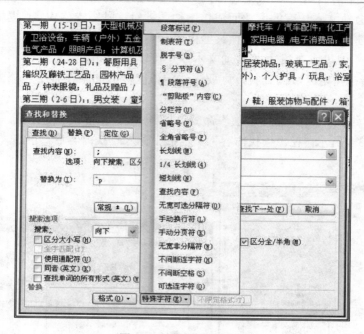

图 3.9   "替换"选项卡

将图 3.6 中选中的文本中的分号替换为段落结束后，每一个类型单独一段。对于选定区域内的文本替换，在完成区域内替换任务，系统在提示替换次数的同时，会询问是否替换区域的文本，一般选择"否"，结束替换操作，如图 3.10 所示。

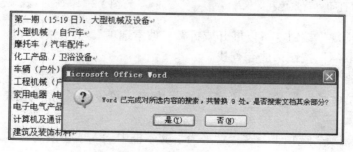

图 3.10   询问是否替换选定区域外内容

4）单击图 3.8 中的"格式"按钮，可以对"查找内容"或"替换为"文本框的内容进行格式设置，如字体设置、段落设置等，如图 3.11 所示。此时，查找或替换不但要匹配文本内容，还要匹配文本格式，对于内容匹配而格式不匹配的文本，系统会认为是不满足查找或替换条件的文本。

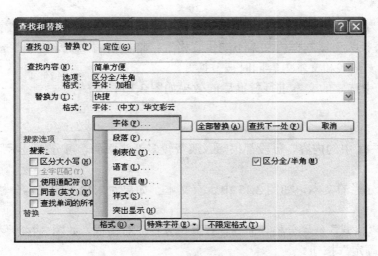

图 3.11　设置查找和替换内容的格式

- 可以为"查找内容"文本框内文本设置格式，也可以为"替换为"文本框内文本设置格式，因为单击"格式"按钮前，一定要将光标移动到指定框中，否则查找或替换操作会失败。
- 可以单击图 3.11 中的"不限定格式"按钮来删除已设格式。
- 每次设置的格式，系统不会自动删除，它会不断叠加，有时会影响操作，建议每次都先清除原来格式，再进行新的格式设置。
- 替换时，可以只替换文本内容，也可以替换文本格式，还可以文本内容和格式同时替换，如图 3.12 所示。

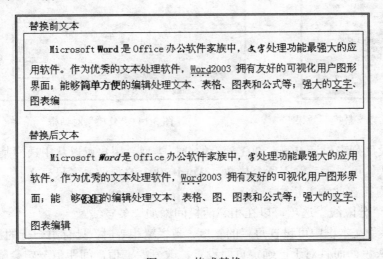

图 3.12　格式替换

在图 3.12 中，将加粗的"Word"替换为斜体，进行格式替换，而没有加粗的"Word"则没有被替换，此时"查找内容"和"替换为"两个文本框内文本一致；将华文行楷的

"文字"替换为相同字型的"字"，进行文本替换，而不是华文行楷的"文字"没有被替换，此时"替换为"文本框内文本不能设置格式；将加粗的"简单方便"替换为华文彩云的"快捷"，格式和文本内容同时被替换。

将图 3.6 中选定的文本进行替换后的效果如图 3.13 所示。

4. 分栏

对于图 3.13 中的内容，每段都很短，浪费较多纸张版面，可分栏显示，以提高版面的利用率。

1）选择分栏的文本，如图 3.13 中所有文本。如果对未输入的文本分栏，则可不选择文本。

2）单击"格式"→"分栏"命令，打开"分栏"对话框，如图 3.14 所示，选择"三栏"，单击"确定"按钮。

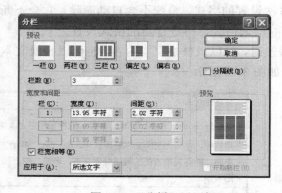

图 3.13　替换后效果　　　　　　　图 3.14　"分栏"对话框

- "预设"列表显示 Word 2003 预设的分栏类型，用户可以从中选择某一项。
- "栏数"可显示或输入所分栏数，Word 2003 的预设最多只有 3 栏，如果欲分更多栏，可以直接在此输入栏数。
- 选中"分隔线"选项可以在相邻两栏间添加一条竖线。
- "宽度"文本框中可设置每栏的宽度，当栏宽相等时，只有第一行的栏宽可修改，其他各行为灰色，而且对于已确定页面设置，改变栏宽值，间距值一定会随之改变。
- "间距"文本框中可设置两栏内的距离。
- "栏宽相等"选项，选择预设中的"两栏"或"三栏"时，它自动选中；选择预设中的"偏左"或"偏右"时，它自动取消选中。当它选中时，只能输入一个栏宽值或间距值，而且修改其中某一个值时，另一个值会自动改变；当它取消选中时，可以为每栏设置不同的栏宽值和栏间距，但最后一个值也会自动调整。

● 单击"预设"列表中的"一栏"可以取消当前分栏。

选择文档中的文本时，如果包含了最后一个段落结束符，那么分栏后，文本会占满左栏，再占用右栏，如果文本不够满页，则右栏有较大空白或全为空白，如图 3.15 所示。

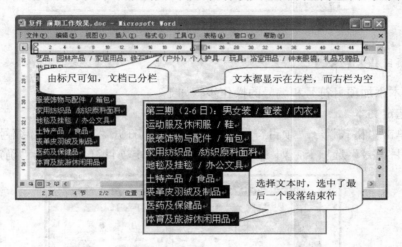

图 3.15　左栏内容多右栏内容少的分栏

如果想让两栏显示等长的文本，可以在文档最后按回车键，增加一个空白段，同时选择文本时不要选中最后一个段落结束符，此时分栏效果如图 3.16 所示。

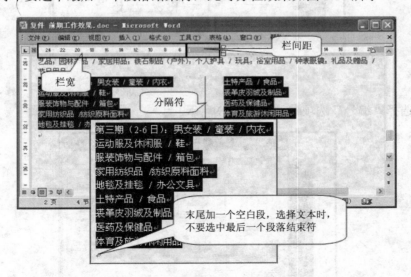

图 3.16　左右两栏内容均匀分布的分栏

完成此工作任务后，文本分等宽三栏，效果如图 3.17 所示。对比图 3.13 可知，同样的文本所占空间明显减少。

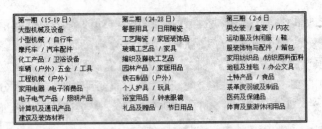

图 3.17　分栏效果

5. 项目符号和编号

给文本添加项目符号和编号的操作步骤如下。

1）选定文本。

2）单击"格式"→"项目符号和编号"命令，打开"项目符号和编号"对话框，选择"项目符号"选项卡，如图 3.18 所示，选择指定项目符号后单击"确定"按钮。

图 3.18　设置项目符号

3）选择"编号"选项卡，如图 3.19 所示。

图 3.19　设置编号

4）选择"多级符号"选项卡，如图3.20所示。

图3.20　设置多级符号

5）单击图 3.20 中的"自定义"按钮，弹出"自定义多级符号列表"对话框，如图 3.21 所示。

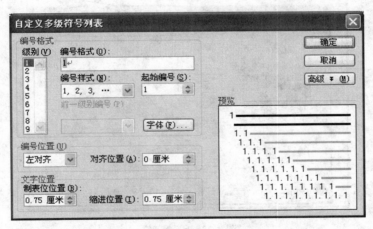

图3.21　"自定义多级符号列表"对话框

- "级别"列表框中可以选择不同的级别，然后再对该级别进行修改。
- "编号格式"文本框，显示级别的编号格式。
- "编号样式"文本框，修改当前选中级别的编号样式。
- "编号位置"列表框，设置编号的对齐方式，有"左对齐"、"右对齐"、"居中"等。
- "对齐位置"列表框，设置距离参照点的距离，参照点与对齐方式有关。

6）在"项目符号和编号"对话框中选择"无"可取消项目符号与编号。

完成项目符号和编号的设置后，效果如图3.22所示。

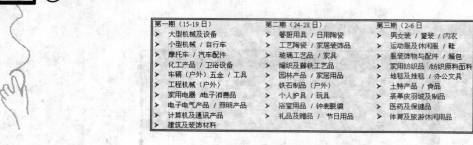

图 3.22　添加项目符号和编号后的效果

6. 底纹

给文本添加底纹的操作步骤如下。

1）选定文本。

2）单击"格式"→"边框和底纹"命令，打开"边框和底纹"对话框，选择"底纹"选项卡，选择"茶色"，单击"确定"按钮，如图 3.23 所示。

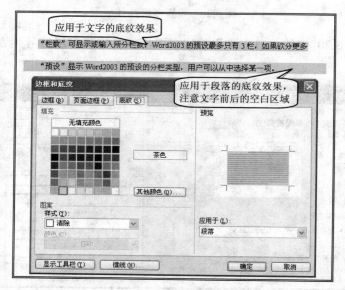

图 3.23　设置底纹

图 3.24　底纹样式

- 在"填充"区选择某个颜色，在右边会显示颜色的名称。
- 单击"其他颜色"，弹出"颜色"对话框，有更多颜色可供选择。
- 单击"样式"下拉列表框，可以选择不同的样式，部分底纹样式如图 3.24 所示。
- 单击"应用于"下拉列表框，可以选择不同的应用范围，如文字、段落、单元格、表格，一般取默认值。

拓展知识

1. 首字下沉

设置首字下沉的操作步骤如下。

1）将光标移动到指定段落。

2）单击"格式"→"首字下沉"命令，打开"首字下沉"对话框，如图 3.25 所示。

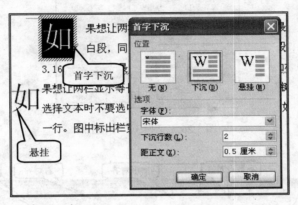

图 3.25　"首字下沉"对话框

- "字体"下拉列表框，为首字下沉或悬挂的文本提供字体选择。
- "下沉行数"下拉列表框，设置下沉或悬挂的行数。
- "距正文"下拉列表框，设置下沉或悬挂文本离右边文本的距离，首字下沉的"如"设置"距正文"0.5 厘米，而悬挂的"如"没有设置"距正文"，则显示时，首字下沉"如"与右边文本间空白区域要多一些。

3）选择"位置"选项区域的"无"可以取消首字下沉或悬挂。

2. 制表位

制表位是指水平标尺上的位置，它指定文字缩进的距离或一栏文字开始的位置。制表位可以让文本向左、向右或居中对齐；或者将文本与小数字符或竖线字符对齐。

制表位是用来规范字符所处的位置的。虽然没有表格，但是，利用制表位可以把文本排列得像有表格一样规矩，所以，把它称为制表位。

按 Tab 键可将光标移动到下一制表位。

在标尺下边缘单击鼠标会增加一个制表位，选中制表位，然后将其拖到标尺之外，即可删除该制表位。选中制表位后双击可以弹出"制表位"对话框，如图 3.26 所示。

- "制表位位置"下拉列表框显示已选中的制表位，其下列出所有制表位。
- "对齐方式"选项区域提供了 5 个选项供选择："左对齐"表示文本左边与制表位对齐；"居中"表示文本中间位置与制表位对齐；"右对齐"表示文本右边与制表位对齐；"小数点对齐"表示数字中的小数点与制表位对齐；"竖线对齐"表示在文档中的每一行的同一位置（即标尺上制表位的位置）都增加一条竖线。不同对齐方式的效果如图 3.27 所示。

- "前导符"用来填充本制表位与前一制表位的空隙。

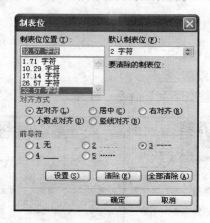

图 3.26 "制表位"对话框

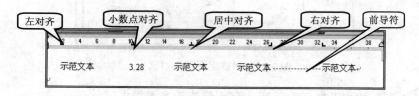

图 3.27 不同对齐方式的效果

3. 文字方向

设置文字方向的操作步骤如下。

1）选定文本。

2）单击"格式"→"文字方向"命令，打开"文字方向"对话框，如图 3.28 所示。

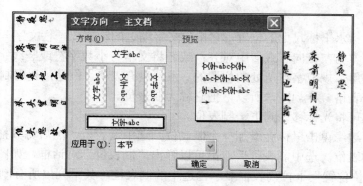

图 3.28 设置文字方向

4. 更改大小写

对于英文文本，更改大小写是一个非常实用的工具。

1）选定文本。

2）单击"格式"→"更改大小写"命令，打开"更改大小写"对话框，如图 3.29 所示。

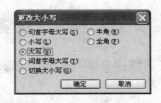

图 3.29 "更改大小写"对话框

5. 日期和时间

单击"插入"→"日期和时间"命令，打开"日期和时间"对话框，如图 3.30 所示。可以快速将当前日期和时间信息插入文档之中，系统提供了很多格式供用户选择，如果选中"自动更新"复选框，则每次打开文档，它就获取系统当前的日期和时间信息，此时的日期时间信息为动态信息。

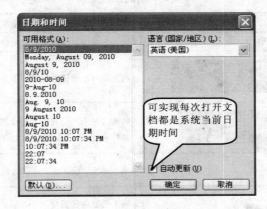

图 3.30 "日期和时间"对话框

6. 显示格式

单击"格式"→"显示格式"命令，在文档右边显示"显示格式"窗格，单击文档的文本或图片，在"显示格式"窗格里就会显示它详细的格式信息，如图 3.31 所示。

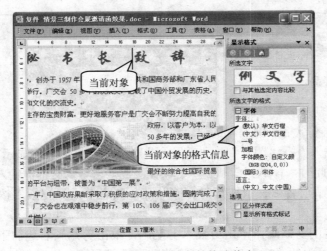

图 3.31 显示当前对象的格式信息

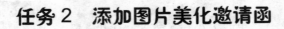

任务 2　添加图片美化邀请函

任务描述

作为邀请函，关键是要激发被邀请者的兴趣，使之欣然接受邀请，优美的文字固然能打动被邀请者的心，但文字毕竟不够直观，在多媒体技术高度发达的今天，大家都已习惯阅读多媒体信息。因此，下一步工作就是精选图片，来修饰已制作好的文本邀请函。格式设置要求如表 3.2 所示。

表 3.2　格式设置要求

图片	设置要求
广州博夫玛五金进出口贸易有限公司 Guangzhou Banformat Hardware Import&Export Co LTD	插入到邀请函顶部，版式为嵌入型，原始大小
	将图片衬于邀请函标题的下方，高度 48%，宽度 108%
	将图片衬于"让我们共寻商机，共创辉煌！"与"参与而更加精彩！"文字下方，高度 30%，宽度 70%
第 107 届中国进出品商品交易会 THE 107TH SESSION OF CHINA IMPORT AND EXPORT FAIR	插入到邀请函底部，版式为嵌入型，宽度 106%
入会送广告 订单天天到	插入到邀请函附件顶部，版式为嵌入型，高度 87%，宽度 86%
中国进出口商品交易会 CHINA IMPORT AND EXPORT FAIR	致辞标题的左边，版式为嵌入型，高度 106%，宽度 86%
	致辞正文第二段中间，原图大小，版式为四周型

解决方案

1. 插入剪贴画

插入剪贴画的操作步骤如下。

1）光标定位在欲插入剪贴画的位置。

2）单击"插入"→"图片"→"剪贴画"命令，在界面右边显示"剪贴画"窗格，如图 3.32 所示。此时，看不到剪贴画，可以在"搜索文字"文本框输入剪贴画名称，如果不输入搜索剪贴画名称表示搜索所有剪贴画，然后单击"搜索"按钮会找出相关剪贴画。

3）找到指定的剪贴画，单击可插入剪贴画，单击剪贴画右边向下箭头，可打开操作菜单，单击菜单中的"插入"命令可将剪贴画插入到指定位置，如图 3.33 所示。

图 3.32 "剪贴图"窗格

图 3.33 插入剪贴画

4）单击图 3.32 中的"管理剪辑"，打开"收藏夹-Microsoft 剪辑管理器"对话框，系统同时弹出"将剪辑添加到管理器"对话框，提示是否对所有媒体文件进行分类，如图 3.34 所示。

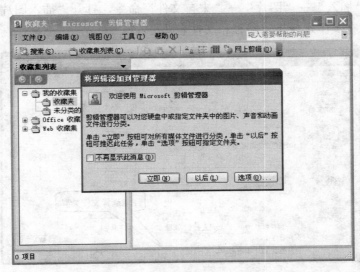

图 3.34 询问是否对媒体文件分类

5）单击"以后"按钮，进入"收藏夹-Microsoft 剪辑管理器"对话框，窗口显示剪贴画的分类结构，查找指定剪贴画时要先找到其对应的分类，单击分类后，在右边显示当前选定分类对应的剪贴画，单击剪贴画右边向下箭头，可打开操作菜单，单击菜单中的"复制"命令，复制然后将剪贴画粘贴到指定位置，如图 3.35 所示。

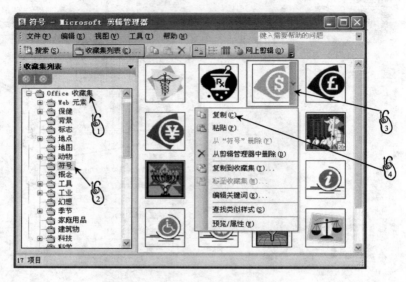

图 3.35　剪辑管理器

2. 插入图片文件

插入图片文件的操作步骤如下。

1）光标定位在欲插入剪贴画的位置。

2）单击"插入"→"图片"→"来自文件"命令，打开"插入图片"对话框，如图 3.36 所示，在其中选择指定路径和文件名即可。

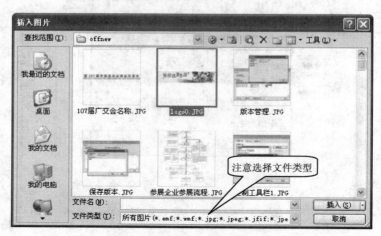

图 3.36　选取图片文件

3．图片工具栏

图片工具栏如图 3.37 所示。

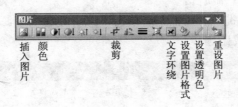

图 3.37　图片工具栏

1）单击"颜色"工具，可选择"自动"、"灰度"、"黑白"和"冲蚀"4 种效果，如图 3.38 所示。

图 3.38　不同颜色效果

2）单击"裁剪"工具，可对选定的图片进行裁剪。将光标放在选定图片四边控制点上时，光标会变成"T"字形后拖动该控制点，可以单方向裁剪图片；将光标放在选定图片四角控制点上时，光标会变成角形后拖动该控制点，可以在两个方向同时裁剪图片，如图 3.39 所示。

图 3.39　图片裁剪

3）单击"设置透明色"工具，可以去掉图片中背景，该功能类似于其他图像处理软件中的魔术棒工具。

4）单击"重设图片"可以恢复图片原图，取消所有设置。

4．设置图片格式

设置图片格式的操作步骤如下。

1）双击指定图片可打开"设置图片格式"对话框。

2）在"设置图片格式"对话框中，单击"颜色与线条"选项卡，可以设置图片的填充色、线条颜色、线型等项目。

3）在"设置图片格式"对话框中，单击"大小"选项卡，如图 3.40 所示，可调整图片的高度、宽度、缩放比等。

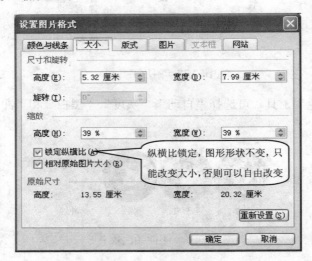

图 3.40　设置图片大小

图片的纵横比是指图片高度与宽度的比值，此值可以确保图片大小改变而形状不变，如图 3.41 所示。

（a）锁定纵横比拖动图片右下角控制点　　（b）未锁定纵横比拖动图片右下角控制点

图 3.41　纵横比效果

4）在"设置图片格式"对话框中，单击"版式"选项卡，如图 3.42 所示。可以设置图片的对齐方式，图中最上面的图左对齐，中间的图右对齐，最下面的图的居中对齐，注意图片居中是以图片左边线为参照线，因此显示效果偏右。"版式"选项卡还可以设置图片的环绕方式，不同环绕方式的效果如图 3.43 所示。

5）在"设置图片格式"对话框中，单击"图片"选项卡，如图 3.44 所示。可精确设置图片的裁剪尺寸，设置颜色效果，设置对比度和亮度，还可以重设图片。

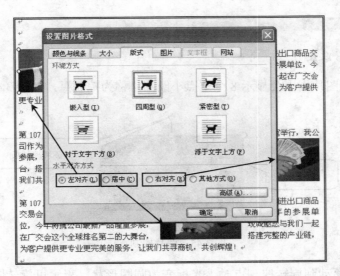

图 3.42 设置版式

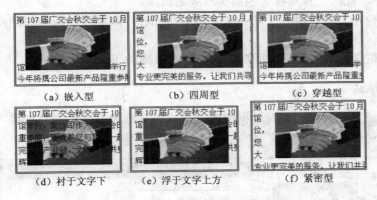

（a）嵌入型　　　　（b）四周型　　　　（c）穿越型

（d）衬于文字下　（e）浮于文字上方　　（f）紧密型

图 3.43 不同的环绕方式

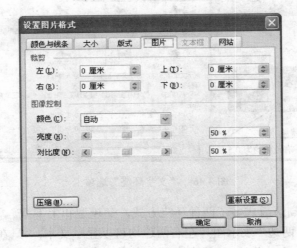

图 3.44 设置图片裁剪和颜色

拓展知识

1. 拖动法修改图片

单击图片，图片周围会显示 8 个空点小圆圈，称为控制点，如图 3.45 所示。

图 3.45   图片控制点

1）当光标移动到旋转控制点时，光标变为圆圈形状，表示可旋转图片，拖动光标进行旋转操作，此时光标形状为四箭头组成的圆圈。

2）光标位于八个控制点上时，会显示箭头光标，表示可以拖动控制点来改变图片大小。

3）光标位于图片上，显示四向箭头时，可以拖动图片改变位置。

2. 高级版式

1）在"设置图片格式"对话框中的"版式"选项卡中，单击"高级"按钮，弹出"高级版式"对话框，单击"文字环绕"选项卡，如图 3.46 所示。

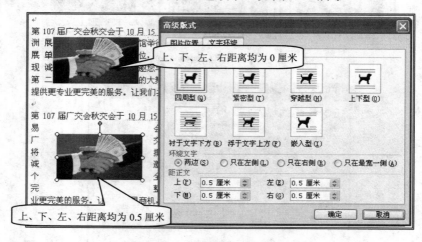

图 3.46   "文字环绕"选项卡

- 环绕方式：高级版式多了两种环绕方式，穿越型和上下型。
- 环绕文字："两边"表示图片左右两边均可以显示文本；"只在左侧"表示文本只能显示在图片左侧，右边为空；"只在右侧"表示文本只能显示在图片右侧，左侧为空；

"只在最宽的一侧"表示文本显示空间较多的一侧。

● 距正文：表示图片距离文本的距离，图 3.46 显示了不同距离值的显示效果。

2）单击"图片位置"选项卡，如图 3.47 所示。可设置水平对齐方式、垂直对齐方式、选项等。

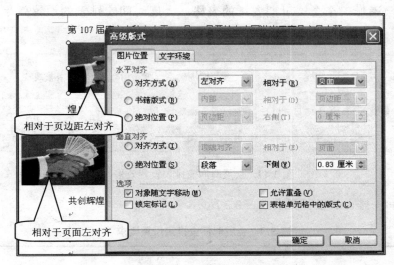

图 3.47　"图片位置"选项卡

● 水平对齐方式：左对齐、右对齐、居中，水平对齐方式参照对象（相对于）为页边距、页面、栏、字符。参照对象不同的左对齐方式效果如图 3.47 所示。

● 垂直对齐方式：顶端对齐、居中、下对齐、内部、外部，垂直对齐方式参照对象（相对于）为页边距、页面、行。

● 绝对位置，可以精准设置水平对齐方式或垂直对齐方式的位置，水平对齐绝对位置参照对象为页边距、页面、栏、字符；垂直对齐绝对位置参照对象（相对于）为页边距、页面、段落、行。精确定位图片的效果如图 3.48 所示。

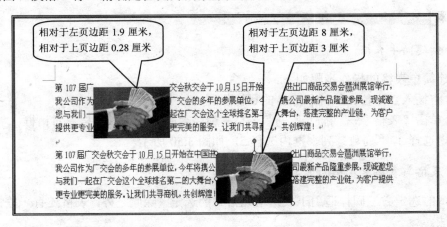

图 3.48　精确定位

任务 3　添加表格安排日期

任务描述

为邀请函添加一个会展日期安排的表格。会展时间安排表的设置效果如图 3.49 所示。

类型 \ 期数	第一期	第二期	第三期	拓展期
春交会	4 月 15 日－19 日	4 月 24 日－28 日	5 月 2 日－6 日	4 月 20 日－23 日 4 月 29 日－5 月 1 日
秋交会	10 月 15 日－19 日	10 月 24 日－28 日	11 月 2 日－6 日	10 月 20 日－23 日 10 月 29 日－11 月 1 日

图 3.49　会展时间安排表设置效果

会展时间安排表的设置要求如表 3.3 所示。

表 3.3　会展时间安排表设置要求

设置项目	格式要求
表格结构	3 行 5 列表格
绘制斜线表头	样式一
对齐方式	水平垂直居中
边框	褐色，实线，外框线粗 1.5 磅，表格内线 1 磅
底纹	茶色，"清除"样式
单元格	E2 和 E3 单元格上下左右边距均为 0
文本格式	中文字体宋体，小四，第一行加粗

解决方案

1. 创建简单表格

创建简单表格的操作步骤如下。

1）将插入点定位在欲插入表格的目标位置。

2）单击"表格"→"插入"→"表格"命令，弹出"插入表格"对话框，"行数"列表框内选择 3，"列数"列表框内选择 5，如图 3.50 所示。

2. 表格与表格单元格的选定

文本的选定方法同样适用于表格单元格式的选定，除此之外，表格还有一些特殊的选定方法。

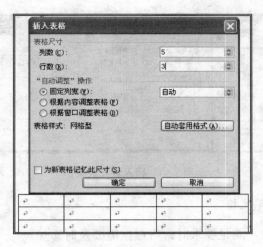

图 3.50　插入 3 行 5 列的表格

1）将光标移动到单元格的左边线，当光标变为向右的实心箭头时，单击可选取指定的单元格。

2）单击"表格"→"选择"→"表格"命令可选择整个表格，选择"选择"菜单下的其他各个菜单命令，可分别选择行、列、单元格。

3）单击表格任意位置，其实只要将鼠标 I 型光标移到表格区域内，在表格的左上角会显示一个全选图标⊞，单击该图标可选择整个表格。

操作技巧

注意选定整个表格与选定表格所有单元格的区别，选择整个表格后进行居中操作，操作效果如图 3.51 所示，整个表格位于页面的（水平）中间位置，选择所有单元格后进行居中操作，操作效果如图 3.52 所示，表格位置未变，但表格所有单元格的内容已居中。

数学	英语
92	83

数学	英语
92	83

图 3.51　表格居中　　　　　　　　　图 3.52　单元格内容居中

3. 插入斜线表头

插入斜线表头的操作步骤如下。

1）将插入点定位在表格内。

2）单击"表格"→"绘制斜线表头"命令，弹出"插入斜线表头"对话框，如图 3.53 所示。"表头样式"提供了多种样式选择，从中选择"样式一"，在"行标题"文本框输入"星期"，在"列标题"文本框输入"节次"。

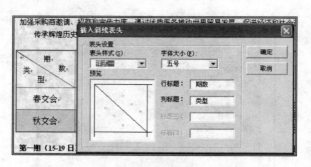

图 3.53　插入斜线表头

4．插入行、列、单元格

当表格行数或列数不满足要求时，可根据需要及时添加。

1）将插入点移动到欲插入行的上边，单击"表格"→"插入"→"行（在下方）"，可在当前行的下方插入一个新行。

2）将插入点移动到欲插入行的下边，单击"表格"→"插入"→"行（在上方）"，可在当前行的上方插入一个新行。

3）将插入点移动到欲插入列的左边，单击"表格"→"插入"→"列（在右方）"，可在当前列的右边插入一个新列。

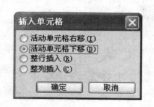

图 3.54　"插入单元格"对话框

4）将插入点移动到欲插入列的右边，单击"表格"→"插入"→"列（在左方）"，可在当前列的左边插入一个新列。

5）将插入点移动到欲插入单元格的下边，单击"表格"→"插入"→"单元格"命令，打开"插入单元格"对话框，选择"活动单元格下移"单选框，如图 3.54 所示，然后单击"确定"按钮，可以插入一个新的单元格。

5．删除表格、行、列、单元格

删除表格、行、列、单元格的操作步骤如下。

1）选取欲删除的行，单击"表格"→"删除"→"行"，可删除选定行。

2）选取欲删除的列，单击"表格"→"删除"→"列"，可删除选定列。

3）选取欲删除的表格，单击"表格"→"删除"→"表格"，可删除选定表格。

删除表格是将表格的结构及内容全部删除，而清除表格内容只是清除内容，表格的结构仍然保留。在表格操作中，按 Delete 键是清除表格内容，而不是删除表格。

选取欲删除的单元格，单击"表格"→"删除"→"单元格"，在"删除单元格"对话框中选择一种处理方式，如图 3.55 所示，然后单击"确定"按钮，可删除选定单元格。

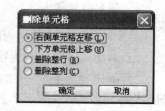

图 3.55　"删除单元格"对话框

6. 设置行高和列宽

设置行高和列宽的操作步骤如下。

1）选定指定行，单击"表格"→"表格属性"命令，打开"表格属性"对话框，选择"行"选项卡，如图 3.56 所示。指定高度值，在"行高值是"中选择一种方式，如固定值，然后单击"确定"按钮。

2）选定指定列，单击"表格"→"表格属性"命令，打开"表格属性"对话框，选择"列"选项卡，如图 3.57 所示。指定高度值，然后单击"确定"按钮。

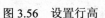

图 3.56　设置行高　　　　　　　图 3.57　设置列宽

7. 对齐方式

设置对齐方式的操作步骤如下。

1）选定指定单元格。

2）右击打开快捷菜单，单击"单元格对齐方式"→"对齐方式列表"命令，如图 3.58 所示，选择一种对齐方式。

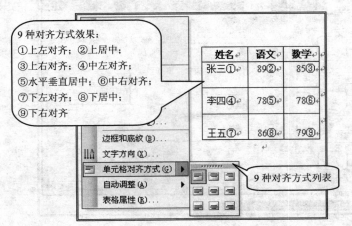

图 3.58　单元格对齐方式

8. 表格自动套用格式

设置表格自动套用格式的操作步骤如下。

1）选定欲设置格式的表格。

2）单击"表格"→"表格自动套用格式"命令，打开"表格自动套用格式"对话框，如图3.59所示，"表格样式"列表框列出很多可选样式。

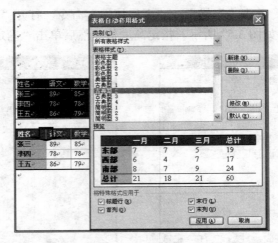

图3.59 "表格自动套用格式"对话框

9. 边框设置

进行边框设置的操作步骤如下。

1）选择指定区域，可以是表格、单元格区域、单个单元格等。

2）右击打开快捷菜单，单击"边框与底纹"命令，打开"边框与底纹"对话框，选择"边框"选项卡，如图3.60所示。

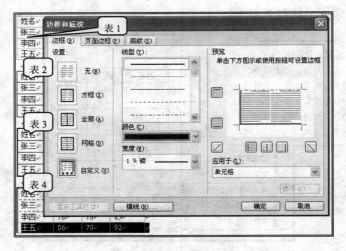

图3.60 边框设置

● "设置"中提供不同的边框类型选择。图 3.60 中，表 1 是"无边框"效果，表 2 是"全部"效果，表 3 是"网络"效果，表 4 是"自定义"效果。

● "线型"、"颜色"、"宽度"可定义边框线的样式。先设置边框线样式，再选择边框类型。

● "预览"显示当前设置效果，修改后的边框样式不会及时更新，要在预览区单击对应的边框线才有效，单击预览区对应的边框线可以在不同边框线样式以及无边框线间切换。在预览区四边有多个按钮，可以对指定边框线进行设置，它们用图形显示了该按钮的作用。表 4 的左边框线为双线，外框为不同颜色的加粗线，内线为不同样式的虚线。

给表格设置边框线样式，但不会影响斜线表头的斜线，可以通过"设置对象格式"对话框对表头的斜线进行单独设置，如图 3.61 所示。

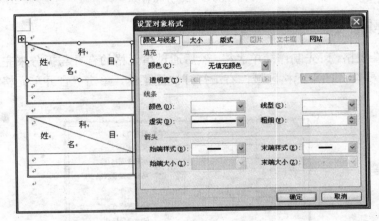

图 3.61　设置斜线表头的斜线样式

拓展知识

1. 快速插入表格

将插入点定位在欲插入表格的目标位置，然后将鼠标光标定位在插入表格按钮 ⊞，按下鼠标左键拖动鼠标选定 3 行 5 列的表格后松开鼠标，如图 3.62 所示。

2. 快速调整行高和列宽

图 3.62　插入 3 行 5 列的表格

快速调整行高和列宽的操作步骤如下。

1）将光标移到单元线边线上，当光标会变成上下或左右箭头时，可拖动边框来改变单元格大小。

2）双击单元格的右边线，可自动调整列宽，如果插入点所在列全为空，则不能调整。

3）选定指定区域，单击"表格"→"自动调整"，选择不同的操作命令，可完成不同的自动调整，如图 3.63 所示。

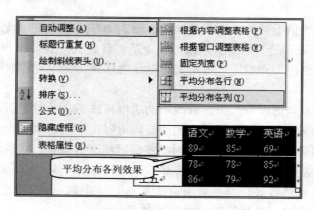

图 3.63　平均分布各列

3. 创建复杂表格

对于复杂表格，可先制作简单表格，然后通过单元格的合并与拆分来完成复杂表格。

1) 选定要合并的单元格区域，右击打开快捷菜单，单击"合并单元格"，如图 3.64 所示。

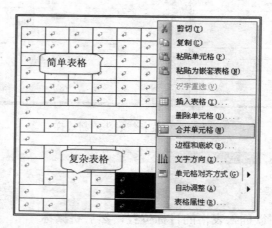

图 3.64　合并单元格

2) 将光标置于指定单元格内，右击打开快捷菜单，单击"拆分单元格"，如图 3.65 所示，设置 3 行 3 列。

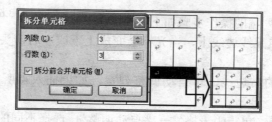

图 3.65　拆分单元格

4. 单元格选项

在输入时，如果输入内容所占空间比单元格的列宽稍大而分行显示，影响表格的整体布局，可减少单元格的边距值来增加文本的宽度，使文本在一行显示出来。

1）选取指定单元格。

2）单击"表格"→"表格属性"命令，打开"表格属性"对话框，选择"单元格"选项卡，单击"选项"按钮，弹出如图 3.66 所示的"单元格选项"对话框，取消"与整张表格相同"复选框的选择状态，然后将"左"、"右"两个微调框的值置 0（也可为其他值），然后单击"确定"按钮。

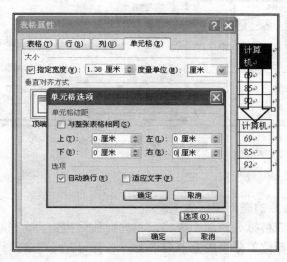

图 3.66 设置单元格的边距

5. 表格与文本相互转换

表格可转为文本，有规律的文本也可转为表格。

1）选定欲转换的表格，单击"表格"→"转换"→"表格转换成文本"命令，弹出"表格转换成文本"对话框，在对话框中确定一个文字分隔符，如制表位，然后单击"确定"按钮，如图 3.67 所示。

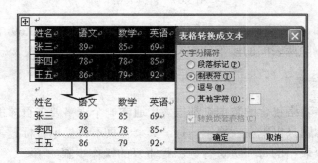

图 3.67 表格转换成文本

2）选定欲转换为表格的所有文本，单击"表格"→"转换"→"文本转换成表格"命令，弹出"文本转换成表格"对话框，如图3.68所示，根据具体情况确定文字分隔符（这是操作成功的关键），如制表位，然后确认表格尺寸中行数与列数是否正确，最后单击"确定"按钮。

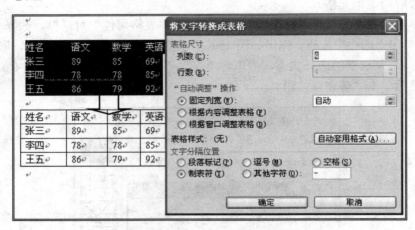

图3.68　文字转换成表格

6. 表格拆分与合并

表格的拆分与合并的操作步骤如下。

1）可以将一个表格拆分为两个表格，将光标移到指定行，单击"表格"→"拆分表格"，表格在指定行位置分隔成上下两个表，两表间有一段落结束符，效果如图3.69所示。

图3.69　拆分表格

2）合并表格时，只需将两表间的其他内容删除即可，在图3.69中，要将拆分后的两表合并，只要删除两表间的段落结束符。

7. 表格标题行重复

企业中，很多表格包含的数据量都很大，通常一个表格要多页才能显示完成，默认情况下，表格行标题只出现在表格第一行，其余各页不再显示行标题，给用户理解数据带来困难。对多页表格的每一页进行标题行重复的操作步骤如下。

1）将光标放在表格第一行，否则"标题行重复"会显示为灰色。

2）单击"表格"→"标题行重复"，设置效果如图 3.70 所示，注意观察图中第二页左右两个表格的显示效果。

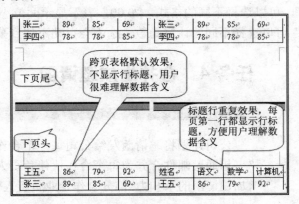

图 3.70　表格标题行重复

8. 公式计算

在表格中进行公式计算的操作步骤如下。

1）表格单元格命名方法，用字母给列编号，用数字给行编号，用单元格所处的行列编号组成单元格的名称，如图 3.71 所示。第四行的地址分别为 A4、B4、C4、D4。

	A	B	C	D
1	姓名	语文	数学	计算机
2	张三	89	85	69
3	李四	78	78	85
4	A4	B4	C4	D4

图 3.71　表格单元格命名

2）可用公式来处理数据。将光标定位在指定位置，单击"表格"→"公式"命令，打开"公式"对话框，如图 3.72 所示。

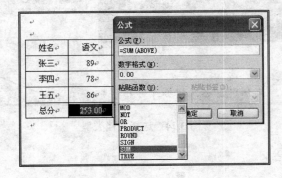

图 3.72　公式应用

- "公式"中显示当前公式：SUM（ABOVE），其中 ABOVE 表示当前单元格上面的区域，可用区域 B2:B4 代替，区域表示格式：起始单元格;结束单元格。
- "数字格式"，可以选择不同的格式，"0.00"表示显示两位小数。
- "粘贴函数"可以选择不同的计算函数，选中会自动添加到公式栏中。

任务4　合并生成邀请函

▼ 姓名	▼ 职务
秘光	董事长
李宇明	总经理
刘大雄	董事长
姚双喜	董事长
陈太章	董事长
方日明	总经理
傅小华	总经理
李龙加	总经理
林小林	总经理
王大为	总经理

图 3.73　数据源

任务描述

　　公司计划将邀请函发给公司每一个合作伙伴的负责人，王秘书想通过邮件合并为每个合作伙伴负责人定制一份邀请函，增加邀请函的亲和力。部分合作企业负责人信息如图 3.73 所示。

解决方案

　　1. 选择文档类型

　　打开前面制作好的会展邀请函文档，单击"工具"→"信函与邮件"→"邮件合并"命令，打开"邮件合并"窗格，进入向导的第一步，选择文档类型为"信函"，如图 3.74所示。

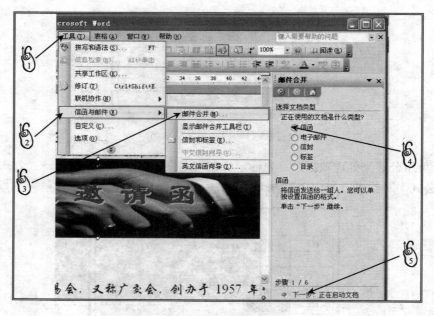

图 3.74　选择文档类型

　　2. 选择开始文档

　　选择开始文档，如图 3.75 所示，选择当前文档为开始文档。

3. 选择收件人

1）在"选择收件人"列表中选择"键入新列表"，然后单击"键入新列表"中的"创建"，如图 3.76 所示。

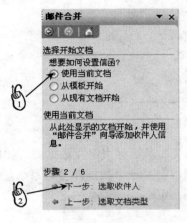

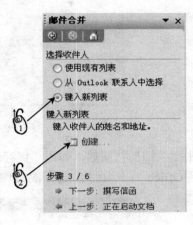

图 3.75　选择开始文档　　　　　　图 3.76　选择收件人

2）在"新建地址列表"对话框中，单击"自定义"按钮，显示"自定义地址列表"对话框，如图 3.77 所示，图中显示设置好的域。

3）单击"删除"按钮，删除原有域，然后单击"添加"按钮来添加新的域，也可单击"重命名"按钮来修改域名，由图 3.73 可知，邀请函数据源只需两个域，即姓名域和职务域，如图 3.78 所示。

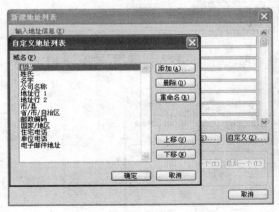

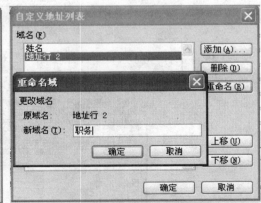

图 3.77　新建地址列表　　　　　　图 3.78　重命名域

4）单击"确定"按钮后返回"新建地址列表"对话框，单击"新建条目"按钮，可以增加数据条目，如图 3.79 所示。还可以单击"删除条目"来删除记录，单击"查找条目"来查询数据。

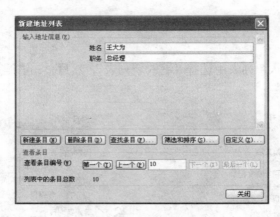

图 3.79　添加条目

5）单击"关闭"按钮后，弹出"保存通讯录"对话框来保存数据源，如图 3.80 所示。.mdb 是 Office 另一组件 Access 的文件类型，它是一个数据库管理系统。

图 3.80　保存数据源

6）保存后，弹出"邮件合并收件人"对话框，展示已输入数据源，如图 3.81 所示，可对数据源进行适当处理。

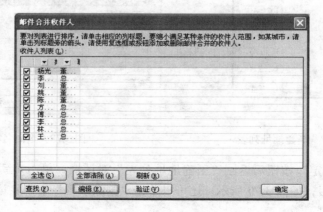

图 3.81　展示数据源

7）确认后返回邮件合并向导，此时，"选择收件人"列表中选中了"使用现有列表"，在"使用现有列表"显示了"选择另外的列表"和"编辑收件人列表"，如图 3.82 所示。

4．撰写信函

1）邮件合并工具栏，如图 3.83 所示。

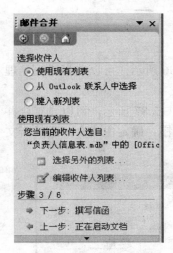

图 3.82　选择收件人　　　　　　图 3.83　邮件合并工具栏

2）插入指定域，将光标移动指定位置，然后单击"插入域"工具，弹出"插入合并域"对话框，选择其中指定的域名后确认，如图 3.84 所示。

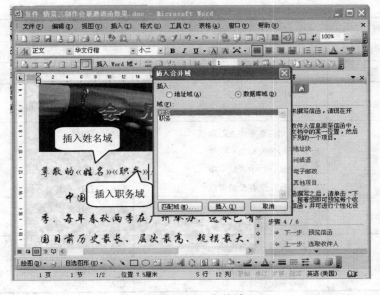

图 3.84　插入合并域

3）查看合并数据，单击"查看合并数据"，可以预览合并后的效果，如图 3.85 所示。

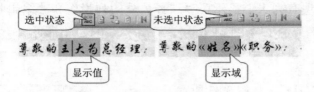

图 3.85　查看合并数据

5．合并文档

1）单击邮件合并工具栏的"检查错误"命令，如图 3.86 所示，可以选择错误处理方式，如果没有错误会生成一个合并后的新文档。

2）单击邮件合并工具栏的"合并到新文档"命令，如图 3.87 所示，可以设置合并记录的范围，可以是全部，也可以是当前记录，或指定的范围，确定生成合并后的新文档（页数很多），按要求保存合并后的文档即可。

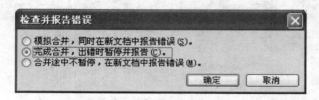

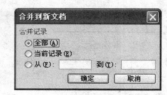

图 3.86　检查并报告错误　　　　图 3.87　合并到新文档

验 收 单

学习领域		计算机操作与应用		
项目三		制作会展邀请函	学时	6
关键能力		评价指标	自测结果（在□中打√）	备注
基本能力测评	自我管理能力	1. 培养自己的责任心	□A　□B　□C	
		2. 合理安排时间，灵活运用知识	□A　□B　□C	
	沟通能力	1. 知道如何尊重他人的观点	□A　□B　□C	
		2. 能否与他人有效地沟通	□A　□B　□C	
		3. 在团队合作中表现积极	□A　□B　□C	
		4. 能获取信息并反馈信息	□A　□B　□C	
	解决问题能力	1. 学会使用信息资源	□A　□B　□C	
		2. 能发现并解决问题	□A　□B　□C	
	设计创新能力	1. 善于发现，把握灵感	□A　□B　□C	
		2. 使用不同的思维方式	□A　□B　□C	
		3. 色彩搭配与处理	□A　□B　□C	

续表

学习领域		计算机操作与应用		
项目三		制作会展邀请函	学时	6
关键能力	评价指标	自测结果（在□中打√）		备注
文档操作	1．设置背景	□A　　□B　　□C		
	2．查找与替换	□A　　□B　　□C		
	3．分栏、底纹	□A　　□B　　□C		
	4．项目符号与编号	□A　　□B　　□C		
	5．字体设置	□A　　□B　　□C		
	6．其他设置	□A　　□B　　□C		
图片处理	1．插入图片、剪贴画	□A　　□B　　□C		
	2．图片的修改与移动	□A　　□B　　□C		
	3．图片格式	□A　　□B　　□C		
表格处理	1．表格插入与修改	□A　　□B　　□C		
	2．表格边框设置	□A　　□B　　□C		
	3．格式设置	□A　　□B　　□C		
	4．其他设置	□A　　□B　　□C		
邮件合并	1．主控文档	□A　　□B　　□C		
	2．数据源设置	□A　　□B　　□C		
	3．合并操作	□A　　□B　　□C		

（业务能力测评）

教师评语	
成绩	教师签字

课　后　实　践

一、选择题

1．Word 2003 具有分栏功能，下列关于分栏的说法中正确的是_____。

　　A．最多可以设 4 栏　　　　　　　　B．各栏的宽度必须相同

　　C．各栏的宽度可以不同　　　　　　D．各栏之间的间距是固定的

2．下列关于 Word 2003 表格的操作说明中，不正确的是_____。

　　A．文本能转换成表格　　　　　　　B．表格能转换成文本

　　C．文本与表格可以相互转换　　　　D．文本与表格不能相互转换

3．在 Word 2003 中，如果建立了分栏，要查看分栏效果，可以选择_____。

　　A．普通视图　　　B．页面视图　　　C．大纲视图　　　D．WEB 版式视图

4. 下列选项中，对 Word 2003 中撤销操作描述正确的是_____。

　　A. 不能方便地撤销已经做过的编辑操作

　　B. 能方便地撤销已经做过的一定数量的编辑操作

　　C. 能方便地撤销已经做过的任何数量的编辑操作

　　D. 不能撤销已做过的编辑操作，也不能恢复

5. 下列选项中，对 Word 2003 中图形操作描述错误的是_____。

　　A. 可以移动图片

　　B. 可以复制图片

　　C. 可以编辑图片

　　D. 既不可以按百分比缩放图片，也不可以调整图片的颜色

6. 在 Word 2003 的编辑状态下，连续进行了两次"插入"操作，当单击一次"撤销"按钮后_____。

　　A. 将两次插入的内容全部取消　　　　B. 将第一次插入的内容全部取消

　　C. 将第二次插入的内容全部取消　　　　D. 两次插入的内容都不被取消

7. 在 Word 2003 的编辑状态下，利用下列_____菜单中的命令可以选定表格中的单元格。

　　A. "表格"菜单　　B. "工具"菜单　　C. "格式"菜单　　D. "插入"菜单

8. 在 Word 2003 的编辑状态下，若需添加项目符号●，应使用下列选项中_____命令。

　　A. "文件"菜单　　B. "编辑"菜单　　C. "格式"菜单　　D. "插入"菜单

9. 在 Word 2003 的编辑状态下，进行"替换"操作时，应当使用_____。

　　A. "工具"菜单中的命令　　　　　　B. "视图"菜单中的命令

　　C. "格式"菜单中的命令　　　　　　D. "编辑"菜单中的命令

10. 在 Word 2003 的编辑状态下，按先后顺序依次打开了 d1.doc、d2.doc、d3.doc、d4.doc 四个文档，当前的活动窗口是_____文档的窗口。

　　A. d1.doc　　　　B. d2.doc　　　　C. d3.doc　　　　D. d4.doc

11. 在 Word 2003 中，打开主菜单时可以用控制键_____和各主菜单名旁带下划线的字母。

　　A. Ctrl　　　　　B. Shift　　　　　C. Alt　　　　　D. Ctrl+Shift

12. 在 Word 2003 中，菜单旁的"…"符号表示_____。

　　A. 该命令当前不能执行　　　　　　B. 执行该命令会打开一个对话框

　　C. 不带执行的命令　　　　　　　　D. 该命令有快捷键

13. 用快捷键退出 Word 2003 的最快方法是_____。

　　A. Ctrl+F4　　　B. Alt+F4　　　　C. Alt+F5　　　D. Alt+Shift

14. 在 Word 2003 中，复制对象操作的第一步是_____。

　　A. 定位插入点　　B. 选定文本对象　　C. Ctrl+C　　　D. Ctrl+V

15. 在 Word 2003 中，用拖放鼠标方式进行复制时，需要在_____的同时，拖动所

选对象到新的位置。

        A．按 Ctrl 键   B．按 Shift 键   C．按 Alt 键   D．不按任何键

二、操作题

1．为广州博夫玛公司制作年度奖状，效果如图 3.88 所示，数据源如图 3.89 所示。

图 3.88　奖状效果

图 3.89　奖状数据源

奖状的验收标准如表 3.4 所示。

表 3.4　奖状的验收标准

设置项目	设置要求	分值
网页设置	自定义纸张为 23 厘米×16 厘米，上、下、左、右边距均为 1 厘米，横向	10
图片	原始大小，衬于文字下方	15
称呼	左、右缩进 3 字符，华文行楷，二号字，两端对齐，段前段后各 0.2 行，1.2 倍行距	10
正文	左、右缩进 3 字符，首行缩进 2 字符，华文行楷，二号字，两端对齐，段前段后各 0.2 行，1.2 倍行距	20
署名	左、右缩进 3 字符，首行缩进 16 字符，华文行楷，小三号字，居中对齐	10
日期	左、右缩进 3 字符，首行缩进 16 字符，宋体，小三号字，居中对齐，自动更新	15
速度分	40 分钟内完成得 10 分，20 分钟内完成得 20 分	20

2．制作培训课程表，如图 3.90 所示，其验收标准如表 3.5 所示。

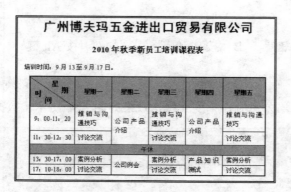

图 3.90　培训课程表

表 3.5　培训课程表验收标准

设置项目	设置要求	分值
大标题	黑体、二号字、居中	10
小标题	宋体、四号字、居中、段前段后各 1 行	10
其余正文	宋体、五号	20
表格	表结构如图 3.90 所示，底纹为浅橙色，外框线 1 磅，内框线 0.75 磅	45
速度分	60 分钟内完成得 5 分，40 分钟内完成得 10 分，30 分钟内完成得 15 分	15

3. 制作一份邀请函，如图 3.91 所示，其数据源如图 3.92 所示。

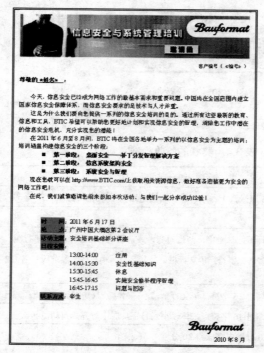

图 3.91　邀请函　　　　　　　　　图 3.92　数据源

邀请函的验收标准如表 3.6 所示。

表 3.6 邀请函验收标准

设置项目	设置要求	分值
主题图片	宽高缩入 53%，版式为嵌入式	10
客户编号（《编号》）	宋体、小五、右对齐、段后一行	10
正文文字及格式	宋体、五号、首行缩进 2 字符，尊称加粗	10
三个阶段	宋体、五号、加粗、项目符为实心方形	20
底纹设置	左缩进 4 字符、绿色底纹	20
署名	右对齐	10
速度分	60 分钟内完成得 5 分，50 分钟内完成得 10 分，40 分钟内完成得 15 分，30 分钟内完成得 20 分	20

4. 制作一份街舞板报，如图 3.93 所示，其验收标准如表 3.7 所示。

图 3.93 街舞板报

表 3.7 街舞板报验收标准

设置项目	设置要求	分值
文本录入	录入板报文本	10
页面设置	自定义纸张 42 厘米×29.7 厘米	10
标题	宋体、小二号字、加粗、行距固定值 18 磅，左对齐	10
图片上方文字（街舞分类）	宋体、小五号字、行距固定值 18 磅，左对齐、左缩进 1 字符，段首词汇红色	15
图片处理	插入 7 个图	20
图片下方文字（街舞）	宋体、小四、斜体、加粗、重点文本蓝绿色、行距固定值 18 磅	15
速度分	40 分钟内完成得 5 分，30 分钟内完成得 10 分，25 分钟内完成得 15 分，20 分钟内完成得 20 分	20

5．为广州博夫玛公司制作一份生产单，要求用表格给整个文档布局，如图 3.94 所示，制作完成表格后公式计算货物的总价，其验收标准如表 3.8 所示。（提示：可参考图 3.95）。

图 3.94　生产单

表 3.8　生产单验收标准

设置项目	设置要求	分值
表格布局	用表格给整个文档布局	20
表格结构	与要求表结构一致	40
文本输入	完成生产单文本输入	40
格式设置	A4 纸，横向、全部中文宋体，标题二号字、居中，正文小四号，表格列标题加粗	30
计算总价	用公式计算各货的总价	30
速度分	60 分钟内完成得 5 分，30 分钟内完成得 10 分	10

广州博夫玛五金进出口有限公司

TEL: 0086-20 8704 6489　　　　FAX: 0086-20 8704 6490
地址：广州市白云区沙太路天健广场 A 区 T4165

生产单

TO：揭阳群宇五金厂　　　　　　　　　　　　　　日期：2009.04.13

TEL:
FAX:　　　　　　　　　　　　　　　　　　　　　合同号：BA090413

货名	货号	数量/箱		总数/箱	箱数	总数量（单位：个）	单价(FOB Shantou)（RMB）	合计（RMB）	备注
		数量/内盒							
地漏	2593-1.	24		96	62	5952	200		见备注一
地漏	2593-3.	24		96	65	6240	218		见备注一
有轴承合页	1843 SB	2 个/小盒，24 个/中盒		144	268	38592	98		见备注二
无轴承合页	1843 SS	2 个/小盒，24 个/中盒		144	232	33408	76		见备注三
门吸	DK-651	100		150		15000	85		见备注四
门吸	DK-652	100		60		6000	88		见备注五

图 3.95　布局表格

6．制作简历，如图 3.96 所示，其验收标准如表 3.9 所示。

提　示

可直接在"表格属性"对话框的"表格"选项卡，设置整个表格的宽度和缩进。

姓　名	胡一虎	性别	女	出生年月	1970.11	出生地	河南	民族	汉族	
政治面貌	群众	最高学历	研究生	最高学位	硕士	参加工作时间		1992.7		
现工作单位	广州博夫玛五金进出口贸易有限公司			现行政职务及任职时间		财务部长 2010.10				
现专业技术资格名称	经济师	取得时间	04.11	现资格取得方式	考试	现资格发证单位	中华人民共和国人事部			
现聘任职务	会计财务部长	职务，累计 1 年	专业（学科）业工作合计 18 年	从事本专业或相近专		参加何学术技术团体任何职				
现从事何专业技术工作	会计专业	现申报何专业技术资格	会计高级会计师	专业资格		有无列有或不列申报其他系列（专业）资格及其名称	无			

学历（学位）教育情况	起止年月	毕业院校		专业	学历（学位）	办学形式
	1988.9~1992.7	暨南大学		会计	4年	全日制

非学历教育情况	起止年月	学　习　内　容	课时	取得何证书	办学单位

主要工作简历	起止年月	在何地、何单位从事何工作	任何职	证明人
	1992.7~	广州博夫玛五金进出口贸易有限公司	部长	陈醉

注：1. 现资格取得方式：招评审、考核认定、考试。
　　2. 学历教育：请自中专开始填起，无中专以上学历从初中升初填起，办学形式：招全日制、在职、函大、电大、业余大、职大、成大、自学考试等。
　　3. 非学历教育：短期大、中专学校或相同水平进行的其础教育，如专业证书班等。
　　4. 主要工作简历：从参加工作开始填写，重要要职应该填写，所列各项时间段前后衔接。

图 3.96　简历

表 3.9　简历验收标准

设置项目	设置要求	分值
表格	表格宽 17.17 厘米，左缩进 1.08 厘米	10
表格框架	宋体、小五、右对齐、段后一行	50
插入图片	添加相片	5
文字录入	输入文字	10
文本格式	表中文字：宋体、五号字 注附文字：楷体 GB2312、五号字、加粗	5
速度分	90 分钟内完成得 5 分，70 分钟内完成得 10 分，60 分钟内完成得 15 分，50 分钟内完成得 20 分	20

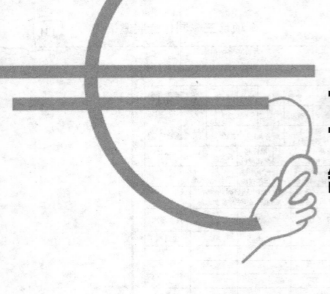

项目四

制作产品推广手册

公司最近推出一款新产品，需要制作一份产品推广手册，其封面和目录如图 4.1 所示。

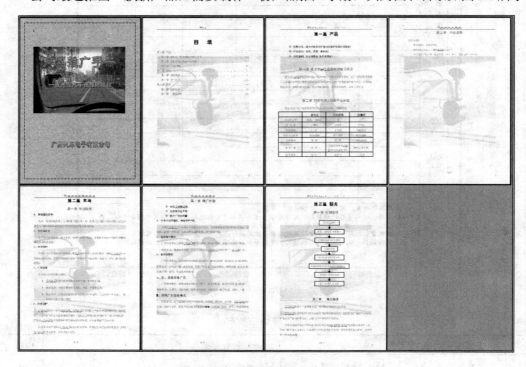

图 4.1　产品推广手册封面和目录

任务 1　制 作 封 面

任务描述

产品推广手册封面效果如图 4.2 所示，其设置要求如表 4.1 所示。

图 4.2　产品推广手册封面效果

表 4.1　产品推广手册封面设置要求

设置项目	设置要求
页面设置	A4 纸，上、下边距为 2 厘米，左、右边距为 2.5 厘米
背景	填充色为"粉色面巾纸"的矩形，其大小与页面一样大，选择"浮于文字下方"版式
边框	页面边框，线型为"〜〜〜〜〜〜"，3 磅
图片	图片缩放 76%
产品推广手册	艺术字，华文隶书，60 磅
产品名	艺术字，字体，24 磅
公司名	艺术字，隶书，36 磅

解决方案

1. 插入艺术字

插入艺术字的操作步骤如下。

1）单击"插入"→"图片"→"艺术字"→弹出"艺术字库"对话框，选择"WordArt"，如图 4.3 所示。

图 4.3　选择艺术字样式

2）单击"确定"按钮后弹出"编辑'艺术字'文字"对话框，输入文字，设置好字体和字号，如图 4.4 所示。

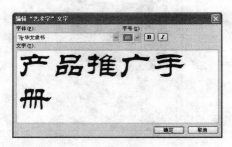

图 4.4　编辑艺术字

3）确认显示刚制作好的艺术字，如图 4.5 所示。

产品推广手册

图 4.5　艺术字效果

4）艺术字与图片一样通过"设置艺术字格式"来修改线型、颜色、大小、版式等信息。

5）选中艺术字，一般会显示"艺术字"工具栏，可以对艺术字的内容、样式、形状等进行设置，图 4.6 所示为"波形 1"形状的效果。

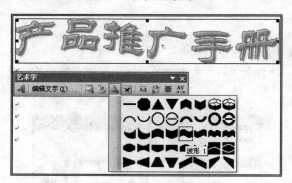

图 4.6　设置艺术字形状

2. 插入文本框

文本可以浮于页面任何位置，可以利用文本来给特殊位置的文本定位。

1）定位光标。

2）单击"插入"→"文本框"→"横排/竖排"命令，显示"文本框"，拖动鼠标绘制文本框。

3）与图片框一样，可以右击在快捷菜单中选择"设置文本框格式"，打开"设置文本框格式"对话框，可以设置文本的颜色、线长、大小、版式、边距等内容，如图 4.7 所示。

4）选定文本框的文本，可以像设置其他文本一样设置其格式。

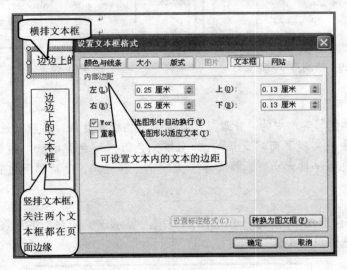

图 4.7 文本框

3. 插入自选图

检查"绘图"工具栏是否显示在屏幕上，如果没有可通过"视图"菜单将其设置为可见。绘图工具栏如图 4.8 所示。

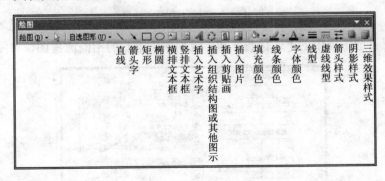

图 4.8 绘图工具栏

1）单击绘图工具栏中的相关命令，然后在页面拖动鼠标可以绘出相应图形，如图 4.9 所示。画图时，按住 Shift 键，可画出正方形、矩形、水平直线或箭头、垂直直线或箭头、45°角的直线或箭头。

2）选中图形，然后修改其样式、添加文字、设置阴影效果和立体效果等，如图 4.10 所示。

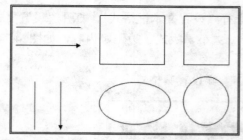

图 4.9　绘制基本图形

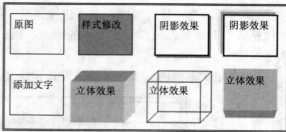

图 4.10　设置效果

　　通过"格式"菜单中的"背景"可为整个文档设置背景，不能只设置指定页面，可用其他方法来实现页面"背景"，如用填充色为"粉色面巾纸"的矩形，将其大小设置成与页面一样大小，选择"浮于文字下方"版式，然后移动位置让其占满整个页面即可。

　　3）单击"自选图形"，选择自选图形类型，显示该类型对应的绘图命令，图 4.11 展示了多种自选图形效果。

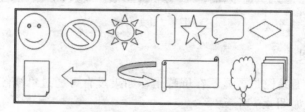

图 4.11　绘制自选图形效果

　　4）利用自选图形中的"连接符"和"流程图"绘制的招商流程图，如图 4.12 所示。

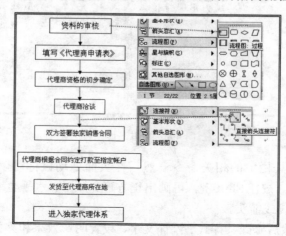

图 4.12　招商流程图

招商流程图也可直接用文本框或矩形结合箭头来制作，但最好使用连接符，因为连接符有吸附功能，如图 4.13 所示。

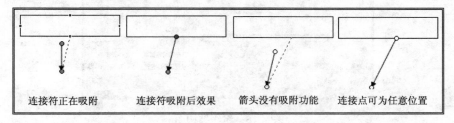

连接符正在吸附　　连接符吸附后效果　　箭头没有吸附功能　　连接点可为任意位置

图 4.13　连接符吸附效果

4. 插入页面边框

单击"格式"→"边框与底纹"命令，打开"边框与底纹"对话框，选择"页面边框"选项卡，如图 4.14 所示，在"线型"列表框中选择"～～～～"，将"应用于"设置为"本节"，还可以在"艺术型"列表框中选择内置的精美边框来美化文档。

图 4.14　"页面边框"选项卡

拓展知识

1. 插入组织结构图

插入组织结构图的操作步骤如下。

1）单击图 4.8 绘图工具栏的"组织结构图或其他图示"，弹出"图示库"对话框，如图 4.15 所示，选中第一项组织结构图。

2）在页面显示如图 4.16 所示组织结构图，选中某个圆角框后右击弹出快捷菜单。

图 4.15　"图示库"对话框

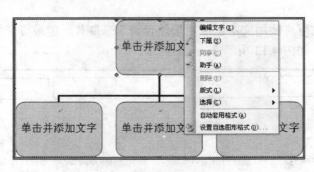

图 4.16　组织结构图

- "添加文字"：为组织结构图的组织添加指定文字。
- "下属"：为当前组织添加一个新的组织，它处于当前组织的下一层，是当前组织的子组织。
- "同事"：在其同一层添加一个新组织。
- "助手"：为当前组织添加一个新的组织，它处于当前组织之下，但又处于当前组织下层组织的上方。
- "删除"：删除选定的组织。

设置好的公司组织结构图如图 4.17 所示。

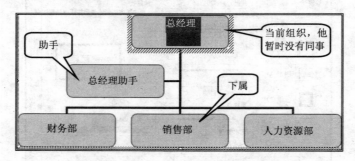

图 4.17　公司组织结构图

2. 图形叠放次序

多个图形叠在一起时，上面的图形会遮住下面的图形，改变图形的叠放次序可以调整重叠区的可见图形。

1）选中欲改变叠放次序的图形。

2）右击弹出快捷菜单，单击"叠放次序"→"置于顶层"，如图 4.18 所示。还可以设置其他方式，如"置于底层"等。

3. 图形的对齐与分布

整齐和均匀分布的图形，给人舒适的感觉。Word 2003 提供了多种对齐方式和两种均匀分布方式。

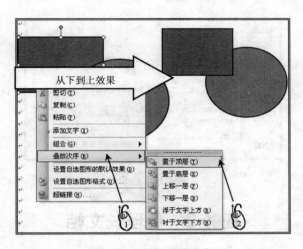

图 4.18　图形叠放次序

1）选定多个自选图形：选定第一个后，按住 Ctrl 键，将光标移动到其他图形的边框附近，光标变为"+"形状后单击，即追加选定对应的图形。

2）单击"绘图"工具栏的"绘图"→"对齐或分布"→"纵向分布"命令，如图 4.19 所示，3 个文本框的垂直间距变为相同，还可以选择其中的对齐方式来对齐多个自选图形，均匀分布与对齐效果如图 4.20 所示。

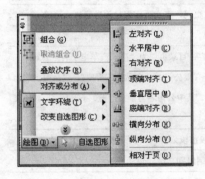

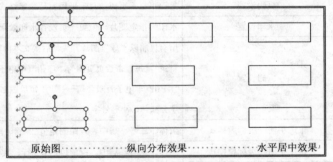

图 4.19　对齐或分布菜单　　　　　图 4.20　均匀分布与对齐效果

4. 图形的组合与取消

很多时候，一个应用项目包含很多个自选图形，此时，可以将相关的自选图片组合在一起，实现图片的整体移动和整体编辑。

1）选定多个自选图形：选定第一个后，按住 Ctrl 键，将光标移动到其他图形的边框附近，光标变为"+"形状后单击，即追加选定对应的图形。

2）右击弹出快捷菜单，选择"组合"→"组合"命令，如图 4.21 所示。还可以单击其中的"取消组合"命令来取消组合。

组合的图形还可以与其他图形再次进行组合，可以有不同层次的组合，取消组合也可以一层一层的取消。

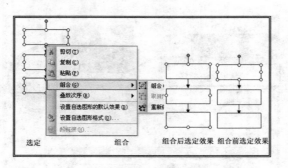

图 4.21　组合

任务 2　处理长文档

任务描述

完成产品推广手册的正文制作，格式要求如表 4.2 所示。

表 4.2　格式设置要求

设置项目	设置要求
分节要求	封面为 1 节、目录为 1 节、每篇均为 1 节
页码设置	封面不显示页码，目录采用罗马数字格式页码，正文采用阿拉伯数字格式页码
水印设置	水印为指定图片，但第一页没有水印效果
页眉设置	所有页眉以"球"图片开头，后接文本内容：目录页眉为"广州汽车电子有限公司——目录"，每篇奇数页页眉为"广州汽车电子有限公司——产品推广手册"，偶数页页眉为"广州汽车电子有限公司——"＋每篇题名。其中公司名为华文行楷、小五号字，其他文字为宋体、小五号字
推广手册一级标题样式	黑体、二号、居中、行距固定值 25 磅、段前段后 1 行，大纲级别 1 级、自动更新
推广手册二级标题样式	黑体、三号、居中、段前段后 0.5 行，大纲级别 2 级、自动更新
推广手册三级标题样式	宋体、加粗，小四号字、左对齐、段前段后 0.5 行，大纲级别正文文本、自动更新
推广手册正文样式	宋体、小四，行距固定值 25 磅，段前段后 0.5 行，首行缩进字符，自动更新
推广手册导语样式	宋体、小四，加粗，悬挂缩进 4.2 字符、段前段后 0.5 行，项目符号"➤"，自动更新

解决方案

1. 模板

任何 Microsoft Word 文档都是以模板为基础的。模板决定文档的基本结构和文档设置，例如字符格式、段落格式、页面格式等其他样式。一打开 Word 时，就是在默认模板下创建文档。

通常可以将公司中常用的文档格式保存为模板或样式，可以大大提高工作效果，而且可以减少格式设置上的失误。

1）单击"文件"→"新建"命令，打开"新建文档"窗格，单击"本机上的模板"，打开"模板"对话框，选择模板类型，如图 4.22 所示。

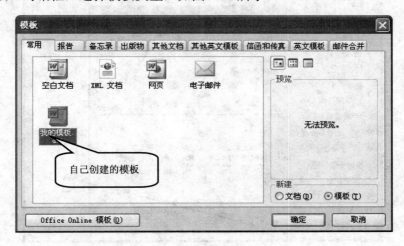

图 4.22　新建模板

2）保存文档时，也可以在"保存类型"中选择"文档模板（*.dot）"，将文档保存为模板，如图 4.23 所示。

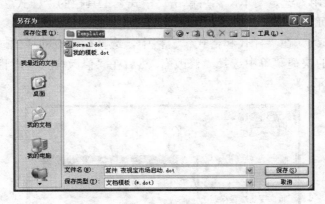

图 4.23　另存为模板

2. 样式

样式是应用于文档中的文本、表格和列表的一套格式特征，它是指一组已经命名的字符和段落格式。它规定了文档中标题、题注以及正文等各个文本元素的格式，用户可以将一种样式应用于某个段落，或者段落中选定的字符上。

1）单击"格式"→"样式和格式"命令，打开"样式和格式"窗格，选择"新样式"，打开"新建样式"对话框，如图 4.24 所示。输入样式名称，选择样式类型，然后单击"格式"设置样式的各种格式。

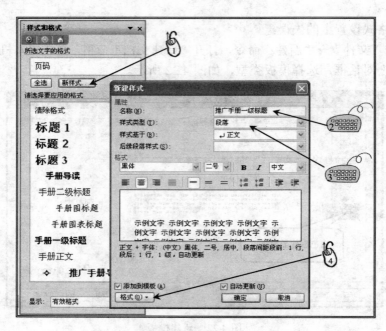

图 4.24　新建样式

注意选中"添加到模板"和"自动更新"选项。

2）样式的应用。选定文本，然后单击"格式"工具栏的"样式"或"样式和格式"窗格中的样式即可。

3）样式的修改。在"样式和格式"窗格中，选择欲修改的样式，单击其右边向下的箭头，在弹出的快捷菜单中选择"修改"，然后在"修改样式"对话框中修改格式即可，如图 4.25 所示。

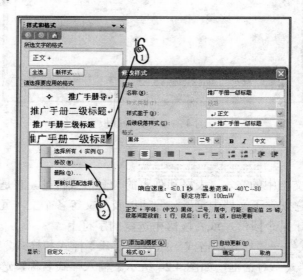

图 4.25　修改样式

4）可以设置只显示指定的样式，以便于操作。在"样式和格式"窗格中，单击"显示"下拉列表框，选择"自定义"，在"格式设置"对话框中，先单击"全部隐藏"，将"其他格式"下的所有选项都取消，然后在"类别"中选择"用户自定义的样式"，如图 4.26 所示。

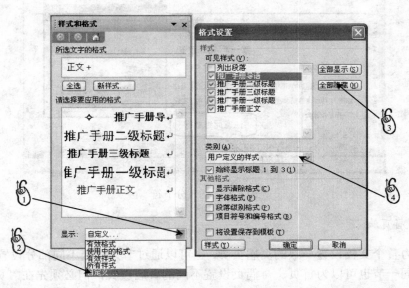

图 4.26　设置样式的显示效果

3. 分节与分页

可用节将文档划分成不同的格式设置对象，每节都可以设置自己的边距、纸型或方向、打印机纸张来源、页面边框、垂直对齐方式、页眉和页脚、分栏、页码编排、行号及脚注和尾注等。

分节符控制其前面文字的节格式。例如，如果删除某个分节符，其前面的文字将合并到后面的节中，并且采用后者的格式设置。请注意，文档的最后一个段落标记控制文档最后一节的节格式（如果文档没有分节，则控制整个文档的格式）。

1）定位光标，即将光标移动欲分节的位置。

2）单击"插入"→"分隔符"命令，打开"分隔符"对话框，如图 4.27 所示，选中"下一页"后确定即可插入分节符。

观察图中任务栏左半部分。

- "-3-页"表示当前页码，它与页面上显示的页码一致，每一节可以改变自己的起始页码，因此这个页码与节有关。
- "4 节"表示当前处于第 4 节。
- "7/9"表示文档共 9 页，当前页为第 7 页，注意它以整个文档作为参照点，因此它与"-3-页"显示不一致。

3）如果要插入分页符，只需要选择"分隔符"对话框中的"分页符"选项即可。

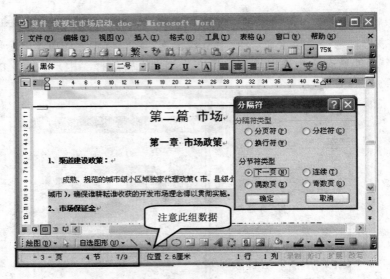

图 4.27　插入分节符

4. 页眉页脚

可以为整个文档设置一致的页眉页脚，也可以通过节为文档不同部分设置不同的页眉页脚。同一节也可以为首页、奇偶页设置不同的页眉页脚，但必须先在"页面设置"的"版式"中进行设置，如图 4.28 所示，图中还可以设置页眉页脚距离边界的值。

图 4.28　设置首页和奇偶页不同项

单击"视图"→"页眉和页脚"，如图 4.29 所示。然后输入页眉页脚内容，可以是文本或图片，可以进行格式设置。

- "插入页码"：直接在插入点位置插入页码。
- "设置页码格式"：打开"页码格式"对话框。

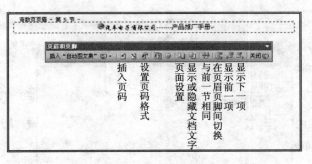

图 4.29 页眉页脚工具栏

- "页面设置": 打开"页面设置对话框"。
- "显示或隐藏文档文字": 隐藏文档文字, 看不到文档内容, 方便页眉页脚和水印处理, 特别是水印处理时, 最好隐藏文档文字。
- "与前一节相同": 文档有多节时, 后面节的页眉页脚设置, 可以与前一节相对应的页眉页脚相同, 当取消相同时它变成"链接到前一个"。
- "在页眉页脚间切换": 在页眉与页脚间切换。
- "显示前一项": 显示上一项页眉或页脚。
- "显示后一项": 显示下一项页眉或页脚。
- "关闭": 退出页眉页脚视图。
- "插入'自动图文集'": 插入 Word 内置的项目。

操作技巧

单击"视图"→"页眉和页脚", 打开"页眉页脚"工具栏, 选择"页面设置"命令, 打开"页面设置"对话框, 选择"版式"选项卡, 单击"边框"打开"边框与底纹"对话框。选择"横线", 在"横线"对话框中选择所需要的横线样式, 可以美化页眉页脚, 如图 4.30 所示。

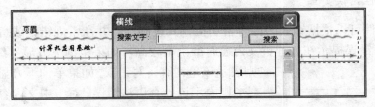

图 4.30 为页眉添加精美横线

5. 插入水印

水印就是用文字或图片作为文档的背景。

1) 单击"格式"→"背景"→"水印"命令, 打开"水印"对话框, 如图 4.31 所示。

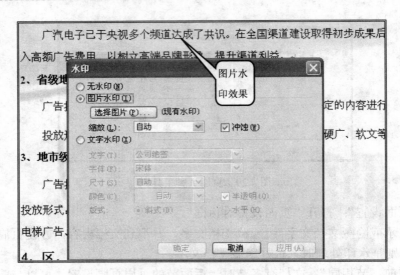

图 4.31　水印效果

- 选择"图片水印"，然后单击"选择图片"选择指定图片，可设置图片水印。
- 选择"文字水印"，输入文本，并设置好格式，可设置文字水印。

2）单击"视图"→"页眉和页脚"，进入页眉页脚编辑视图，单击水印，可进入水印修改状态，此时可以调整水印的大小和位置，还可以删除水印。

拓展知识

当文档较长，在输入过程中难免会出现各种输入错误。Word 提供了自动更正功能，所以对输入的部分错误自动更正，但对大部分输入错误，仍需要借助 Word 应用程序提供的工具进行手工处理。

Word 提供多种错误处理工具，如提示性错误更正、拼写和语法检查、替换更正等。

3．提示性错误更正

Word 软件可以根据输入的内容自动检查其正确性，并在常规错误或可疑位置处标记错误提示，错误提示在处理英文内容时准确率较高，如果单词下方显示红色波浪线，则表示该单词有拼写错误，如果单词下方显示绿色波浪线，则表示该处有语法错误。对于中文内容一般只能识别一些简单的输入性错误，如"有些些人"（属于重复性错误），"确保完成任务"（属于拼写输入错误）等。

3．将插入点移动到有错误提示的位置，然后右击，如图 4.32 所示。

2）在快捷菜单上部显示了系统的修改建议（abed、bad、acid、aced、back），可以在系统提供的修改建议中选择一项来代替"abcd"。系统提示的修改建议一般

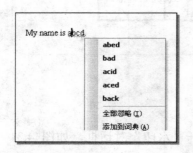

图 4.32　为错误输入提供处理建议

对英文单词拼写错误和常用中文词组的处理比较有效。

3）可单击"添加到词典"，将当前单词添加到本机词库，添加到本机词库后，该单词不会再有错误提示。这种方式对特殊单词的处理特别有效。

4）可单击"全部忽略"，忽略相关错误。

2. 拼写和语法检查

1）打开文档后，选择"工具"→"拼写和语法"，打开"拼写和语法"对话框，系统定位在文档第一个错误处，如图 4.33 所示。

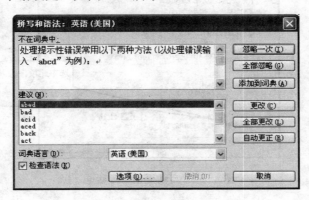

图 4.33 　"拼写和语法"对话框

2）如果不修改单词，可选择以下三个操作。

- 单击"忽略一次"按钮，可忽略该单词的此次输入错误。
- 单击"全部忽略"按钮，可忽略该单词的所有输入错误。
- 单击"添加到词典"按钮，可将该单词添加到本机词库中。

3）如果要修改单词，在"建议"列表框中，选择对应的欲修改单词后，可进行以下操作。

- 单击"更正"按钮，可将当前的错误输入单词，改为指定的正确单词。
- 单击"全部更正"按钮，可将当前的错误输入单词，改为指定的正确单词，且按相同方法处理全文此类输入错误。
- 单击"自动更正"按钮，可按自动更正的设置进行修改。

4）完成步骤2）或3）后，系统跳转到下一个错误的处理，重复步骤2）或3），可逐个处理输入错误，全部检查完会弹出如图 4.34 所示的对话框。

图 4.34 　"拼写和语法检查已
完成"对话框

3. 自动更正

Word 应用程序提供自动更正功能，如输入"teh"后，再输入空格键或回车键，"teh"自动转换为"the"。

1）单击"工具"→"自动更正选项"命令，打开"自动更正"对话框，选择"自动更正"选项卡，如图4.35所示，可以查看已有的自动更正项，也可以添加新的自动更正项。

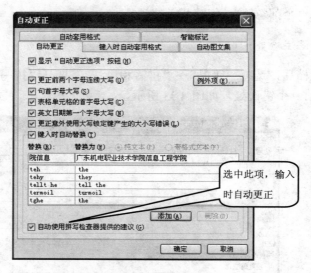

图4.35　"自动更正"对话框

操作技巧

可充分利用自动更正的特点来提高输入效率，如输入"院信息"，系统自动更正为"广东机电职业技术学院信息工程学院"。

在图4.35中，选中"键入时自动替换"复选框，在"替换"输入框中输入"院信息"，在"替换为"输入框中输入"广东机电职业技术学院信息工程学院"，然后单击"添加"按钮，最后关闭对话框。

2）如果要删除已定义的自动更正选项，只要在"自动更正"对话框中，选中指定的条目，然后单击"删除"按钮。

3）自动更正方便输入，但当不需要更正时，可关闭该功能。单击"键入时自动套用格式"选项卡，可在该选项卡中进行相关设置，如图4.36所示。

4．中文版式

Word 2003提供了多种中文版式，如拼音指南、带圈字符、纵横混排、合并字符、两行合一等。

1）定位光标，单击"格式"→"中文版式"→"双行合一"命令，打开"双行合一"对话框，如图4.37所示。在"文字"文本框中输入两行合一的文字，根据需要决定是否选中"带括号"选项。

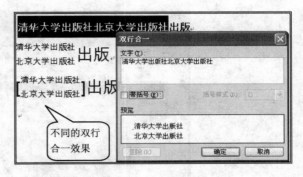

图 4.36　设置自动更正选项　　　　　　　　图 4.37　双行合一

2）定位光标，单击"格式"→"中文版式"→"拼音指南"命令，打开"拼音指南"对话框，如图 4.38 所示。

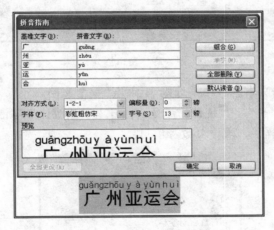

图 4.38　拼音指南

5. 窗口拆分与取消

当文档较长时，文档中有些相关内容可以分布在文档不同位置，而且相隔较远，编辑起来很不方便，可拆分窗口，同时显示相关内容，方便比较和处理。

1）将光标移动到指定位置，即可拆分窗口的位置。

2）单击"窗口"→"拆分"，可以将当前 Word 窗口拆成上下两个可以独立操作的窗口，如图 4.39 所示。上窗口显示背景设置要求，下窗口是设置效果。

3）单击"窗口"→"取消拆分"，取消窗口的拆分。

6. 字数统计

很多场合都需要了解文本的字数，如博士论文不少于 5 万字，硕士论文不少于 2 万字，总结不少于 1000 字，深刻检讨不少于 500 字等。借助 Word 的字数统计功能可轻松了解文本的字数。

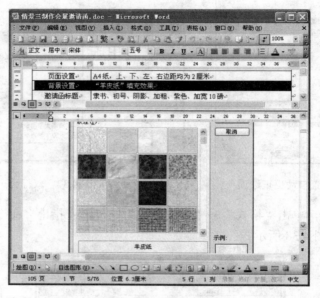

图 4.39　窗口拆分

1）选定欲统计的文本区域，不选则表示统计整个文档。

2）单击"工具"→"字数统计"命令，打开"字数统计"对话框，如图 4.40 所示。从图中统计信息可了解字、段、页数等信息。

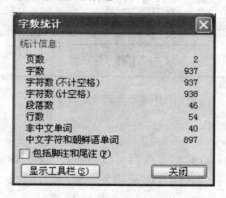

图 4.40　字数统计

任务 3　添 加 目 录

任务描述

为产品推广手册添加目录，如图 4.41 所示。

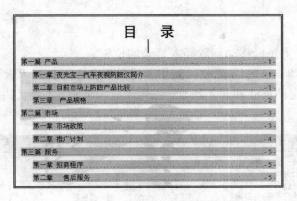

图 4.41　产品推广手册目录

目录设置的格式要求如表 4.3 所示。

表 4.3　目录设置的格式要求

设置项目	设置要求
目录要注	显示到二级标题
目录标题格式	黑体、一号、居中、行距固定值 25 磅
目录内容格式	宋体、小四、段前段后 0.5 行

解决方案

3. 文档结构图

对于已格式化的长文档,文档结构图可以很方便地定位文档位置,方便阅读和编辑。

单击"视图"→"文档结构图",如图 4.42 所示,文档结构图显示在左边,单击某个标题,立即在窗口右边显示对应内容。"+"表示折叠其子标题,单击它可将其展开,显示其子标题,同时它也变为"－","－"表示展开了子标题,单击它可以折叠子标题。

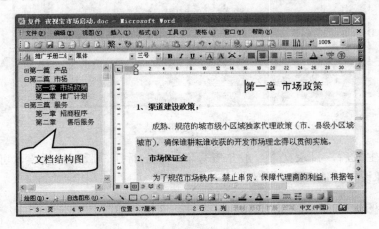

图 4.42　文档结构图

2. 插入目录

1）定位文档，将光标移动到欲插入目录的位置。

2）单击"工具"→"引用"→"索引和目录"命令，打开"索引和目录"对话框，在对话框中选择指定的格式和显示级别，选中"显示页码"和"页码右对齐"，如图 4.43 所示。

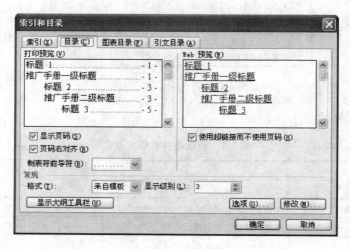

图 4.43　插入目录

3）文档每次修改后，要及时更新目录，选中目标后右击，在快捷菜单中选择"更新域"，在弹出的"更新目录"对话框中选择"更新整个目录"，如图 4.44 所示。

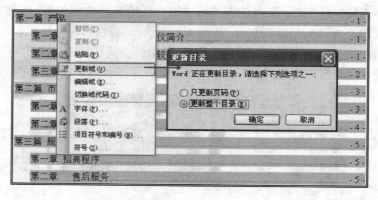

图 4.44　更新目录

4）目录生成后，目录文本一般是五号字，单倍行距，版面较紧凑，可以选择目录文本，然后像设置其他文本一样设置其格式。

3. 大纲视图

单击"视图"→"大纲"，进入大纲视图状态，如图 4.45 所示。

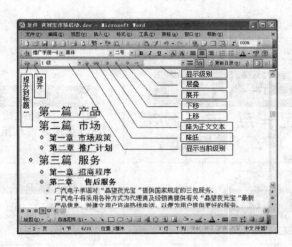

图 4.45 大纲视图

- "提升到标题 1"：不管当前内容的大纲级别为多少，直接提升到 1。
- "提升"：将当前大纲级别数值减 1。
- "显示当前级别"：显示当前内容的大纲级别，数字越小级别越高。
- "降为正文文本"：不管当前内容的大纲级别为多少，直接降为正文文本级别，即没有大纲级别。
- "降低"：将当前大纲级别数值加 1。
- "上移"：将当前对象移动到同级别的上一项目之上，注意当前对象及其子对象一起移动，这种操作为长文档移动提供极大的便利。
- "下移"：将当前对象移动到同级别的下一个项目之下。
- "展开"：展开其下层子对象。
- "层叠"：隐藏当前项目的下层子对象。
- "显示级别"：过滤条件，只显示"显示级别"及其更高级别的内容。

以上操作效果如表 4.4 所示。

表 4.4 大纲视图常用命令操作效果

操作	操作前效果	操作后效果
提升到标题 1	✧ 第二篇 市场 ✧ 第一章 市场政策 ▫ 1、渠道建设政策：	✧ 第二篇 市场 ▫ 第一章 市场政策 ✧ 1、渠道建设政策：
提升	✧ 第二篇 市场 ✧ 第一章 市场政策 1、渠道建设政策：	✧ 第二篇 市场 ▫ 第一章 市场政策 ✧ 1、渠道建设政策：
降为正文文本	✧ 第二篇 市场 ✧ 第一章 市场政策 ▫ 1、渠道建设政策：	▫ 第二篇 市场 ▫ 第一章 市场政策 ✧ 1、渠道建设政策：

续表

操作	操作前效果	操作后效果
降低	第二篇 市场 第一章 市场政策 1、渠道建设政策：	第二篇 市场 第一章 市场政策 1、渠道建设政策：
上移	第一篇 产品 第二篇 市场 第三篇 服务	第二篇 市场 第一篇 产品 第三篇 服务
下移	第一篇 产品 第二篇 市场 第三篇 服务	第二篇 市场 第一篇 产品 第三篇 服务
展开	第一篇 产品 第二篇 市场 第三篇 服务	第一篇 产品 第二篇 市场 第一章 市场政策 第二章 推广计划 第三篇 服务
层叠	第一篇 产品 第二篇 市场 第一章 市场政策 第二章 推广计划 第三篇 服务	第一篇 产品 第二篇 市场 第三篇 服务
显示级别	第一篇 产品 第二篇 市场 第三篇 服务	第一篇 产品 第一章 夜光宝—汽车夜视防眩仪简介 第二章 目前市场上防眩产品比较 第三章 产品规格 第二篇 市场 第一章 市场政策 第二章 推广计划 第三篇 服务 第一章 招商程序 第二章 售后服务

4. 阅读版式

单击"视图"→"阅读版式"，进入阅读版式状态，如图 4.46 所示。

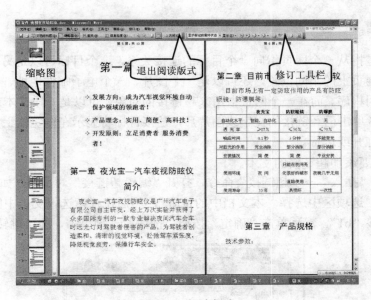

图 4.46　阅读版式

拓展知识

1. 书签

书签用于在文档中跳转到特定的位置、标记将在交叉引用中引用的项，或者为索引项生成页面范围。可用书签标记选定的文字、图形、表格和其他项。总之，书签在定位文档位置时会给用户带来很多方便。

1）将光标移动到欲插入书签的位置。

2）单击"插入"→"书签"命令，打开"书签"对话框，如图 4.47 所示，在"书签名"下输入书签名，单击"添加"，添加后的书签显示在书签列表中。

图 4.47　自动插入批注

3）在书签列表中选择指定书签，然后单击"删除"，即可删除书签。

4）书签标记一般不显示，可以单击"工具"→"选项"命令，打开"选项"对话框，选择"视图"选项卡，取消选择"隐藏书签"复选框，可设置书签符号可见。

2. 超链接

超链接是指从一个网页指向一个目标的连接关系，这个目标可以是另一个网页，也可以是相同网页上的不同位置，还可以是一个图片、一个电子邮件地址、一个文件，甚至是一个应用程序。而在一个网页中用来超链接的对象，可以是一段文本或者是一个图片，当浏览者单击已经链接的文字或图片后，链接目标将显示在浏览器上，并且根据目标的类型来打开或运行。

1）选择要添加超链接的文本。

2）单击"插入"→"超链接"命令，打开"编辑超链接"对话框，如图 4.48 所示，在"链接到"选项区中选择"本文档中的位置"，然后在"请选择文档中的位置"文本框中选择书签"b1"，然后单击"确定"按钮。按住 Ctrl 键单击，即可跳转到目标位置。

图 4.48　书签链接

- "原有文件或网页"，可以链接到另一个文件，也可以链接到一个互联网网址。
- "新建文档"，可链接到新文档，输入新文档名称，可设置好新文档位置。
- "电子邮件地址"，可链接到指定电子邮件，输入电子邮件地址和主题。
- "屏幕提示"，可设置超链接的提示文本，如图 4.49 所示。
- "删除超链接"，可删除超链接。

3）选定超链接，右击打开快捷菜单，如图 4.50 所示，可编辑、打开、复制、删除超链接。

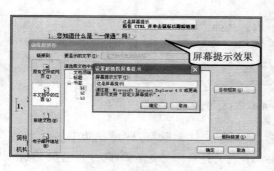

图 4.49　设置超链接屏幕提示

图 4.50　超链接快捷菜单

3. 域

Word 域的英文意思是范围，类似数据库中的字段，实际上，它就是 Word 文档中的一些字段。每个 Word 域都有一个唯一的名字，但有不同的取值。

使用 Word 域可以实现许多复杂的工作，如自动编页码、图表的题注、脚注、尾注的号码；按不同格式插入日期和时间；通过链接与引用在活动文档中插入其他文档的部分或整体；实现无需重新键入即可使文字保持最新状态；自动创建目录、关键词索引、图表目录；插入文档属性信息；实现邮件的自动合并与打印；执行加、减及其他数学运算；创建数学公式；调整文字位置等。

域是 Word 中的一种特殊命令，它由花括号、域名（域代码）及选项开关构成。域代码类似于公式，域选项并关是特殊指令，在域中可触发特定的操作，如插入日期时间的域代码为"｛ TIME \@ "EEEE 年 O 月 A 日" ｝"，超链接的域代码如图 4.51 所示。

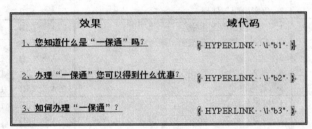

图 4.51 超链接的域代码

域的常用操作如下。

1）更新单个域：首先单击需要更新的域或域结果，然后按下 F9 键。

2）更新一篇文档中所有域：执行"编辑"菜单中的"全选"命令，选定整篇文档，然后按下 F9 键。

3）执行"工具"菜单中的"选项"命令，并单击"打印"选项卡，然后选中"更新域"复选框，以实现 Word 在每次打印前都自动更新文档中所有域的目的。

4）显示或者隐藏指定的域代码：首先单击需要实现域代码的域或其结果，然后按下 Shift＋F9 组合键。

5）显示或者隐藏文档中所有域代码：按下 Alt＋F9 组合键。

6）要锁定某个域，以防止修改当前的域结果可以单击此域，然后按下 Ctrl＋F11 组合键。

7）要解除锁定，以便对域进行更改可以单击此域，然后按下 Ctrl＋Shift＋F11 组合键。

8）解除域的链接：首先选择有关域内容，然后按下 Ctrl＋Shift＋F9 组合键即可解除域的链接，此时当前的域结果就会变为常规文本（即失去域的所有功能），以后它当然再也不能进行更新了。用户若需要重新更新信息，必须在文档中插入同样的域才能达到目的。

验 收 单

学习领域		计算机操作与应用			
项目四		制作产品推广手册	学时		4
关键能力		评价指标	自测结果（在□中打√）		备注
基本能力测评	自我管理能力	1. 培养自己的责任心	□A □B □C		
		2. 合理安排时间，灵活运用知识	□A □B □C		
	沟通能力	1. 知道如何尊重他人的观点	□A □B □C		
		2. 能否与他人有效地沟通	□A □B □C		
		3. 在团队合作中表现积极	□A □B □C		
		4. 能获取信息并反馈信息	□A □B □C		
	解决问题能力	1. 学会使用信息资源	□A □B □C		
		2. 能发现并解决问题	□A □B □C		
	设计创新能力	1. 善于发现，把握灵感	□A □B □C		
		2. 使用不同的思维方式	□A □B □C		
		3. 色彩搭配与处理	□A □B □C		
业务能力测评	文档修饰操作	1. 插入与修改艺术字	□A □B □C		
		2. 插入与修改自选图形、图形对齐与组合	□A □B □C		
		3. 插入文本框	□A □B □C		
		4. 插入页边框	□A □B □C		
		5. 其他设置	□A □B □C		
	长文档处理	1. 模板与样式	□A □B □C		
		2. 分页、分节	□A □B □C		
		3. 页眉、页脚、水印	□A □B □C		
		4. 自动更正、中文版式	□A □B □C		
	目录处理	1. 插入目录	□A □B □C		
		2. 文档结构图、大纲视图	□A □B □C		
		3. 书签与超链接	□A □B □C		
		4. 阅读版式	□A □B □C		
教师评语					
成绩			教师签字		

课 后 实 践

一、选择题

1. 在 Word 2003 中，用拖放鼠标方式进行移动对象时，要在_____时，拖动所选对象到新的位置。

　　A. 按 Ctrl 键　　　　B. 按 Caps 键　　　　C. 按 Alt 键　　　D. 不按任何键

2. 在 Word 2003 中，如果已有页眉，再次进入页眉区只需双击_____即可。

　　A. 文本区　　　　B. 菜单区　　　　C. 页眉页脚区　　D. 工具栏区

3. 在 Word 2003 的编辑状态下，设置字体前不选择文本，则设置的字体对_____起作用。

  A. 任何文本   B. 全部文本

  C. 当前文本   D. 插入点新输入的文本

 4. 在 Word 2003 中，不用打开文件对话框就能直接打开最近编辑过的文件的方法是使用_____。

  A. 工具栏按钮   B. 菜单命令

  C. 快捷键   D. 文件菜单中的文件列表

 5. Word 2003 中打印页码 "3-5, 10, 12" 表示打印的页码是_____。

  A. 3, 4, 5, 10, 12   B. 5, 5, 5, 10,12

  C. 3, 3, 3, 10, 12   D. 10, 10, 10, 12, 12, 12, 12, 12

 6. 在 Word 2003 文档中，一页未满的情况下需要强制换页，应该采用_____操作。

  A. 插入分段符 B. 插入分页符   C. 插入命令符   D. Ctrl+Shift

 7. 下列选项中，关于 Word 2003 的操作，说法错误的是_____。

  A. 原则上先录入文本再排版

  B. 不使用空格对齐文本

  C. 输入法的切换可用 Tab 键来实现

  D. 开始新的一段才敲回车键

 8. 下列选项中，关于 Word 2003 中特殊符号的操作，说法错误的是_____。

  A. 一般从 "插入" 菜单中的 "符号" 命令获得

  B. 符号也有字体区别

  C. 插入的符号可像正文一样处理

  D. 符号的大小不能改变

 9. 在 Word 2003 中，一次关闭所有打开的 Word 文档，可按住_____键后单击 "文件" 菜单中的 "全部关闭" 命令。

  A. Shift   B. Ctrl   C. Alt   D. Enter

 10. 在 Word 2003 中，"不缩进段落的第一行，而缩进其余的行" 的操作是指_____。

  A. 首行缩进 B. 左缩进   C. 悬挂缩进   D. 右缩进

 11. 下列选项中，对 Word 2003 表格的叙述正确的是_____。

  A. 表格中的数据不能进行公式计算

  B. 表格中的文本只能垂直居中

  C. 只能在表格的外框画粗线

  D. 可对表格中的数据排序

 12. 在 Word 2003 中，图片的文字环绕方式不包括_____。

  A. 上下型环绕 B. 紧密型环绕 C. 四周型环绕 D. 左右型环绕

 13. 在 Word 2003 中，下列选项中，_____操作不能达到新建 Word 文档的效果。

  A. 在菜单中选择 "文件" → "新建" 命令

  B. 按 Ctrl+N 组合键

C. 选择工具栏中的"新建"按钮

D. 在菜单中选择"文件"→"打开"命令

14. 在"资源管理器"中双击一个 Word 文件，将_____。

A. 在打印机上打印该文件的内容

B. 在资源管理器内显示文件的内容

C. 打开"记事本"程序窗口，编辑该文件

D. 打开 Word 程序窗口，编辑该文件

15. 要对一个 Word 文档进行编辑，首先要_____。

A. 将该文件存储于磁盘中

B. 在 Word 中打开该文档

C. 在"资源管理器"中，单击选中该文件

D. 关闭其他类型的文档

二、操作题

1. 制作如图 4.52 所示的校园报封面，其验收标准如表 4.5 所示。

图 4.52　校园报封面

表 4.5　校园报封面验收标准

设置项目	设置要求	分值
页面设置	自定义纸张：15*25 厘米，上、下、左、右边距均为 1 厘米，纵向	10
图片	衬于文字下方	10
校园报	左、右缩进 3 字符，华文行楷，二号字，两端对齐，段前段后各 0.2 行，1.2 倍行距	20
自信人生，奋斗不止	左、右缩进 3 字符，首行缩进 2 字符，华文行楷，二号字，两端对齐，段前段后各 0.2 行，1.2 倍行距	20
广东机电职业技术学院	左、右缩进 3 字符，首行缩进 16 字符，华文行楷，小三号字，居中对齐	20
速度分	50 分钟内完成得 5 分，40 分钟内完成得 10 分，30 分钟内完成得 15 分，20 分钟内完成得 20 分	20

2. 设计如图 4.53 所示产品手册，其验收标准如表 4.6 所示。

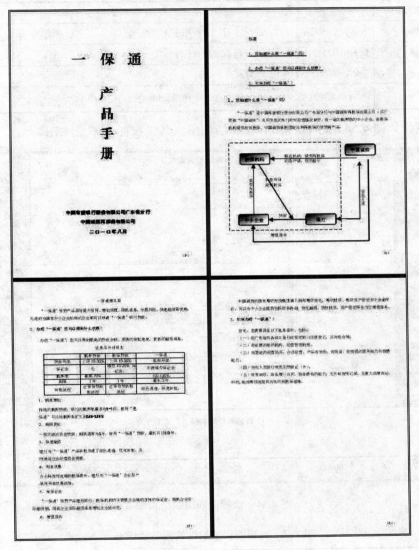

图 4.53　产品手册

表 4.6　产品手册制作验收标准

设置项目	设置要求	分值
页面设置设置	A4 纸，上、下边距 1.5 厘米，左、右边距均为 2 厘米，纵向，浅绿色背景	10
封面格式设置	手册标题华文中宋，初号；其他文字仿宋、小三、居中	10
导读	样式：黑体、小四、段前段后 1.5 行，左缩进 6 字符，1.5 行距；每个导读标题链接到对应一级标题	20
手册一级标题	样式：黑体、小四、段前段后 1 行；每个一级标题设置一个书签	15

设置项目	设置要求	分值
手册二级标题	宋体、小四号字，段前段后 0.5 行，首行缩进 2 字符	10
手册图表标题	仿宋-GB2312，小四、居中、段前段后 0.5 行	10
手册正文	宋体、小四、首行缩进 2 字符、1.5 行距	10
速度分	80 分钟内完成得 5 分，60 分钟内完成得 10 分，40 分钟内完成得 15 分	15

3. 制作如图 4.54 所示流程图和组织结构图，其验收标准如表 4.7 所示。

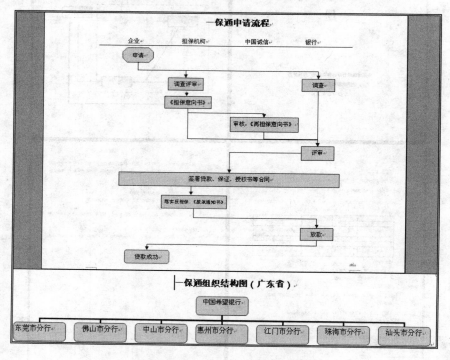

图 4.54　流程图和组织结构图

表 4.7　流程图和组织结构图验收标准

设置项目	设置要求	分值
页面设置	前一页 A4 纸，纵向；后一页 A4 纸，横向	10
结构	与效果图一致	60
效果	整体协调，布局美观	20
速度分	60 分钟内完成得 5 分，30 分钟内完成得 10 分	10

4. 制作毕业论文模板，要求将各个格式要求设置成如图 4.55 所示的样式，其验收标准如表 4.8 所示。

图 4.55　毕业论文模板样式

表 4.8　毕业论文模板验收标准

设置项目	设置要求	分值
页面设置	A4 纸，页边距为左 3cm，右 2cm，上下各 2cm。毕业论文在左侧装订	5
目录	"目录"三号黑体，下空二行为各层次标题及其开始页码，采用四号宋体，页码放在行末，目录内容和页码之间用虚线连接	10
论文标题	论文题目为二号宋体字，居中打印；论文题目下空一行打印摘要，"摘要"二字为小四号黑体，摘要内容为小四号仿宋体；摘要内容下空一行打印关键词，"关键词："为小四号黑体，其后具体关键词采用小四号仿宋体	20
一级标题	三号黑体字居中	5
二级标题	小三号宋体字左对齐排列	5
三级标题	四号宋体字加粗左对齐排列	5
图表标题	小四号宋字体	5
论文正文	小四号宋字体、行间距为 1.5 倍行距，页码设置为页脚 1 厘米，居中排列	5
参考文献	小四号黑体字，内容用小四号宋体字	5
应用模板	选定一篇毕业论文进行格式化	25
速度分	60 分钟内完成得 5 分，30 分钟内完成得 10 分	10

5. 制作如图 4.56 所示板报，其验收标准如表 4.9 所示。

表 4.9　板报制作验收标准

设置项目	设置要求	分值
页面	自定义纸 26 厘米×24 厘米，边距均为 1 厘米，外框采用带球体图案的线条	10
上部	左右图塔图，中间艺术字的"书香墨香"，华文行楷，80 字号	10
左边设置	宽度 5.94 厘米，标题设置华文行楷、四字号、居中，正文设置华文楷体、五号字、赤水深情，文本中插入两幅笑脸图	15
右边设置	宽度 5.94 厘米，标题设置华文行楷、四字号、居中，正文设置华文楷体、五号字、赤水深情，上面为书法图	15

续表

设置项目	设置要求	分值
中间设置	艺术字"红尘怨"楷体 GB-2312、36 号字，其他文字华文行楷、小四号、黄色、标题居中，添加心和星图形，外用虚框包围	35
速度分	80 分钟内完成得 5 分，60 分钟内完成得 10 分，40 分钟内完成得 15 分	15

图 4.56　板报

项目五

制作工资表

在企业中，工资计算是必不可少的一项工作。使用 Excel 可快速制作员工工资表并进行工资计算，既提高了工作效率，又规范了工资核算，为此后的工资查询、汇总等提供了方便。博夫曼科技有限公司将根据公司实际情况制作工资表。

任务 1　建立工资表

任务描述

工资表包括表名、制表时间、标题行，以及员工编号、姓名、部门、职务、基本工资、午餐补贴的基本数据等内容，如图 5.1 所示。

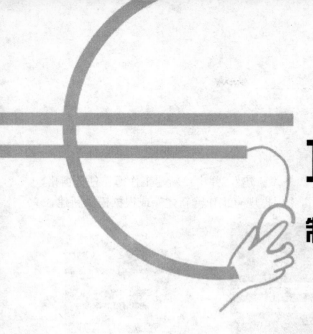

图 5.1　工资表

解决方案

1. 启动 Excel 2003

选择"开始"→"程序"→Microsoft Office→Microsoft Office Excel 2003 命令，如

图 5.2 所示。

2. 新建工作簿、保存工作簿

在 Excel 2003 界面的菜单中选择"文件"→"新建"，弹出"新建工作簿"任务窗格，如图 5.3 所示。可以选择"新建空白工作簿"、"根据现有工作簿新建"或根据模板新建。

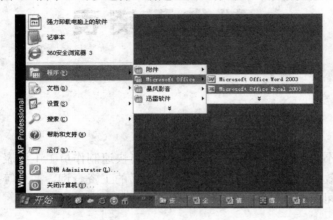

图 5.2　启动 Excel 2003

图 5.3　"新建工作簿"任务窗格

启动并进入 Excel 2003 后，当前显示的工作簿即为新建的空白工作簿，默认情况下含有三个空白工作表 Sheet1、Sheet2、Sheet3，可在其中的任一工作表格区输入数据。

单击工具栏的"保存"按钮。如果从未保存过该文件，此时将弹出"另存为"对话框，如图 5.4 所示。在该对话框中选择工作簿文件的保存位置，输入文件名，之后单击"保存"按钮。

图 5.4　"另存为"对话框

> **提　示**
>
> 当完成工作簿文件的建立后，在编辑过程中，或需要关闭文件时，都应将工作簿文件保存起来。为避免不必要的损失，需养成随时存盘的好习惯。

3. 将工作表 Sheet1 重命名为"工资表"

重命名工作表标签的步骤如图 5.5 所示。

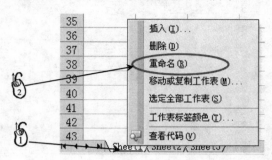
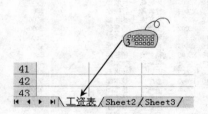

图 5.5　将 Sheet1 重命名为"工资表"

4. 输入表名、制表时间、标题行

从工资表的第一行开始输入表名、制表时间和标题行，如图 5.6 所示。

	A	B	C	D	E	F	G	H	I	J	K	L	M	N
1	博夫曼科技有限公司工资表													
2	制表时间：2010年6月													
3														
4	员工编号	姓名	部门	职务	基本工资	职务津贴	午餐补贴	应发工资	失业保险	养老保险	医疗保险	应税所得额	个人所得税	实发工资
5														

图 5.6　输入表名、制表时间和标题行

1）单击 A1 单元格，输入表名"博夫曼科技有限公司工资表"。

2）单击 A2 单元格，输入"制表时间：2010 年 6 月"。

3）单击 A4 单元格，输入"员工编号"。然后，使用 Tab 键依次选中 B4、C4、D4……N4 单元格，分别输入"姓名"、"部门"、"职务"、"基本工资"、"职务津贴"、"午餐补贴"、"应发工资"、"失业保险"、"养老保险"、"医疗保险"、"应税所得额"、"个人所得税"，"实发工资"，如此便完成了标题行的输入。

操作技巧

　　工作表的行列交叉处是工作单元格，简称单元或单元格。单元格是 Excel 数据存放的最小独立单元。单元格依照所在的行和列的位置命名，如 A1 表示由第 A 列和第 1 行交叉处形成的单元格。单元格区域是一组被选中的相邻或不相邻的单元格。若要表示相邻单元格组成的单元格区域，可以用该区域的左上角和右下角的单元格来表示，例如"A1:C3"。

5. 输入工资表中的基本数据

输入工资表中的基本数据，包括员工编号、姓名、部门、职务、基本工资、午餐补贴，如图 5.7 所示。

员工编号	姓名	部门	职务	基本工资	职务津贴	午餐补贴	应发工资	失业保险	养老保险	医疗保险	应税所得	个人所得	实发工资
CW001	马一鸣	财务部		4000		250							
CW002	崔静	财务部		2400		250							
CW003	邹燕燕	财务部		2800		250							
XZ001	范俊	行政部		4000		250							
XZ002	王耀东	行政部		2600		250							
XZ003	孙晓斌	行政部		2000		250							
XZ004	钟青青	行政部		3000		250							
XS001	赵文博	销售部		5000		250							
XS002	王萍	销售部		2000		250							
XS003	宋家明	销售部		2800		250							
XS004	余伟	销售部		4000		250							
XS005	杨世荣	销售部		3500		250							
JS001	蒋晓丹	技术部		6000		250							
JS002	李丽	技术部		4400		250							
JS003	鲁严	技术部		3000		250							
JS004	潘明涛	技术部		4000		250							
JS005	赵昌彬	技术部		4200		250							
JS006	陈敏之	技术部		3600		250							
KF001	郝心怡	客服部		4000		250							
KF002	黄芳儿	客服部		3000		250							
KF003	姚玲	客服部		2000		250							
KF004	张雨涵	客服部		2200		250							

图 5.7　工资表中的基本数据

（1）自动填充

若输入的数据是有规律的、有序的，如在一行或一列单元格中录入相同的数据，或输入 1、2、3……，星期一、星期二……星期日等连续变化的系列数据时，则可以使用 Excel 2003 中提供的自动填充功能，提高工作效率。

工资表中 "午餐补贴" 列的具体数据均为 "250"，可使用自动填充进行输入。在工资表的 G5 单元格输入 "250"，鼠标移到 G5 单元格的右下角，形状变为黑色的十字型，按住鼠标左键，沿列的方向拖动到 G26 单元格，松开鼠标左键，如图 5.8 所示。

员工编号	姓名	部门	职务	基本工资	职务津贴	午餐补贴	应发工资	失业
CW001	马一鸣	财务部		4000		250		
CW002	崔静	财务部		2400				
CW003	邹燕燕	财务部		2800				
XZ001	范俊	行政部		4000				
XZ002	王耀东	行政部		2600				
XZ003	孙晓斌	行政部		2000				
XZ004	钟青青	行政部		3000				
XS001	赵文博	销售部		5000				
XS002	王萍	销售部		2000				
XS003	宋家明	销售部		2800				
XS004	余伟	销售部		4000				
XS005	杨世荣	销售部		3500				
JS001	蒋晓丹	技术部		6000				
JS002	李丽	技术部		4400				
JS003	鲁严	技术部		3000				
JS004	潘明涛	技术部		4000				
JS005	赵昌彬	技术部		4200				
JS006	陈敏之	技术部		3600				
KF001	郝心怡	客服部		4000				
KF002	黄芳儿	客服部		3000				
KF003	姚玲	客服部		2000				
KF004	张雨涵	客服部		2200		250		

图 5.8　自动填充 "午餐补贴" 列的具体数据

类似的，可完成 "部门" 列具体数据的输入。

"员工编号"列的数据呈规律性变化，如财务部的员工编号为 CW001~CW003，则首先在 A5 单元格输入 CW001，再使用自动填充。其余部门的员工编号输入过程与之相似。

（2）数据有效性

因工资表中的职务仅有部门经理、职员、工程师三类，为防止输入其他数据，则使用菜单"数据"→"有效性"命令加以限制。先选择 D5:D26 单元格，单击"数据"→"有效性"命令，如图 5.9 所示，打开"数据有效性"对话框，设置"允许"列表框和"来源"列表框。

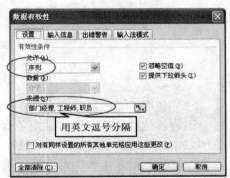

图 5.9　设置"职务"列的数据有效性

完成有效性设置后，单击 D5 单元格，单击单元格右侧的下拉箭头，将出现下拉列表框，如图 5.10 所示，在其中选择相应的职务。其他员工的职务输入以此类推。

图 5.10　选择员工的职务

6. 输入职务津贴

博夫曼科技有限公司的职务津贴标准为：部门经理 2000 元；工程师 1500 元；其他职务 1000 元。

该工资表中，应能根据员工现有的职务，自动填入该员工的职务津贴。

（1）在"职务津贴"列标题添加批注

为便于核对，可在"职务津贴"列标题添加批注，内容为"部门经理：2000 元；工程师：1500 元；其他职务：1000 元。"。右击 F4 单元格，选择"插入批注"命令，在批注框中输入批注内容，如图 5.11 所示。

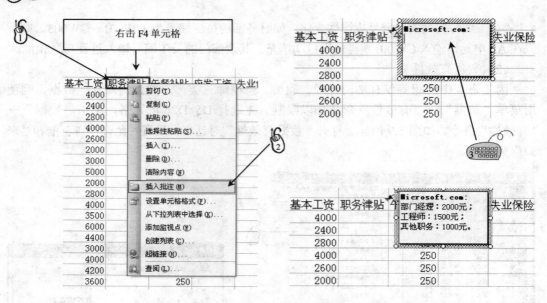

图 5.11 在"职务津贴"列添加批注

（2）使用 IF 函数

因为各位员工的职务津贴由各自的职务决定，所以使用 IF 函数可实现快速输入职务津贴。对第一个员工使用 IF 函数，单击选择 F5 单元格，单击菜单"插入"→"函数"命令，打开"插入函数"对话框，选择"IF"函数双击，打开"函数参数"对话框，在其中输入各参数，如图 5.12 所示，结果如图 5.13 所示。

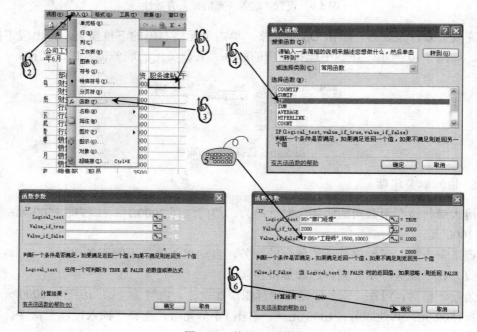

图 5.12 使用 IF 函数

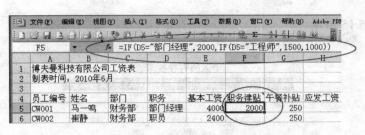

图 5.13　第一个员工的职务津贴

选中 **F5** 单元格，使用自动填充，则自动输入其余员工的职务津贴。全部员工的职务津贴如图 5.14 所示。

	A	B	C	D	E	F	G	H
						F26	=IF(D26="部门经理",2000,IF(D26="工程师",1500,1000))	
1	博夫曼科技有限公司工资表							
2	制表时间：2010年6月							
3								
4	员工编号	姓名	部门	职务	基本工资	职务津贴	午餐补贴	应发工资
5	CW001	马一鸣	财务部	部门经理	4000	2000	250	
6	CW002	崔静	财务部	职员	2400	1000	250	
7	CW003	邹燕燕	财务部	职员	2800	1000	250	
8	XZ001	范俊	行政部	部门经理	4000	2000	250	
9	XZ002	王耀东	行政部	职员	2600	1000	250	
10	XZ003	孙晓斌	行政部	职员	2000	1000	250	
11	XZ004	钟青青	行政部	职员	3000	1000	250	
12	XS001	赵文博	销售部	部门经理	5000	2000	250	
13	XS002	王萍	销售部	职员	2000	1000	250	
14	XS003	宋家明	销售部	职员	2800	1000	250	
15	XS004	余伟	销售部	职员	4000	1000	250	
16	XS005	杨世荣	销售部	职员	3500	1000	250	
17	JS001	蒋晓舟	技术部	部门经理	6000	2000	250	
18	JS002	李丽	技术部	工程师	4400	1500	250	
19	JS003	鲁严	技术部	职员	3000	1000	250	
20	JS004	潘明涛	技术部	工程师	4000	1500	250	
21	JS005	赵昌彬	技术部	工程师	4200	1500	250	
22	JS006	陈敏之	技术部	职员	3600	1000	250	
23	KF001	郝心怡	客服部	部门经理	4000	2000	250	
24	KF002	黄芳儿	客服部	职员	3000	1000	250	
25	KF003	姚玲	客服部	职员	2000	1000	250	
26	KF004	张雨涵	客服部	职员	2200	1000	250	

图 5.14　全部员工的职务津贴

IF 函数的功能是判断一个条件是否满足，如果满足则返回一个值，否则返回另一个值。IF 函数的语法格式为 IF（logical_test, value_if_true, value_if_false），各参数的含义如下。

- Logical_test 表示计算结果为 TRUE 或 FALSE 的任意值或表达式。
- Value_if_true 表示当 logical_test 为 TRUE 时返回的值。
- Value_if_false 表示 logical_test 为 FALSE 时返回的值。

任务2　建立个人所得税税率表

任务描述

个人所得税税率表主要包括全月应纳税所得额、税率、速算扣除数、个人所得税起征额，如图 5.15 所示。

	A	B	C	D	E
1		个人所得税税率表			
2	级数	全月应纳税所得额	税率	速算扣除数	
3	1	<500	5%	0	
4	2	>=500 and <2000	10%	25	
5	3	>=2000 and <5000	15%	125	
6	4	>=5000 and <20000	20%	375	
7	5	>=20000 and <40000	25%	1375	
8	6	>=40000 and <60000	30%	3375	
9	7	>=60000 and <80000	35%	6375	
10	8	>=80000 and <100000	40%	10375	
11	9	>=100000	45%	15375	
12					
13	个人所得税起征额：		2000		
14					

图 5.15　个人所得税税率表

解决方案

工资表中，包括个人所得税的计算，但并非所有员工按照相同的税率纳税，也不是全部收入都要纳税。为此，建立个人所得税税率表，用于记录不同级数的应纳税所得额、税率、速算扣除数。

1. 将工作表 Sheet2 重命名为"个人所得税税率表"

重命名工作表标签的步骤可参考图 5.5。

2. 输入表名、标题行与基本数据

从个人所得税税率表的第一行开始输入表名、标题行与基本数据，如图 5.16 所示。

	A	B	C	D	E
1	个人所得税税率表				
2	级数	全月应纳	税率	速算扣除数	
3	1	<500	5%	0	
4	2	>=500 and	10%	25	
5	3	>=2000 ar	15%	125	
6	4	>=5000 ar	20%	375	
7	5	>=20000 a	25%	1375	
8	6	>=40000 a	30%	3375	
9	7	>=60000 a	35%	6375	
10	8	>=80000 a	40%	10375	
11	9	>=100000	45%	15375	
12					
13	个人所得税起征额：		2000		
14					

图 5.16　输入表名、标题行、基本数据

1）单击 A1 单元格，输入表名"个人所得税税率表"。

2）单击 A2 单元格，输入"级数"，然后，使用 Tab 键依次选中 B2～D2，分别输入"全月应纳税所得额"、"税率"、"速算扣除数"。

3）级数 1～9 的输入可使用自动填充，但在向下拉动鼠标的同时必须按住 Ctrl 键。

4）在"全月应纳税所得额"、"税率"、"速算扣除数"列中输入的具体数据，如表 5.1 所示。

5）在 A13 单元格输入"个人所得税起征额："，在 C13 单元格输入"2000"。

表 5.1　税率及速算扣除数计算表

全月应纳税所得额	税率	速算扣除数
<500	5%	0
>=500 and <2000	10%	25
>=2000 and <5000	15%	125
>=5000 and <20000	20%	375
>=20000 and <40000	25%	1375
>=40000 and <60000	30%	3375
>=60000 and <80000	35%	6375
>=80000 and <100000	40%	10375
>=100000	45%	15375

3. 美化个人所得税税率表

个人所得税税率表的美化效果如图 5.17 所示。

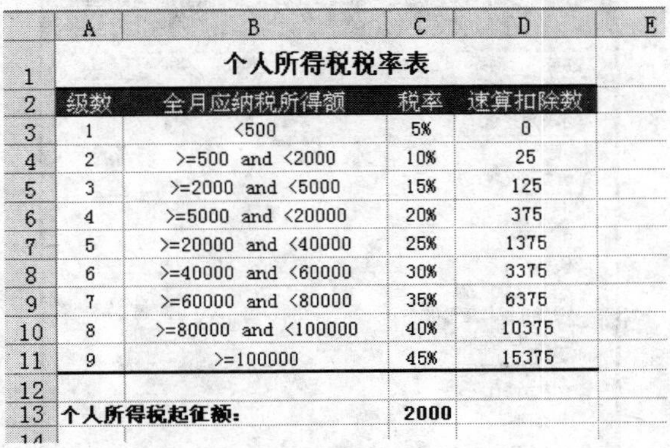

图 5.17　个人所得税税率表

（1）自动套用格式

对标题行和基本数据区域自动套用格式中的"古典 2"格式。选择 A2:D11 单元格，单击菜单"格式"→"自动套用格式"命令，打开"自动套用格式"对话框，选择"古典 2"，如图 5.18 所示。

（2）设置字体

表名"个人所得税税率表"为宋体，12 号字，加粗。选中表名所在的 A1 单元格后，

可通过工具栏 [宋体 ▾ 12 ▾ **B**] 设置。同理，将标题行设为 11 号字，其余数据设为 10 号字，"个人所得税起征额："这行的字体均加粗。

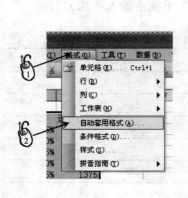
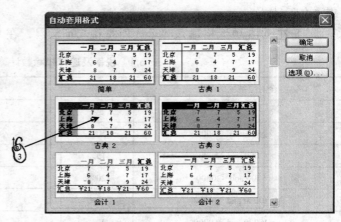

图 5.18　自动套用格式

（3）设置单元格的对齐方式

表名"个人所得税税率表"需要合并，且水平、垂直居中。选择 A1:D1 单元格右击，在弹出的快捷菜单中选择"设置单元格格式"，打开"单元格格式"对话框，在"对齐"选项卡中进行单元格的对齐设置，如图 5.19 所示。

类似的，将 A2:D11 单元格设为水平、垂直居中。

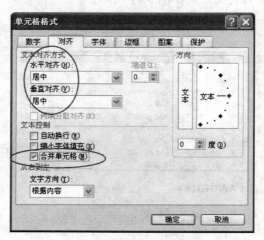

图 5.19　设置单元格的对齐方式

（4）调整行高

为突出表名，右击行号 1，在快捷菜单中选择"行高"，打开"行高"对话框，将其所在的第一行的行高调整为 25，如图 5.20 所示。

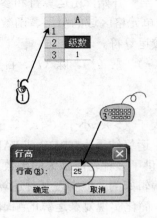

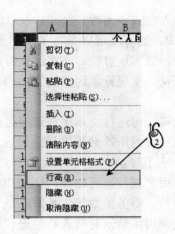

图 5.20　调整行高

任务3　核算工资

任务描述

工资核算包括计算应发工资、失业保险、养老保险、医疗保险、应税所得额、个人所得税、实发工资，如图 5.21 所示。

	A	B	C	D	E	F	G	H	I	J	K	L	M	N
1	博大曼科技有限公司工资表													
2	制表时间：2010年6月													
3														
4	员工编号	姓名	部门	职务	基本工资	职务津贴	午餐补贴	应发工资	失业保险	养老保险	医疗保险	应税所得	个人所得税	实发工资
5	CW001	马一鸣	财务部	部门经理	4000	2000	250	6250	40	320	80	3810	446.5	5363.5
6	CW002	崔静	财务部	职员	2400	1000	250	3650	24	192	48	1386	113.6	3272.4
7	CW003	邹燕燕	财务部	职员	2800	1000	250	4050	28	224	56	1742	149.2	3592.8
8	XZ001	范俊	行政部	部门经理	4000	2000	250	6250	40	320	80	3810	446.5	5363.5
9	XZ002	王耀东	行政部	职员	2600	1000	250	3850	26	208	52	1564	131.4	3432.6
10	XZ003	孙晓斌	行政部	职员	2000	1000	250	3250	20	160	40	1030	78	2952
11	XZ004	钟青青	行政部	职员	3000	1000	250	4250	30	240	60	1920	167	3753
12	XS001	赵文博	销售部	部门经理	5000	2000	250	7250	50	400	100	4700	580	6120
13	XS002	王萍	销售部	职员	2000	1000	250	3250	20	160	40	1030	78	2952
14	XS003	宋家明	销售部	职员	2800	1000	250	4050	28	224	56	1742	149.2	3592.8
15	XS004	余伟	销售部	职员	4000	1000	250	5250	40	320	80	2810	296.5	4513.5
16	XS005	杨世荣	销售部	职员	3500	1000	250	4750	35	280	70	2365	229.75	4135.25
17	JS001	蒋晓舟	技术部	部门经理	6000	2000	250	8250	60	480	120	5590	743	6847
18	JS002	李丽	技术部	工程师	4400	1500	250	6150	44	352	88	3666	424.9	5241.1
19	JS003	鲁严	技术部	职员	3000	1000	250	4250	30	240	60	1920	167	3753
20	JS004	潘明涛	技术部	工程师	4000	1500	250	5750	40	320	80	3310	371.5	4938.5
21	JS005	赵昌彬	技术部	工程师	4200	1500	250	5950	42	336	84	3488	398.2	5089.8
22	JS006	陈敏之	技术部	职员	3600	1000	250	4850	36	288	72	2454	243.1	4210.9
23	KF001	郝心怡	客服部	部门经理	4000	2000	250	6250	40	320	80	3810	446.5	5363.5
24	KF002	黄芳儿	客服部	职员	3000	1000	250	4250	30	240	60	1920	167	3753
25	KF003	姚玲	客服部	职员	2000	1000	250	3250	20	160	40	1030	78	2952
26	KF004	张雨涵	客服部	职员	2200	1000	250	3450	22	176	44	1208	95.8	3112.2
27														
28														
29	失业保险缴纳比率：		1%											
30	养老保险缴纳比率：		8%											
31	医疗保险缴纳比率：		2%											

图 5.21　各项工资数据

解决方案

在工作表中，若某一单元格的数据需由其他单元格的数据计算而来，那么在这个单元格中可以输入公式和函数。公式必须以等号"＝"开始，由运算符和参加运算的元素（运算数）组成。运算数可以是常量、单元格或单元格区域的引用、函数等。常用的运算符包括三类：算术运算符、文本运算符及比较运算符。

算术运算符：实现算术运算的加（+）、减（-）、乘（*）、除（/）、百分比（%）、乘方（^）等。

文本运算符：可进行文本字符连接运算（&）。

比较运算符：对所给数据进行比较运算的大于（>）、小于（<）、等于（＝）、大于等于（>=）、小于等于（<=）、不等与（<>），运算结果为 TRUE 或 FALSE。

为了方便用户进行数据处理，Excel 2003 提供了多种功能强大的函数，如统计函数、数学与三角函数、财务函数等。函数就是预先编辑好的、能实现某种运算功能的公式，用户可以直接调用函数来对所选数据进行处理，简化实现复杂运算的编辑过程。常用函数有 SUM（求和）、AVERAGE（求平均值）、IF（判断）、COUNT（计算个数）、MAX（求最大值）、MIN（求最小值）等。

> **注 意**
>
> 必须使用英文输入法输入公式与函数。

1. 计算应发工资

应发工资为基本工资、职务津贴和午餐补贴之和。

第一个员工工资的计算过程为：单击选择 H5 单元格，选择工具栏的 Σ 按钮，如图 5.22 所示。接着，选中 H5 单元格，使用拖拽填充，则计算出其余员工的应发工资。全部员工的应发工资如图 5.23 所示。

图 5.22 计算第一个员工的应发工资

> **说 明**
>
> "=SUM(E5:G5)"中，= 表示 Excel 准备计算；SUM 表示做求和计算；(E5:G5) 表示用于求和的单元格是从 E5~G5。

图 5.23　全部员工的应发工资

2. 计算失业保险、养老保险、医疗保险

失业保险为基本工资的 1%，养老保险为基本工资的 8%，医疗保险为基本工资的 2%。

考虑到各项保险的金额随缴纳比率而变动，可在 A29～A31 单元格分别输入"失业保险缴纳比率："、"养老保险缴纳比率："、"医疗保险缴纳比率："，在 C29～C31 单元格分别输入 1%、8%、2%，结果如图 5.24 所示。

图 5.24　保险缴纳比率

首先计算第一个员工的失业保险、养老保险、医疗保险，然后用拖拽填充的方法计算其余员工的各项保险。第一个员工的失业保险计算过程为：选择 I5 单元格，输入"=E5*$C$29"并回车，如图 5.25 所示。同理，可计算该员工的养老保险和医疗保险。全部员工的各项失业保险结果如图 5.26 所示。

图 5.25　计算第一个员工的失业保险

在公式"=E5*$C$29"中，列标与行号前均有"$"，表示对 C29 单元格的绝对引用，在移动或复制公式时，该单元格引用不会发生变化。如果只在行号或列标前面加上"$"，这种引用称为混合引用。如"$D3"，在移动或复制公式时，不变的是列标"D"，变的是行号"3"。若列标、行号前都没有"$"，这种引用称为相对引用；在移动或复制公式时，随着放置计算结果的单元格的变化，公式中引用的单元格自动发生变化。

	A	B	C	D	E	F	G	H	I	J	K
1	博夫曼科技有限公司工资表										
2	制表时间：2010年6月										
3											
4	员工编号	姓名	部门	职务	基本工资	职务津贴	午餐补贴	应发工资	失业保险	养老保险	医疗保险
5	CW001	马一鸣	财务部	部门经理	4000	2000	250	6250	40	320	80
6	CW002	崔静	财务部	职员	2400	1000	250	3650	24	192	48
7	CW003	邹燕燕	财务部	职员	2800	1000	250	4050	28	224	56
8	XZ001	范俊	行政部	部门经理	4000	2000	250	6250	40	320	80
9	XZ002	王耀东	行政部	职员	2600	1000	250	3850	26	208	52
10	XZ003	孙晓斌	行政部	职员	2000	1000	250	3250	20	160	40
11	XZ004	钟青青	行政部	职员	3000	1000	250	4250	30	240	60
12	XS001	赵文博	销售部	部门经理	5000	2000	250	7250	50	400	100
13	XS002	王萍	销售部	职员	2000	1000	250	3250	20	160	40
14	XS003	宋家明	销售部	职员	2800	1000	250	4050	28	224	56
15	XS004	余伟	销售部	职员	4000	1000	250	5250	40	320	80
16	XS005	杨世荣	销售部	职员	3500	1000	250	4750	35	280	70
17	JS001	蒋晓舟	技术部	部门经理	6000	2000	250	8250	60	480	120
18	JS002	李丽	技术部	工程师	4400	1500	250	6150	44	352	88
19	JS003	鲁严	技术部	职员	3000	1000	250	4250	30	240	60
20	JS004	潘明涛	技术部	工程师	4000	1500	250	5750	40	320	80
21	JS005	赵昌彬	技术部	工程师	4200	1500	250	5950	42	336	84
22	JS006	陈敏之	技术部	职员	3600	1000	250	4850	36	288	72
23	KF001	郝心怡	客服部	部门经理	4000	2000	250	6250	40	320	80
24	KF002	黄芳儿	客服部	职员	3000	1000	250	4250	30	240	60
25	KF003	姚玲	客服部	职员	2000	1000	250	3250	20	160	40
26	KF004	张雨涵	客服部	职员	2200	1000	250	3450	22	176	44
27											
28											
29	失业保险缴纳比率：		1%								
30	养老保险缴纳比率：		8%								
31	医疗保险缴纳比率：		2%								

图 5.26   全部员工的各项保险

3．计算应税所得额

应税所得额，又称应纳税所得额，就是用来计算个人所得税的收入。

应税所得额＝应发工资－失业保险－养老保险－医疗保险－个人所得税起征额

首先计算第一个员工的应税所得额，然后用拖拽填充的方法计算其余员工的应税所得额。第一个员工的应税所得额计算过程可参考图 5.25，所用的公式是"=H5-I5-J5-K5-个人所得税税率表!C13"，因个人所得税起征额位于个人所得税税率表的 C13 单元格中，所以该公式使用了三维引用。全部员工的应税所得额结果如图 5.27 所示。

	A	B	C	D	E	F	G	H	I	J	K	L
1	博夫曼科技有限公司工资表											
2	制表时间：2010年6月											
3												
4	员工编号	姓名	部门	职务	基本工资	职务津贴	午餐补贴	应发工资	失业保险	养老保险	医疗保险	应税所得额
5	CW001	马一鸣	财务部	部门经理	4000	2000	250	6250	40	320	80	3810
6	CW002	崔静	财务部	职员	2400	1000	250	3650	24	192	48	1386
7	CW003	邹燕燕	财务部	职员	2800	1000	250	4050	28	224	56	1742
8	XZ001	范俊	行政部	部门经理	4000	2000	250	6250	40	320	80	3810
9	XZ002	王耀东	行政部	职员	2600	1000	250	3850	26	208	52	1564
10	XZ003	孙晓斌	行政部	职员	2000	1000	250	3250	20	160	40	1030
11	XZ004	钟青青	行政部	职员	3000	1000	250	4250	30	240	60	1920
12	XS001	赵文博	销售部	部门经理	5000	2000	250	7250	50	400	100	4700
13	XS002	王萍	销售部	职员	2000	1000	250	3250	20	160	40	1030
14	XS003	宋家明	销售部	职员	2800	1000	250	4050	28	224	56	1742
15	XS004	余伟	销售部	职员	4000	1000	250	5250	40	320	80	2810
16	XS005	杨世荣	销售部	职员	3500	1000	250	4750	35	280	70	2365
17	JS001	蒋晓舟	技术部	部门经理	6000	2000	250	8250	60	480	120	5590
18	JS002	李丽	技术部	工程师	4400	1500	250	6150	44	352	88	3666
19	JS003	鲁严	技术部	职员	3000	1000	250	4250	30	240	60	1920
20	JS004	潘明涛	技术部	工程师	4000	1500	250	5750	40	320	80	2810
21	JS005	赵昌彬	技术部	工程师	4200	1500	250	5950	42	336	84	3488
22	JS006	陈敏之	技术部	职员	3600	1000	250	4850	36	288	72	2454
23	KF001	郝心怡	客服部	部门经理	4000	2000	250	6250	40	320	80	3810
24	KF002	黄芳儿	客服部	职员	3000	1000	250	4250	30	240	60	1920
25	KF003	姚玲	客服部	职员	2000	1000	250	3250	20	160	40	1030
26	KF004	张雨涵	客服部	职员	2200	1000	250	3450	22	176	44	1208

图 5.27   全部员工的应税所得额

4．计算个人所得税

依据个人所得税税率表中的"全月应纳税所得额"，判断员工应纳税的税率，应用公式计算个人所得税：个人所得税＝应税所得额×税率－速算扣除数。

首先计算第一个员工的个人所得税，然后用拖拽填充的方法计算其余员工的个人所得税。第一个员工的个人所得税计算过程可参考图 5.12，所用的公式是"=IF(L5<500,L5*0.05,IF(AND(L5>=500,L5<2000),L5*0.1-25,IF(AND(L5>=2000,L5<5000),L5*0.15-125,L5*0.2-375)))"。全部员工的个人所得税结果如图 5.28 所示。

图 5.28 全部员工的个人所得税

AND 函数的功能为检查是否所有参数的逻辑值均为 TRUE，如果所有参数的逻辑值为真时，返回 TRUE；只要有一个参数的逻辑值为假，则返回 FALSE。AND 函数的语法格式为 AND(logical1,logical2, ...)；其中，Logical1, logical2, …表示待检查的 1～30 个条件值，各条件值可为 TRUE 或 FALSE。

5. 计算实发工资

实发工资由应发工资减去失业保险、养老保险、医疗保险、个人所得税而得。

首先计算第一个员工的实发工资，然后用拖拽填充的方法计算其余员工的实发工资。第一个员工的实发工资计算过程可参考图 5.25，所用的公式是"=H5-I5-J5-K5-M5"。全部员工的实发工资结果如图 5.29 所示。

图 5.29 全部员工的实发工资

任务4 美化工资表

任务描述

目前，工资表已基本成型，可以通过设置单元格格式调整行高、列宽，添加公司Logo，使工资表兼具实用性与美观性，如图 5.30 所示。

员工编号	姓名	部门	职务	基本工资	职务津贴	午餐补贴	应发工资	失业保险	养老保险	医疗保险	应税所得额	个人所得税	实发工资
CW001	马一鸣	财务部	部门经理	4,000.00	2,000.00	250.00	6,250.00	40.00	320.00	80.00	3,810.00	446.50	5,363.50
CW002	崔静	财务部	职员	2,400.00	1,000.00	250.00	3,650.00	24.00	192.00	48.00	1,386.00	113.60	3,272.40
CW003	邹燕燕	财务部	职员	2,800.00	1,000.00	250.00	4,050.00	28.00	224.00	56.00	1,742.00	149.20	3,592.80
XZ001	范俊	行政部	部门经理	4,000.00	2,000.00	250.00	6,250.00	40.00	320.00	80.00	3,810.00	446.50	5,363.50
XZ002	王耀宗	行政部	职员	2,600.00	1,000.00	250.00	3,850.00	26.00	208.00	52.00	1,564.00	131.40	3,432.60
XZ003	孙晓斌	行政部	职员	2,000.00	1,000.00	250.00	3,250.00	20.00	160.00	40.00	1,030.00	78.00	2,952.00
XZ004	钟青青	行政部	职员	3,000.00	1,000.00	250.00	4,250.00	30.00	240.00	60.00	1,920.00	167.00	3,753.00
XS001	赵文博	销售部	部门经理	5,000.00	2,000.00	250.00	7,250.00	50.00	400.00	100.00	4,700.00	580.00	6,120.00
XS002	王萍	销售部	职员	2,000.00	1,000.00	250.00	3,250.00	20.00	160.00	40.00	1,030.00	78.00	2,952.00
XS003	宋会明	销售部	职员	2,800.00	1,000.00	250.00	4,050.00	28.00	224.00	56.00	1,742.00	149.20	3,592.80
XS004	余伟	销售部	职员	4,000.00	1,000.00	250.00	5,250.00	40.00	320.00	80.00	2,810.00	296.50	4,513.50
XS005	杨世荣	销售部	职员	3,500.00	1,000.00	250.00	4,750.00	35.00	280.00	70.00	2,365.00	229.75	4,135.25
JS001	蒋晓丹	技术部	部门经理	6,000.00	2,000.00	250.00	8,250.00	60.00	480.00	120.00	5,590.00	743.00	6,847.00
JS002	李丽	技术部	工程师	4,400.00	1,500.00	250.00	6,150.00	44.00	352.00	88.00	3,666.00	424.90	5,241.10
JS003	鲁严	技术部	职员	3,000.00	1,000.00	250.00	4,250.00	30.00	240.00	60.00	1,920.00	167.00	3,753.00
JS004	潘明涛	技术部	工程师	4,000.00	1,500.00	250.00	5,750.00	40.00	320.00	80.00	3,310.00	371.50	4,938.50
JS005	赵昌彬	技术部	工程师	4,200.00	1,500.00	250.00	5,950.00	42.00	336.00	84.00	3,488.00	398.20	5,089.80
JS006	陈敏之	技术部	职员	3,600.00	1,000.00	250.00	4,850.00	36.00	288.00	72.00	2,454.00	243.10	4,210.90
KF001	郝心怡	客服部	部门经理	4,000.00	2,000.00	250.00	6,250.00	40.00	320.00	80.00	3,810.00	446.50	5,363.50
KF002	黄芳儿	客服部	职员	3,000.00	1,000.00	250.00	4,250.00	30.00	240.00	60.00	1,920.00	167.00	3,753.00
KF003	姚玲	客服部	职员	2,000.00	1,000.00	250.00	3,250.00	20.00	160.00	40.00	1,030.00	78.00	2,952.00
KF004	张雨涵	客服部	职员	2,200.00	1,000.00	250.00	3,450.00	22.00	176.00	44.00	1,208.00	95.80	3,112.20

图 5.30 美化工资表

解决方案

可参照"个人所得税税率表"的相应操作完成以下任务。

1. 设置数字形式、字体、对齐方式

1）表名"博夫曼科技有限公司工资表"设为黑体、18 号字、加粗，水平方向跨列居中，垂直方向居中。

- 首先选择 A1:N1 单元格，右击在快捷菜单中选择"设置单元格格式"，打开如图 5.31 所示的"单元格格式"对话框。
- 单击"对齐"选项卡，在其中进行设置，如图 5.32 所示。
- 单击"字体"选项卡，完成黑体、18 号字、加粗的设置。

2）"制表时间：2010 年 6 月"设为宋体、12 号字、倾斜，合并单元格后，水平方向靠右，垂直方向居中。

3）标题行设为宋体、12 号字、加粗，水平、垂直方向均居中。

 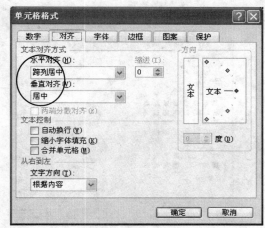

图 5.31 "单元格格式"对话框　　　　　　图 5.32　设置对齐方式

4）其余数据行（第 5～26 行）设为宋体、11 号字，水平、垂直方向均居中。

5）数字数据设为"货币"，2 位小数，无货币符号。选择数字数据区域（即 E5:N26 单元格），使用"单元格格式"对话框的"数字"选项卡进行设置，如图 5.33 所示。

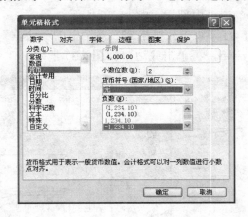

图 5.33　设置数字形式

2. 调整行高、列宽

1）表名所在行的行高为 30，标题行的行高为 25，其余数据行的行高为 20。

2）为"应税所得额"、"个人所得税"这两列设置最适合的列宽。

选择"应税所得额"、"个人所得税"这两列（即 L 列、M 列），单击菜单"格式"→"列"→"最适合的列宽"命令来实现列宽的调整。

3. 设置边框、底纹

（1）为标题行设置浅绿底纹

选择 A4:N4 单元格，利用"单元格格式"对话框的"图案"选项卡进行设置，如

图 5.34 所示。

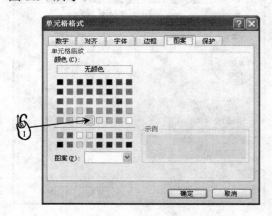

图 5.34 设置底纹

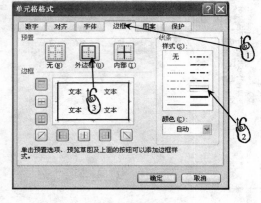

图 5.35 设置外边框为粗线

（2）设置外边框为粗线，内部为细线，标题行底边为双线

选择 A4:N26 单元格，打开"单元格格式"对话框的"边框"选项卡，单击"线条"区域中"样式"的粗线━━，再单击"外边框"，如图 5.35 所示；单击"线条"区域中"样式"的细线━━，再单击"内部"，如图 5.36 所示。

选择 A4:N4 单元格，打开"单元格格式"对话框的"边框"选项卡，单击"线条"区域中"样式"的双线════，再单击底边，如图 5.37 所示。

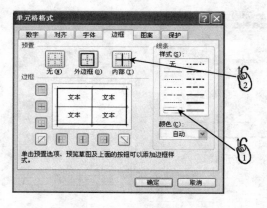

图 5.36 设置内部为细线

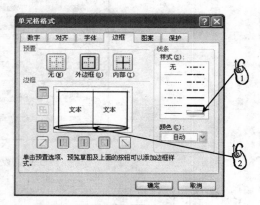

图 5.37 设置标题行底边为双线

4. 插入公司 Logo

公司的重要文档一般都需要添加公司的 Logo，操作步骤如下。

1）单击菜单"插入"→"图片"→"来自文件"命令，弹出"插入图片"对话框。

2）在该对话框中找到并选择文件"logo.gif"，单击"插入"按钮，如图 5.38 所示。

3）双击图片，选择"大小"选项卡，设置高度与宽度的比例均为 26%，如图 5.39 所示。

4）选中图片，将图片移到工资表左上角合适的位置。

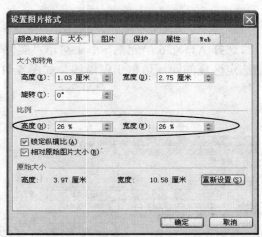

图 5.38　"插入图片"对话框　　　　　图 5.39　设置图片大小

任务 5　打印工资表

任务描述

进行打印区域设置、页面设置后，打印预览结果如图 5.40 所示。

图 5.40　工资表打印预览窗口

解决方案

1. 设置打印区域

选择 A1:N26 单元格，单击菜单"文件"→"打印区域"→"设置打印区域"命令，则选定区域的四周边框出现虚线，如图 5.41 所示。

图 5.41 设置打印区域

2. 页面设置

要求使用 A4 纸型，横向，缩放比例为 90%；左右页边距为 0.5，上下页边距为 1，页眉、页脚均为 0.8，水平居中；页脚使用"第 1 页，共？页"，10 号字，靠右对齐。

1）单击菜单"文件"→"页面设置"→"来自文件"命令，弹出"页面设置"对话框。

2）选择"页面"选项卡，设置如图 5.42 所示。

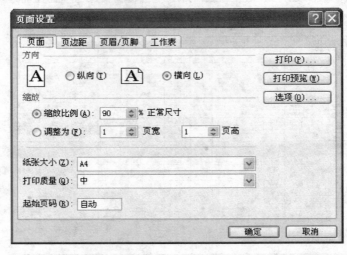

图 5.42 设置方向、缩放和纸张大小

3）选择"页边距"选项卡，设置如图 5.43 所示。

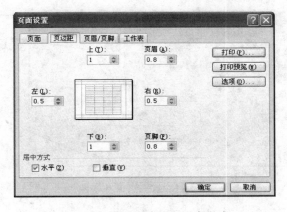

图 5.43　设置页边距和居中方式

4）选择"页眉/页脚"选项卡，设置页脚使用"第 1 页，共？页"，10 号字，靠右对齐，步骤如图 5.44 所示。

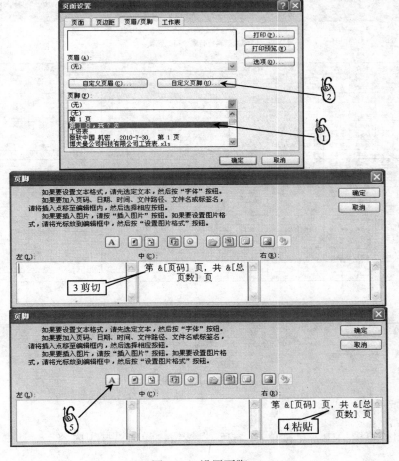

图 5.44　设置页脚

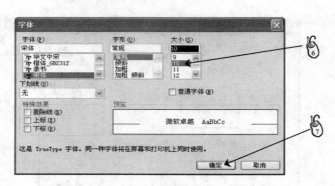

图 5.44　设置页脚（续）

3. 打印预览

单击工具栏的"打印预览"按钮，出现如图 5.45 所示的打印预览窗口。

员工编号	姓名	部门	职务	基本工资	职务津贴	午餐补贴	应发工资	失业保险	养老保险	医疗保险	应税所得额	个人所得税	实发工资
CW001	马一鸣	财务部	部门经理	4,000.00	2,000.00	250.00	6,250.00	40.00	320.00	80.00	3,810.00	446.50	5,363.50
CW002	崔静	财务部	职员	2,400.00	1,000.00	250.00	3,650.00	24.00	192.00	48.00	1,386.00	113.60	3,272.40
CW003	邹燕燕	财务部	职员	2,800.00	1,000.00	250.00	4,050.00	28.00	224.00	56.00	1,742.00	149.20	3,592.80
XZ001	范俊	行政部	部门经理	4,000.00	2,000.00	250.00	6,250.00	40.00	320.00	80.00	3,810.00	446.50	5,363.50
XZ002	王曦东	行政部	职员	2,600.00	1,000.00	250.00	3,850.00	26.00	208.00	52.00	1,564.00	131.40	3,432.60
XZ003	孙晓斌	行政部	职员	2,000.00	1,000.00	250.00	3,250.00	20.00	160.00	40.00	1,030.00	78.00	2,952.00
XZ004	钟青青	行政部	职员	3,000.00	1,000.00	250.00	4,250.00	30.00	240.00	60.00	1,920.00	167.00	3,753.00
XS001	赵文博	销售部	部门经理	5,000.00	2,000.00	250.00	7,250.00	50.00	400.00	100.00	4,700.00	580.00	6,120.00
XS002	王泽	销售部	职员	2,000.00	1,000.00	250.00	3,250.00	20.00	160.00	40.00	1,030.00	78.00	2,952.00
XS003	宋家明	销售部	职员	2,800.00	1,000.00	250.00	4,050.00	28.00	224.00	56.00	1,742.00	149.20	3,592.80
XS004	余伟	销售部	职员	4,000.00	1,000.00	250.00	5,250.00	40.00	320.00	80.00	2,810.00	296.50	4,513.50
XS005	杨世荣	销售部	职员	3,500.00	1,000.00	250.00	4,750.00	35.00	280.00	70.00	2,365.00	229.75	4,135.25
JS001	蒋晓舟	技术部	部门经理	6,000.00	2,000.00	250.00	8,250.00	60.00	480.00	120.00	5,590.00	743.00	6,847.00
JS002	李丽	技术部	工程师	4,400.00	1,500.00	250.00	6,150.00	44.00	352.00	88.00	3,666.00	424.90	5,241.10
JS003	鲁严	技术部	职员	3,000.00	1,000.00	250.00	4,250.00	30.00	240.00	60.00	1,920.00	167.00	3,753.00
JS004	潘明涛	技术部	工程师	4,000.00	1,500.00	250.00	5,750.00	40.00	320.00	80.00	3,310.00	371.50	4,938.50
JS005	赵晶彬	技术部	工程师	4,200.00	1,500.00	250.00	5,950.00	42.00	336.00	84.00	3,488.00	398.20	5,069.80
JS006	陈敏之	技术部	职员	3,600.00	1,000.00	250.00	4,850.00	36.00	288.00	72.00	2,454.00	243.10	4,210.90
KF001	郜心怡	客服部	部门经理	4,000.00	2,000.00	250.00	6,250.00	40.00	320.00	80.00	3,810.00	446.50	5,363.50
KF002	黄芳儿	客服部	职员	3,000.00	1,000.00	250.00	4,250.00	30.00	240.00	60.00	1,920.00	167.00	3,753.00
KF003	姚玲	客服部	职员	2,000.00	1,000.00	250.00	3,250.00	20.00	160.00	40.00	1,030.00	78.00	2,952.00
KF004	张雨涵	客服部	职员	2,200.00	1,000.00	250.00	3,450.00	22.00	176.00	44.00	1,208.00	95.80	3,112.20

博夫曼科技有限公司工资表

制表时间：2010年6月

第1页，共1页

图 5.45　打印预览窗口

4. 打印输出

在打印预览窗口中，直接单击"打印"按钮，弹出"打印内容"对话框，如图 5.46 所示。

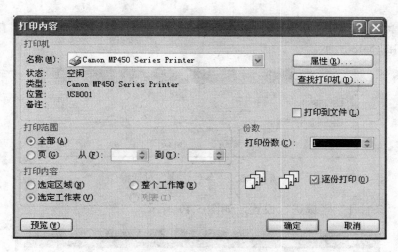

图 5.46　"打印内容"对话框

在该对话框中,可以设置打印范围是全部页或是某些页,设置打印内容是选定区域、选定工作表或整个工作簿,设置打印的份数。设置完毕,单击"确定"按钮则开始打印。

拓展知识

1. 按给定条件突出显示工资数据

要求实发工资多于 6000 的用红色字体显示,实发工资大于等于 5000 且小于等于 6000 的用蓝色字体显示,如图 5.47 所示。

员工编号	姓名	部门	职务	基本工资	职务津贴	午餐补贴	应发工资	失业保险	养老保险	医疗保险	应税所得额	个人所得税	实发工资
CW001	马一鸣	财务部	部门经理	4,000.00	2,000.00	250.00	6,250.00	40.00	320.00	80.00	3,810.00	446.50	5,363.50
CW002	崔静	财务部	职员	2,400.00	1,000.00	250.00	3,650.00	24.00	192.00	48.00	1,386.00	113.60	3,272.40
CW003	邹燕燕	财务部	职员	2,800.00	1,000.00	250.00	4,050.00	28.00	224.00	56.00	1,742.00	149.20	3,592.80
XZ001	范俊	行政部	部门经理	4,000.00	2,000.00	250.00	6,250.00	40.00	320.00	80.00	3,810.00	446.50	5,363.50
XZ002	王耀东	行政部	职员	2,600.00	1,000.00	250.00	3,850.00	26.00	208.00	52.00	1,564.00	131.40	3,432.60
XZ003	孙晓斌	行政部	职员	2,000.00	1,000.00	250.00	3,250.00	20.00	160.00	40.00	1,030.00	78.00	2,952.00
XZ004	钟青青	行政部	职员	2,000.00	1,000.00	250.00	3,250.00	30.00	240.00	60.00	1,920.00	167.00	3,753.00
XS001	赵文博	销售部	部门经理	5,000.00	2,000.00	250.00	7,250.00	50.00	400.00	100.00	4,700.00	580.00	6,120.00
XS002	王萍	销售部	职员	2,000.00	1,000.00	250.00	3,250.00	20.00	160.00	40.00	1,030.00	78.00	2,952.00
XS003	宋家明	销售部	职员	2,800.00	1,000.00	250.00	4,050.00	28.00	224.00	56.00	1,742.00	149.20	3,592.80
XS004	余伟	销售部	职员	4,000.00	1,000.00	250.00	5,250.00	40.00	320.00	80.00	2,810.00	296.50	4,513.50
XS005	杨世荣	销售部	职员	3,500.00	1,000.00	250.00	4,750.00	35.00	280.00	70.00	2,365.00	229.75	4,135.25
JS001	蒋晓舟	技术部	部门经理	6,000.00	2,000.00	250.00	8,250.00	60.00	480.00	120.00	5,590.00	743.00	6,847.00
JS002	李丽	技术部	工程师	4,400.00	1,500.00	250.00	6,150.00	44.00	352.00	88.00	3,666.00	424.90	5,241.10
JS003	鲁严	技术部	职员	3,000.00	1,000.00	250.00	4,250.00	30.00	240.00	60.00	1,920.00	167.00	3,753.00
JS004	潘明涛	技术部	工程师	4,000.00	1,500.00	250.00	5,750.00	40.00	320.00	80.00	3,310.00	371.50	4,938.50
JS005	赵昌彬	技术部	工程师	4,200.00	1,500.00	250.00	5,950.00	42.00	336.00	84.00	3,488.00	398.20	5,089.80
JS006	陈敏之	技术部	职员	3,600.00	1,000.00	250.00	4,850.00	36.00	288.00	72.00	2,454.00	243.10	4,210.90
KF001	郝心怡	客服部	部门经理	4,000.00	2,000.00	250.00	6,250.00	40.00	320.00	80.00	3,810.00	446.50	5,363.50
KF002	黄芳儿	客服部	职员	3,000.00	1,000.00	250.00	4,250.00	30.00	240.00	60.00	1,920.00	167.00	3,753.00
KF003	姚玲	客服部	职员	2,000.00	1,000.00	250.00	3,250.00	20.00	160.00	40.00	1,030.00	78.00	2,952.00
KF004	张雨涵	客服部	职员	2,200.00	1,000.00	250.00	3,450.00	22.00	176.00	44.00	1,208.00	95.80	3,112.20

博夫曼科技有限公司工资表

制表时间: 2010年6月

图 5.47　对实发工资应用条件格式

1）选择 N5:N26 单元格，单击菜单"格式"→"条件格式"命令，弹出"条件格式"对话框，如图 5.48 所示。

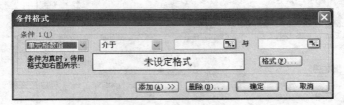

图 5.48　"条件格式"对话框

2）在"条件 1"区域进行设置，如图 5.49 所示。

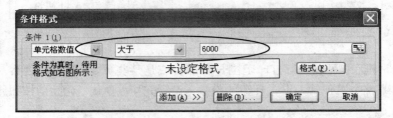

图 5.49　设置第一个条件

3）单击图 5.49 中的"格式"按钮，在弹出的"单元格格式"对话框中设置字体为蓝色，单击"确定"按钮，"条件格式"对话框中将呈现格式效果，如图 5.50 所示。

图 5.50　第一个条件格式设置完毕

4）单击图 5.50 中的"添加"按钮，在"条件 2"区域进行如图 5.51 的设置。

图 5.51　设置第二个条件

5）单击图 5.51 中的"格式"按钮，在弹出的"单元格格式"对话框中设置字体为红色，单击"确定"按钮，"条件格式"对话框中将呈现格式效果，如图 5.52 所示。单击图 5.52 中的"确定"按钮，关闭对话框。

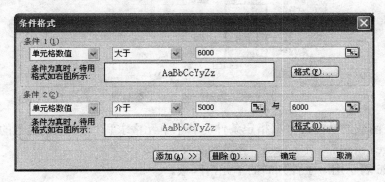

图 5.52 第二个条件格式设置完毕

2. 各部门实发工资小计

1）从 A34 单元格开始，创建如图 5.53 所示的表格。

	A	B	C	D
32				
33				
34	各部门实发工资小计：			
35	部门	工资总额	人均工资	
36	财务部			
37	行政部			
38	销售部			
39	技术部			
40	客服部			

图 5.53 创建"各部门实发工资小计"表格

2）计算财务部的实发工资总额。选择 B36 单元格，输入"=SUMIF($C$5:$C$26,A36, $N$5:$N$26)"并回车，得到财务部工资总额，如图 5.54 所示。然后用拖拽填充求出其他部门的实发工资总额，如图 5.55 所示。

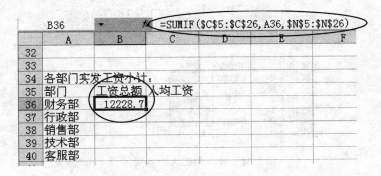

图 5.54 计算财务部的实发工资总额

图 5.55　各部门的实发工资总额

　　SUMIF 函数的功能是根据指定条件对若干单元格求和。SUMIF 函数的语法格式为 SUMIF (range,criteria,sum_range)，各参数含义如下。

- range 表示用于条件判断的单元格区域。
- criteria 表示确定哪些单元格将被相加求和的条件，其形式可以为数字、表达式或文本。例如，条件可以表示为 32、"32"、">32" 或 "apples"。
- sum_range 表示用于求和的实际单元格。

　　3）计算财务部的人均实发工资。选择 C36 单元格，输入 "=B36/COUNTIF ($C$5:$C$26,A36)" 并回车，得到财务部的人均工资，如图 5.56 所示。然后用拖拽填充求出其他部门的人均实发工资，如图 5.57 所示。

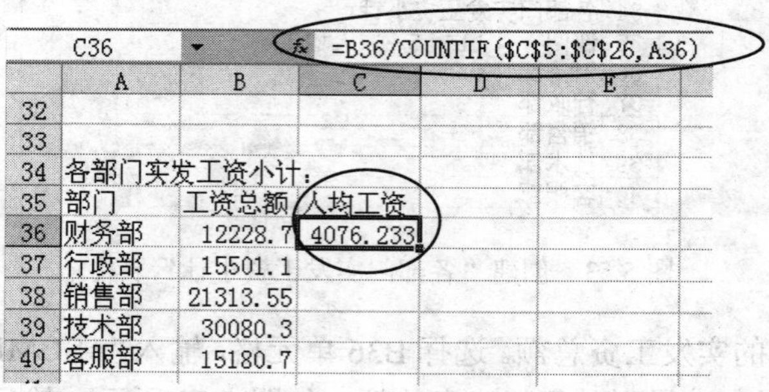

图 5.56　计算财务部的人均实发工资

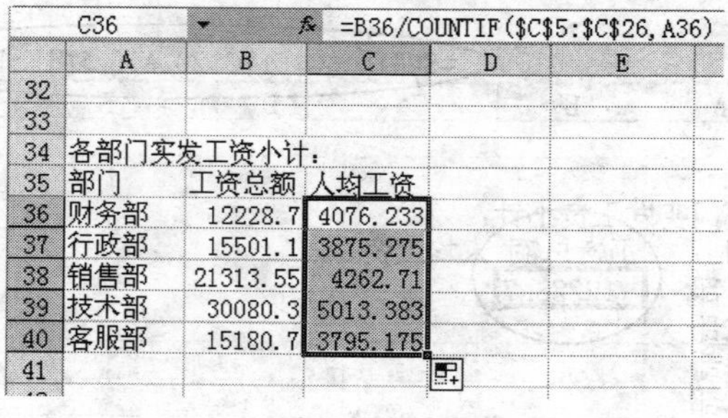

图 5.57　各部门的人均实发工资

　　COUNTIF 函数的功能是计算某个区域中满足给定条件的单元格的个数。COUNTIF

函数的语法格式为 COUNTIF（range,criteria），各参数的含义如下。

- rang 表示需要计算满足条件的单元格数目的单元格区域。
- criteria 表示确定哪些单元格将被计算在内的条件，其形式可以为数字、表达式或文本。

3. 全部员工实发工资小计

1）从 A43 单元格开始，创建如图 5.58 所示的表格。

2）计算实发工资总额，选择 B44 单元格，单击工具栏的 Σ 按钮，选择 N5:N26 单元格，单击输入按钮 ✔，如图 5.59 所示。

图 5.58 创建"全部员工实发工资小计"表格 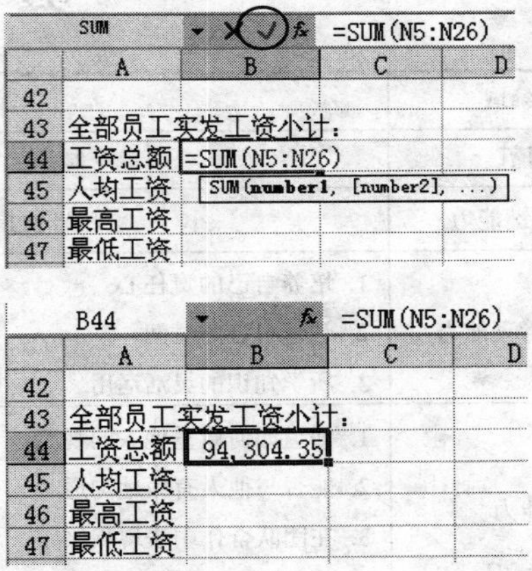　　　　图 5.59 计算实发工资总额

3）计算人均实发工资，选择 B45 单元格，单击工具栏的 Σ· 按钮的小黑三角，选择"平均值"命令，选择 N5:N26 单元格，单击输入按钮 ✔，如图 5.60 所示。

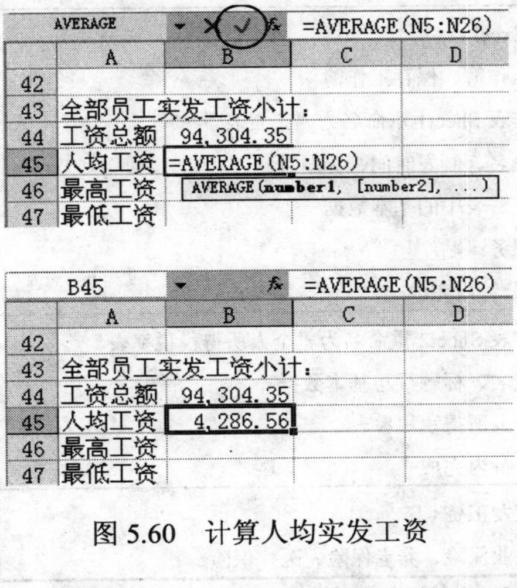

图 5.60 计算人均实发工资

4）计算最高实发工资、最低实发工资，所用的函数分别为 MAX（最大值）、MIN

（最小值），步骤可参考图 5.60，结果如图 5.61 所示。

	A	B	C
42			
43	全部员工实发工资小计：		
44	工资总额	94,304.35	
45	人均工资	4,286.56	
46	最高工资	6,847.00	
47	最低工资	2,952.00	

图 5.61　最高工资、最低工资结果

验 收 单

学习领域		计算机操作与应用			
项目五		制作工资表		学时	6
关键能力		评价指标	自测（在□中打√）		备注
基本能力测评	自我管理能力	1. 培养自己的责任心	□A　□B　□C		
		2. 管理自己的时间	□A　□B　□C		
		3. 所学知识的灵活运用	□A　□B　□C		
	沟通能力	1. 知道如何尊重他人的观点	□A　□B　□C		
		2. 能否与他人有效地沟通	□A　□B　□C		
		3. 在团队合作中表现积极	□A　□B　□C		
		4. 能获取信息并反馈信息	□A　□B　□C		
	解决问题能力	1. 学会使用信息资源	□A　□B　□C		
		2. 能发现并解决常规及特殊问题	□A　□B　□C		
	设计创新能力	1. 面对问题能根据现有的技能提出有价值的观点	□A　□B　□C		
		2. 使用不同的思维方式	□A　□B　□C		
业务能力测评	建立工资表	1. 启动 Excel	□A　□B　□C		
		2. 新建工作簿、保存工作簿	□A　□B　□C		
		3. 将工作表 Sheet1 重命名为"工资表"	□A　□B　□C		
		4. 输入表名、制表时间、标题行	□A　□B　□C		
		5. 输入工资表中的基本数据	□A　□B　□C		
		6. 输入职务津贴	□A　□B　□C		
		7. 在 11 分钟内完成	□A　□B　□C		
	建立个人所得税税率表	1. 将工作表 Sheet2 重命名为"个人所得税税率表"	□A　□B　□C		
		2. 输入表名、标题行与基本数据	□A　□B　□C		
		3. 美化个人所得税税率表	□A　□B　□C		
		4. 在 5 分钟内完成	□A　□B　□C		
	工资核算	1. 计算应发工资	□A　□B　□C		
		2. 计算失业保险、养老保险、医疗保险	□A　□B　□C		

续表

学习领域	计算机操作与应用		
项目五	制作工资表	学时	6
关键能力	评价指标	自测（在□中打√）	

	关键能力	评价指标	自测（在□中打√）
业务能力测评	工资核算	3. 计算应税所得额	□A　　□B　　□C
		4. 计算个人所得税	□A　　□B　　□C
		5. 计算实发工资	□A　　□B　　□C
		6. 在 16 分钟内完成	□A　　□B　　□C
	美化工资表	1. 设置数字形式、字体、对齐方式	□A　　□B　　□C
		2. 调整行高、列宽	□A　　□B　　□C
		3. 设置边框、底纹	□A　　□B　　□C
		4. 在 8 分钟内完成	□A　　□B　　□C
	打印工资表	1. 设置打印区域	□A　　□B　　□C
		2. 页面设置	□A　　□B　　□C
		3. 打印预览	□A　　□B　　□C
		4. 打印输出	□A　　□B　　□C
		5. 在 5 分钟内完成	□A　　□B　　□C

教师评语			
成绩		教师签字	

课 后 实 践

一、选择题

1. 在 Excel 工作表的单元格中输入公式时，应先输入_____号。

A. '　　　　　　B. "　　　　　　C. &　　　　　　D. =

2. 在 Excel 中，在打印学生成绩单时，对不及格的成绩用醒目的方式表示（如用红色表示等），当要处理大量的学生成绩时，利用_____命令最为方便。

A. 查找　　　　B. 条件格式　　　C. 数据筛选　　　D. 定位

3. 在 Excel 中，A1 单元格设定其数字格式为整数，当输入"33.51"时，显示为_____。

A. 33.51　　　B. 33　　　　　C. 34　　　　　D. ERROR

4. 如要关闭工作簿，但不想退出 Excel，可以单击_____。

A. "文件"菜单中的"关闭"命令　　　　B. "文件"菜单中的"退出"命令

C. 关闭 Excel 窗口的按钮☒　　　　　　D. "窗口"菜单中的"隐藏"命令

5. 在 Excel 工作表中，当前单元格只能是_____。

A. 选中的一列　　　　　B. 单元格指针选定的一个

C. 选中的一行　　　　　D. 选中的区域

6. 当向 Excel 工作表单元格输入公式时，使用单元格地址 D$2 引用 D 列 2 行单元格，该单元格的引用称为_____。

    A. 交叉地址引用   B. 混合地址引用

    C. 相对地址引用   D. 绝对地址引用

7. 在 Excel 中，一个工作表是由_____组成。

    A. 65535 行和 255 列   B. 65536 行和 255 列

    C. 65535 行和 256 列   D. 65536 行和 256 列

8. 在 Excel 中，使用格式刷将格式样式从一个单元格传送到另一个单元格，其步骤为_____。

    1）选择新的单元格并单击它

    2）选择想要复制格式的单元格

    3）单击"常用"工具栏的"格式刷"按钮

    A. 1）2）3）   B. 2）1）3）   C. 1）3）2）   D. 2）3）1）

9. 在 Excel 中，B2 单元内容为"李四"，C2 单元内容为"97"，要使 D2 单元内容为"李四成绩为97"，则 D2 单元应输入_____。

    A. =B2"成绩为"+C2   B. =B2&成绩为&C2

    C. =B2&"成绩为" &C2   D. B2"成绩为"&C2

10. Excel 中，随机函数 RAND()将产生一个_____之间的数值。

    A. 1～99   B. 0～100   C. 1～10   D. 0～1

二、问答题

1. Excel 中数据清除和数据删除有什么区别？

2. 如何将其他工作簿中的工作表复制到当前工作簿中？

3. 如何取消打印区域设置？当报表较长或较宽时，应如何进行页面设置？

4. 单元格的相对引用、绝对引用和混合引用有什么区别？

5. 使用常用工具栏的自动求和按钮时，应如何选择区域？

三、操作题

1. 创建一个新的工作簿，保存在"D:\习题"文件夹中，文件名为"销售统计表.xls"，在 Sheet1 中输入如图 5.62 所示的数据。

图 5.62　各部门销售情况统计表

完成以下操作。

（1）将工作表标签 Sheet1 改名为"销售表"。复制"销售表"到 Sheet3 后面，并将工作表标签改名为"原始销售表"，将"原始销售表"移动到"销售表"前面。

（2）在"销售表"中的部门 C 下一行插入部门 D 的数据，数据自定。

（3）将"销售表"进行格式化。表格标题"各部门销售情况统计表"在 A1:E1 单元格跨列居中，华文行楷，20 号。

（4）在"销售表"中，根据销售额与成本计算各部门的利润与利润率，接着求出销售额、成本、利润及利润率的合计与平均值。

（5）对"销售表"使用自动套用格式"三维效果 1"。

（6）当利润率小于或等于 10%时，该单元格显示为"红色背景，黄色文字"，表示经营状态已经突破底线；当利润率大于 100%时，该单元格显示为"蓝色背景，红色文字"，表示经营状态不正常。

2. 根据图 5.63 制作相应的表格，自行设置单元格格式，要求美观、清晰。

图 5.63 博夫曼科技有限公司报价单

3. 创建一个新的工作簿，保存在"D:\习题"文件夹中，文件名为"培训成绩表.xls"，在 Sheet1 中输入如图 5.64 所示的数据。注意培训日期与编号的输入方法，运用自动填充。

培训日期	编号	姓名	性别	培训课程						平均分	总分	名次
				企业文化	规章制度	营销策略	客户服务	商务礼仪	产品演示			
2010-8-8	1	赵宏	男	86	80	83	85	88	79			
2010-8-8	2	钱涛	男	72	76	84	82	80	76			
2010-8-8	3	孙远红	女	82	77	80	81	79	66			
2010-8-8	4	李伟海	男	81	88	79	86	89	85			
2010-8-8	5	周丽	女	88	82	82	85	90	82			
2010-8-8	6	吴冰冰	女	91	92	91	95	93	94			
2010-8-8	7	郑宁	女	82	79	90	84	83	80			
2010-8-8	8	王建	男	90	86	96	90	95	91			
2010-8-8	9	张雪儿	女	78	82	85	80	86	78			
2010-8-8	10	白戈	男	80	76	83	78	75	81			
2010-8-8	11	郭舒愉	女	85	78	67	79	83	80			
2010-8-8	12	施子默	男	84	83	85	87	85	65			
课程的最高分												
课程的最低分												
课程的第二高分												
课程的第二低分												

学员总人数：
男性学员人数： 女性学员人数：
男性学员的总分合计： 女性学员的总分合计：
男性学员的平均分： 女性学员的平均分：

图 5.64　培训成绩表

完成以下操作。

（1）计算每位学员的平均分、总分与名次。

（2）计算各门培训课程的最高分、最低分、第二高分与第二低分。

（3）计算学员的总人数、男性学员人数、女性学员人数。

（4）计算男性学员的总分与平均分、女性学员的总分与平均分。

提　示

灵活使用函数 AVERAGE、SUM、RANK、MAX、MIN、LARGE、SMALL、COUNT、COUNTA、COUNTIF、SUMIF 等。

项目六

处理销售数据

处理销售数据是日常工作中的一项重要内容。可通过 Excel 将每一笔销售情况记录下来，并进行销售记录排序、筛选、统计、分析等工作，如每天每种商品的销售额，每个销售代表的销售情况等，从而获取有用的信息，以此为据，合理安排商品、资金的流动。销售数据的处理（以博夫曼科技有限公司商品销售表为例）一般包括建立商品销售表、利用排序功能处理数据、利用分类汇总功能统计数据、利用图表直观比较数据、利用筛选功能查询数据，以及利用数据透视表深入分析数据等。

任务 1 建立商品销售表

任务描述

建立商品销售表，包括表名、标题行，及各行销售记录（即具体的序号、商品编号、所属类别、商品名称、型号、单价、数量、金额、销售代表、销售日期），并设置单元格格式，添加表格边框，如图 6.1 所示。

	A	B	C	D	E	F	G	H	I	J
1				博夫曼科技有限公司商品销售表						
2	序号	商品编号	所属类别	商品名称	型号	单价	数量	金额	销售代表	销售日期
3	1	FPCXSE0023	蓝想系列	服务器	T1U	13,200.00	2	26,400.00	王萍	2009-1-1
4	2	FPCXPT0028	蓝想系列	打印机	5L	498.00	3	1,494.00	杨世荣	2009-1-1
5	3	FPCXMT0008	蓝想系列	网络产品	SW02	550.00	3	1,650.00	宋家明	2009-1-1
6	4	FPKQ0060	办公设备	宝时电脑考勤机	FK158	1,680.00	4	6,720.00	余伟	2009-1-1
7	5	FPH60082	办公耗材	墨盒	S600	68.00	3	204.00	余伟	2009-1-1
8	6	FPH80090	办公耗材	碳粉	CL46	18.00	5	90.00	杨世荣	2009-1-1
9	7	FPCXPC0002	蓝想系列	家用电脑	S510X	5,950.00	1	5,950.00	王萍	2009-1-1
10	8	FPCXNT0014	蓝想系列	X系列笔记本	X520D	7,450.00	3	22,350.00	王萍	2009-1-2
11	9	FPCXSE0024	蓝想系列	服务器	NAS	5,000.00	3	15,000.00	宋家明	2009-1-2
12	10	FPCXPT0029	蓝想系列	打印机	LB3	728.00	3	2,184.00	王萍	2009-1-2
13	11	FPCXMT0009	蓝想系列	网络产品	RT89	1,499.00	2	2,998.00	杨世荣	2009-1-2
14	12	FPTY0054	办公设备	明基投影仪	RCE9	3,980.00	1	3,980.00	杨世荣	2009-1-2
15	13	FPKQ0061	办公设备	宝时电脑考勤机	ET40	390.00	2	780.00	余伟	2009-1-2
16	14	FPH60083	办公耗材	墨盒	P375R	26.00	4	104.00	余伟	2009-1-2
17	15	FPCXNT0015	蓝想系列	X系列笔记本	X290E	4,900.00	3	14,700.00	宋家明	2009-1-3
18	16	FPCXSE0025	蓝想系列	服务器	V202	6,300.00	6	37,800.00	杨世荣	2009-1-3
19	17	FPCXPT0030	蓝想系列	打印机	EP	750.00	5	3,750.00	宋家明	2009-1-3
20	18	FPCXNP0050	蓝想系列	网络产品	ISDN8	850.00	2	1,700.00	宋家明	2009-1-3
21	19	FPSM0055	办公设备	紫光扫描仪	V70	350.00	1	350.00	宋家明	2009-1-3
22	20	FPH60084	办公耗材	墨盒	18C0	168.00	1	168.00	余伟	2009-1-3

图 6.1 销售表

解决方案

（1）新建工作簿、保存工作簿

新建一个 Excel 工作簿，将其保存为"博夫曼科技有限公司商品销售表.xls"。

（2）将工作表"Sheet1"重命名为"原始数据"

双击工作表标签"Sheet1"，将其改名为"原始数据"。

（3）输入表名、标题行

在原始数据表的 A1 单元格输入表名"博夫曼科技有限公司商品销售表"，在 A2:J2 单元格依次输入标题行的各项，包括"序号"、"商品编号"、"所属类别"、"商品名称"、"型号"、"单价"、"数量"、"金额"、"销售代表"、"销售日期"，如图 6.2 所示。

	A	B	C	D	E	F	G	H	I	J
1	博夫曼科技有限公司商品销售表									
2	序号	商品编号	所属类别	商品名称	型号	单价	数量	金额	销售代表	销售日期

图 6.2　输入表名、标题行

（4）设置单元格格式

1）设置第 1 行的行高为 30，第 2 行的行高为 20。

2）选择 A1:J1 单元格，设为合并及居中；选择 A 列～J 列，设置水平居中、垂直居中。

3）表名的字体为黑体，16 号字，加粗；标题行的字体为宋体，12 号字，加粗；其余行用 11 号字。

4）为标题行设置浅青绿色的底纹：选择 A2:J2 单元格，单击工具栏的"填充颜色"按钮 右边的小黑三角，在弹出的调色板（如图 6.3 所示）中选择浅青绿，则可将底纹颜色设为浅青绿，如图 6.4 所示。

图 6.3　调色板　　　　　　　　　　图 6.4　设置了单元格格式的销售表

5）"单价"、"金额"这两列的数字数据设为"货币"，2 位小数，无货币符号。

（5）应用条件格式为标题行与销售记录行设置实线边框

在实际工作中，从第 3 行开始输入销售记录。为清楚区分各行销售记录，应将标题行与所有销售记录行添加实线边框，而目前不知道销售记录有多少行，所以，借助条件格式来设置边框。操作过程为：选择 A～J 列，单击"格式"→"条件格式"命令，打开"条件格式"对话框，选择"公式"，输入"=row()>1"。单击"格式"按钮，打开"单元格格式"对话框，单击"外边框"，选择"样式"列表框中的实线，依次单击"确定"按钮，直至关闭"条件格式"对话框。步骤及设置效果如图 6.5 所示。

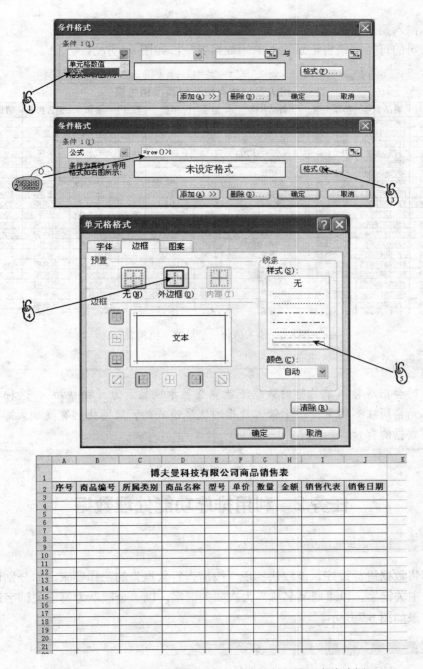

图 6.5　应用条件格式为标题行与销售记录行设置实线边框

关键点在于所用的公式"=row()>1"，该公式的作用是判断被选区域的行号是否大于 1。

ROW 函数的功能是返回引用的行号。Row 函数的语法格式为 ROW(reference)。其中，reference 表示需要得到其行号的单元格或单元格区域；如果省略 reference，则假定是对函数 ROW 所在单元格的引用。

（6）输入销售记录

将公司的每一笔销售记录输入原始数据表中，如图 6.6 所示。

序号	商品编号	所属类别	商品名称	型号	单价	数量	金额	销售代表	销售日期
			博夫曼科技有限公司商品销售表						
1	FPCXSE0023	蓝想系列	服务器	T1U	13,200.00	2	26,400.00	王萍	2009-1-1
2	FPCXPT0028	蓝想系列	打印机	5L	498.00	3	1,494.00	杨世荣	2009-1-1
3	FPCXMT0008	蓝想系列	网络产品	SW02	550.00	3	1,650.00	宋家明	2009-1-1
4	FPKQ0060	办公设备	宝时电脑考勤机	FK158	1,680.00	4	6,720.00	余伟	2009-1-1
5	FPH60082	办公耗材	墨盒	S600	68.00	3	204.00	余伟	2009-1-1
6	FPH80090	办公耗材	碳粉	CL46	18.00	5	90.00	杨世荣	2009-1-1
7	FPCXPC0002	蓝想系列	家用电脑	S510X	5,950.00	1	5,950.00	王萍	2009-1-1
8	FPCXNT0014	蓝想系列	X系列笔记本	X520D	7,450.00	3	22,350.00	王萍	2009-1-2
9	FPCXSE0024	蓝想系列	服务器	NAS	5,000.00	3	15,000.00	宋家明	2009-1-2
10	FPCXPT0029	蓝想系列	打印机	LB3	728.00	3	2,184.00	王萍	2009-1-2
11	FPCXMT0009	蓝想系列	网络产品	RT89	1,499.00	2	2,998.00	杨世荣	2009-1-2
12	FPTY0054	办公设备	明基投影仪	RCE9	3,980.00	1	3,980.00	杨世荣	2009-1-2
13	FPKQ0061	办公设备	宝时电脑考勤机	ET40	390.00	2	780.00	余伟	2009-1-2
14	FPH60083	办公耗材	墨盒	P375R	26.00	4	104.00	余伟	2009-1-2
15	FPCXNT0015	蓝想系列	X系列笔记本	X290E	4,900.00	3	14,700.00	宋家明	2009-1-3
16	FPCXSE0025	蓝想系列	服务器	V202	6,300.00	6	37,800.00	杨世荣	2009-1-3
17	FPCXPT0030	蓝想系列	打印机	EP	750.00	5	3,750.00	宋家明	2009-1-3
18	FPCXNP0050	蓝想系列	网络产品	ISDN8	850.00	2	1,700.00	宋家明	2009-1-3
19	FPSM0055	办公设备	紫光扫描仪	V70	350.00	1	350.00	宋家明	2009-1-3
20	FPH60084	办公耗材	墨盒	18C0	168.00	1	168.00	余伟	2009-1-3

图 6.6　输入销售记录后的"销售表"

操作技巧

有时会出现输入单元格的数据不能完整显示或显示为"######"，这种情况是由于单元格所在列的宽度小于输入数据的宽度造成的，只需将列宽度加大即可，并不影响数据的存放。

任务 2　利用排序功能处理数据

任务描述

对销售数据进行排序，能较快实现"按需查看数据"的工作要求，如分别以"所属类别"为主关键字，以"商品名称"为次要关键字，以"金额"为第三关键字进行升序排序，结果如图 6.7 所示。

解决方案

目前，原始数据表中的销售记录是依照序号逐行添加的。为了将相同类别、相同名称的销售记录按照金额的高低有序排列，可以利用 Excel 的排序功能。

为了不影响原有销售记录，将原始数据表复制，并命名为"排序"。单击"排序"表中的任一数据单元格，选择菜单"数据"→"排序"命令，打开"排序"对话框，如图 6.8 所示。关键在于通过"排序"对话框中的下拉列表选择合适的主要关键字、次要关键字、第三关键字。排序方式可以是"升序"或"降序"，这里选择了"升序"。

序号	商品编号	所属类别	商品名称	型号	单价	数量	金额	销售代表	销售日期
48	FPH20075	办公耗材	传真纸	XGP	5.00	1	5.00	余伟	2009-1-7
114	FPH20075	办公耗材	传真纸	XGP	5.00	1	5.00	余伟	2009-1-18
234	FPH20075	办公耗材	传真纸	XGP	5.00	1	5.00	余伟	2009-2-7
300	FPH20075	办公耗材	传真纸	XGP	5.00	1	5.00	余伟	2009-2-18
415	FPH20075	办公耗材	传真纸	XGP	5.00	1	5.00	余伟	2009-3-7
481	FPH20075	办公耗材	传真纸	XGP	5.00	1	5.00	余伟	2009-3-18
601	FPH20075	办公耗材	传真纸	XGP	5.00	1	5.00	余伟	2009-4-7
667	FPH20075	办公耗材	传真纸	XGP	5.00	1	5.00	余伟	2009-4-18
780	FPH20075	办公耗材	传真纸	XGP	5.00	1	5.00	余伟	2009-5-7
846	FPH20075	办公耗材	传真纸	XGP	5.00	1	5.00	余伟	2009-5-18
977	FPH20075	办公耗材	传真纸	XGP	5.00	1	5.00	余伟	2009-6-8
1032	FPH20075	办公耗材	传真纸	XGP	5.00	1	5.00	余伟	2009-6-18
1156	FPH20075	办公耗材	传真纸	XGP	5.00	1	5.00	余伟	2009-7-8
1211	FPH20075	办公耗材	传真纸	XGP	5.00	1	5.00	余伟	2009-7-18
1366	FPH20075	办公耗材	传真纸	XGP	5.00	1	5.00	余伟	2009-9-9
1494	FPH20075	办公耗材	传真纸	XGP	5.00	1	5.00	余伟	2009-10-8
1557	FPH20075	办公耗材	传真纸	XGP	5.00	1	5.00	余伟	2009-10-18
1681	FPH20075	办公耗材	传真纸	XGP	5.00	1	5.00	余伟	2009-11-8
1744	FPH20075	办公耗材	传真纸	XGP	5.00	1	5.00	余伟	2009-11-18
1863	FPH20075	办公耗材	传真纸	XGP	5.00	1	5.00	余伟	2009-12-8
1926	FPH20075	办公耗材	传真纸	XGP	5.00	1	5.00	余伟	2009-12-18
178	FPH20074	办公耗材	传真纸	NWZ	8.50	1	8.50	余伟	2009-1-31
323	FPH20074	办公耗材	传真纸	NWZ	8.50	1	8.50	余伟	2009-2-20
545	FPH20074	办公耗材	传真纸	NWZ	8.50	1	8.50	余伟	2009-3-30
731	FPH20074	办公耗材	传真纸	NWZ	8.50	1	8.50	余伟	2009-4-30
910	FPH20074	办公耗材	传真纸	NWZ	8.50	1	8.50	余伟	2009-5-30

图 6.7　排序结果

图 6.8　使用排序功能

操作技巧

因"排序"表中有 2005 行销售记录，为了方便地查看表中数据，在滚动该表时保持标题行的可见，则应使用冻结窗格功能。

1）选择第 3 行。

2）单击菜单"窗口"→"冻结窗格"命令可冻结窗格。

3）单击菜单"窗口"→"取消冻结窗格"命令，可取消冻结窗格。

适当地滚动表格，可以更清楚地看到销售记录的排序状况，如图 6.9 所示。

	A	B	C	D	E	F	G	H	I	J
1	博夫曼科技有限公司商品销售表									
2	序号	商品编号	所属类别	商品名称	型号	单价	数量	金额	销售代表	销售日期
33	1621	FPH20074	办公耗材	传真纸	NWZ	8.50	1	8.50	余伟	2009-10-30
34	1808	FPH20074	办公耗材	传真纸	NWZ	8.50	1	8.50	余伟	2009-11-30
35	1990	FPH20074	办公耗材	传真纸	NWZ	8.50	1	8.50	余伟	2009-12-30
36	58	FPH20076	办公耗材	传真纸	YH	4.30	6	25.80	余伟	2009-1-9
37	122	FPH20076	办公耗材	传真纸	YH	4.30	6	25.80	余伟	2009-1-19
38	244	FPH20076	办公耗材	传真纸	YH	4.30	6	25.80	余伟	2009-2-9
39	308	FPH20076	办公耗材	传真纸	YH	4.30	6	25.80	余伟	2009-2-19
40	425	FPH20076	办公耗材	传真纸	YH	4.30	6	25.80	余伟	2009-3-9
41	489	FPH20076	办公耗材	传真纸	YH	4.30	6	25.80	余伟	2009-3-19
42	611	FPH20076	办公耗材	传真纸	YH	4.30	6	25.80	余伟	2009-4-9
43	675	FPH20076	办公耗材	传真纸	YH	4.30	6	25.80	余伟	2009-4-19
44	790	FPH20076	办公耗材	传真纸	YH	4.30	6	25.80	余伟	2009-5-9
45	854	FPH20076	办公耗材	传真纸	YH	4.30	6	25.80	余伟	2009-5-19
46	984	FPH20076	办公耗材	传真纸	YH	4.30	6	25.80	余伟	2009-6-9
47	1040	FPH20076	办公耗材	传真纸	YH	4.30	6	25.80	余伟	2009-6-19
48	1163	FPH20076	办公耗材	传真纸	YH	4.30	6	25.80	余伟	2009-7-9
49	1219	FPH20076	办公耗材	传真纸	YH	4.30	6	25.80	余伟	2009-7-19
50	1501	FPH20076	办公耗材	传真纸	YH	4.30	6	25.80	余伟	2009-10-9
51	1565	FPH20076	办公耗材	传真纸	YH	4.30	6	25.80	余伟	2009-10-19
52	1688	FPH20076	办公耗材	传真纸	YH	4.30	6	25.80	余伟	2009-11-9
53	1752	FPH20076	办公耗材	传真纸	YH	4.30	6	25.80	余伟	2009-11-19
54	1870	FPH20076	办公耗材	传真纸	YH	4.30	6	25.80	余伟	2009-12-9
55	1934	FPH20076	办公耗材	传真纸	YH	4.30	6	25.80	余伟	2009-12-19
56	65	FPH30077	办公耗材	打印纸	A4	18.00	2	36.00	余伟	2009-1-10
57	129	FPH30077	办公耗材	打印纸	A4	18.00	2	36.00	余伟	2009-1-20
58	186	FPH30077	办公耗材	打印纸	A4	18.00	2	36.00	余伟	2009-1-31
59	251	FPH30077	办公耗材	打印纸	A4	18.00	2	36.00	余伟	2009-2-20
60	315	FPH30077	办公耗材	打印纸	A4	18.00	2	36.00	余伟	2009-2-20
61	335	FPH30077	办公耗材	打印纸	A4	18.00	2	36.00	余伟	2009-2-21
62	432	FPH30077	办公耗材	打印纸	A4	18.00	2	36.00	余伟	2009-3-10

图 6.9　滚动表格查看排序的结果

任务 3　利用分类汇总功能统计数据

任务描述

　　分类汇总的操作可将表格中的数据按照某列分类，并对每类数据进行统计计算，更便捷地获取所需的信息，如利用分类汇总功能统计不同"所属类别"商品的销售总额，结果如图 6.10 所示。

1 2 3		A	B	C	D	E	F	G	H	I	J
	1	博夫曼科技有限公司商品销售表									
	2	序号	商品编号	所属类别	商品名称	型号	单价	数量	金额	销售代表	销售日期
	3	48	FPH20075	办公耗材	传真纸	XGP	5.00	1	5.00	余伟	2009-1-7
	4	114	FPH20075	办公耗材	传真纸	XGP	5.00	1	5.00	余伟	2009-1-18
	5	234	FPH20075	办公耗材	传真纸	XGP	5.00	1	5.00	余伟	2009-2-7
	6	300	FPH20075	办公耗材	传真纸	XGP	5.00	1	5.00	余伟	2009-2-18
	7	415	FPH20075	办公耗材	传真纸	XGP	5.00	1	5.00	余伟	2009-3-7
	8	481	FPH20075	办公耗材	传真纸	XGP	5.00	1	5.00	余伟	2009-3-18
	9	601	FPH20075	办公耗材	传真纸	XGP	5.00	1	5.00	余伟	2009-4-7
	10	667	FPH20075	办公耗材	传真纸	XGP	5.00	1	5.00	余伟	2009-4-18
	11	780	FPH20075	办公耗材	传真纸	XGP	5.00	1	5.00	余伟	2009-5-7
	12	846	FPH20075	办公耗材	传真纸	XGP	5.00	1	5.00	余伟	2009-5-18
	13	977	FPH20075	办公耗材	传真纸	XGP	5.00	1	5.00	余伟	2009-6-8
	14	1032	FPH20075	办公耗材	传真纸	XGP	5.00	1	5.00	余伟	2009-6-18
	15	1156	FPH20075	办公耗材	传真纸	XGP	5.00	1	5.00	余伟	2009-7-8
	16	1211	FPH20075	办公耗材	传真纸	XGP	5.00	1	5.00	余伟	2009-7-18
	17	1366	FPH20075	办公耗材	传真纸	XGP	5.00	1	5.00	余伟	2009-9-9
	18	1494	FPH20075	办公耗材	传真纸	XGP	5.00	1	5.00	余伟	2009-10-8
	19	1557	FPH20075	办公耗材	传真纸	XGP	5.00	1	5.00	余伟	2009-10-18

（a）三级分类汇总结果

图 6.10　三级分类汇总结果和二级分类汇总结果

1 2 3		A	B	C	D	E	F	G	H	I	J
	1				博夫曼科技有限公司商品销售表						
	2	序号	商品编号	所属类别	商品名称	型号	单价	数量	金额	销售代表	销售日期
+	392			办公耗材 汇总					73,283.20		
+	798			办公设备 汇总					1,546,342.00		
+	2010			蓝想系列 汇总					14,593,123.00		
	2011			总计					16,212,748.20		
	2012										
	2013										

（b）二级分类汇总结果

图 6.10   三级分类汇总结果和二级分类汇总结果（续）

解决方案

分类汇总是指对表格中的数据按照某个字段（列）进行分类，并对每类数据进行统计计算，如求和、计数、求平均值、求最大值、求最小值等。通过分类汇总，能便捷地获取所需的信息。

在分类汇总前，必须先对数据进行排序，排序的关键字就是分类的字段。

如果要统计不同"所属类别"的销售总额，可先将排序表复制，并命名为"分类汇总"。因该表已按照"所属类别"排序，所以单击任一数据单元格，选择菜单"数据"→"分类汇总"命令，打开"分类汇总"对话框，进行相应设置，如图 6.11 所示。

分类汇总的结果如图 6.12 所示。

图 6.11   使用分类汇总功能

1 2 3		A	B	C	D	E	F	G	H	I	J
	1				博夫曼科技有限公司商品销售表						
	2	序号	商品编号	所属类别	商品名称	型号	单价	数量	金额	销售代表	销售日期
·	3		FPH20075	办公耗材	传真纸	XGP	5.00	1	5.00	余伟	2009-1-7
·	4	1	FPH20075	办公耗材	传真纸	XGP	5.00	1	5.00	余伟	2009-1-18
·	5		FPH20075	办公耗材	传真纸	XGP	5.00	1	5.00	余伟	2009-2-7
·	6		FPH20075	办公耗材	传真纸	XGP	5.00	1	5.00	余伟	2009-2-18
·	7		FPH20075	办公耗材	传真纸	XGP	5.00	1	5.00	余伟	2009-3-7
·	8	481	FPH20075	办公耗材	传真纸	XGP	5.00	1	5.00	余伟	2009-3-18
·	9	601	FPH20075	办公耗材	传真纸	XGP	5.00	1	5.00	余伟	2009-4-7
·	10	667	FPH20075	办公耗材	传真纸	XGP	5.00	1	5.00	余伟	2009-4-18
·	11	780	FPH20075	办公耗材	传真纸	XGP	5.00	1	5.00	余伟	2009-5-7
·	12	846	FPH20075	办公耗材	传真纸	XGP	5.00	1	5.00	余伟	2009-5-18
·	13	977	FPH20075	办公耗材	传真纸	XGP	5.00	1	5.00	余伟	2009-6-18
·	14	1032	FPH20075	办公耗材	传真纸	XGP	5.00	1	5.00	余伟	2009-6-18
·	15	1156	FPH20075	办公耗材	传真纸	XGP	5.00	1	5.00	余伟	2009-7-8
·	16	1211	FPH20075	办公耗材	传真纸	XGP	5.00	1	5.00	余伟	2009-7-18
·	17	1366	FPH20075	办公耗材	传真纸	XGP	5.00	1	5.00	余伟	2009-9-9
·	18	1494	FPH20075	办公耗材	传真纸	XGP	5.00	1	5.00	余伟	2009-10-8
·	19	1557	FPH20075	办公耗材	传真纸	XGP	5.00	1	5.00	余伟	2009-10-18

（框内文字：分级显示按钮）

图 6.12   分类汇总的结果

分别单击图 6.12 中的一级分级显示按钮 1 、二级分级显示按钮 2 、三级分级显示按钮 3 ，可显示各级分类汇总结果。如单击二级分级显示按钮后，显示结果如图 6.13 所示。

1 2 3		A	B	C	D	E	F	G	H	I	J
1					博夫曼科技有限公司商品销售表						
2		序号	商品编号	所属类别	商品名称	型号	单价	数量	金额	销售代表	销售日期
		392		办公耗材 汇总					73,283.20		
		798		办公设备 汇总					1,546,342.00		
		2010		蓝想系列 汇总					14,593,123.00		
		2011		总计					16,212,748.20		
		2012									
		2013									

图 6.13　二级分类汇总结果

操作技巧

　　若要删去分类汇总结果，单击"分类汇总"对话框的"全部删除"按钮即可。

任务 4　利用图表直观比较数据

任务描述

　　图表因其直观性与生动性，是数据比较、分析的一大"利器"。例如可以基于分类汇总结果创建三维分离型饼图，并修改该图，使其兼有美观性和准确性，结果如图 6.14所示。

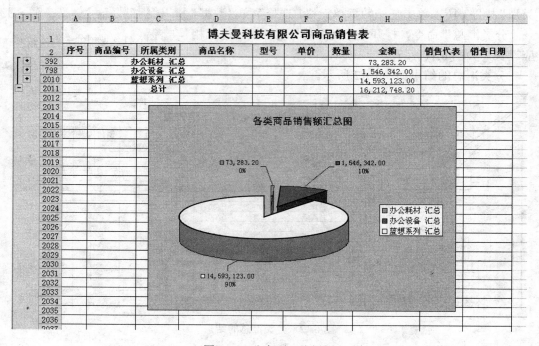

图 6.14　分离型三维饼图

　　在之前的分类汇总结果中，虽能清楚地看到各类商品的销售金额总和，但不便于比较各类商品销售额在所有商品销售额中占有的百分比。为此，可根据二级分类汇总结果创建图表，要求如下。

1）图表类型为分离型三维饼图。

2）数据系列产生在列。

3）图表标题为"各类商品销售额汇总图"，数据标志包括值、百分比，分隔符为新行，有图例项标志，显示引导线。

4）将图表作为其中的对象插入"分类汇总"表中。

解决方案

1. 选择图表类型为分离型三维饼图

选择"分类汇总"表内的任一空白单元格，单击工具栏的"图表向导"按钮，打开"标准类型"选项卡。在"图表类型"列表框中选择"饼图"，在"子图表类型"列表框中选择"分离型三维饼图"，单击"下一步"按钮，如图 6.15 所示。

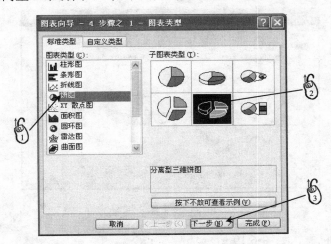

图 6.15　选择分离型三维饼图

2. 设置图表源数据

1）在"图表向导－4 步骤之 2－图表数据源"对话框中选中"数据区域"选项卡，如图 6.16 所示。

2）按住 Ctrl 键的同时选择单元格 C392、C798、C2010、H392、H798、H2010，松开 Ctrl 键，接着选中"系列产生在"相应的单选按钮"列"，此时的"图表向导－4 步骤之 2－图表数据源"对话框如图 6.17 所示。

3）单击"下一步"按钮。

3. 设置图表选项

1）设置图表标题，如图 6.18 所示。

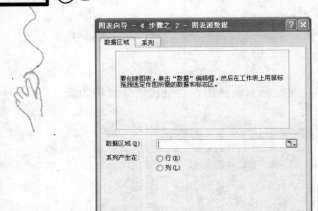

图 6.16　图表源数据设置前

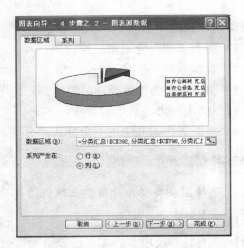

图 6.17　图表源数据设置后

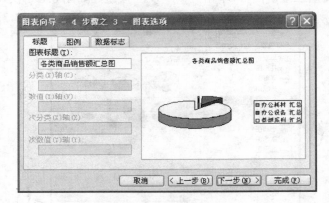

图 6.18　设置图表标题

2）设置数据标志，如图 6.19 所示。

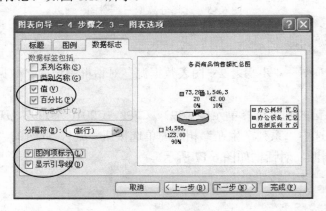

图 6.19　设置数据标志

3）单击"下一步"按钮。

4. 选择图表位置

选择"作为其中的对象插入"，并在列表框中选择"分类汇总"，如图 6.20 所示，然后单击"完成"按钮。

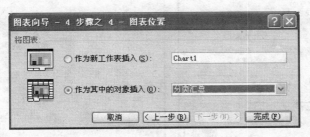

图 6.20 选择图表位置

5. 查看图表

根据二级分类汇总结果创建图表完成，结果如图 6.21 所示。

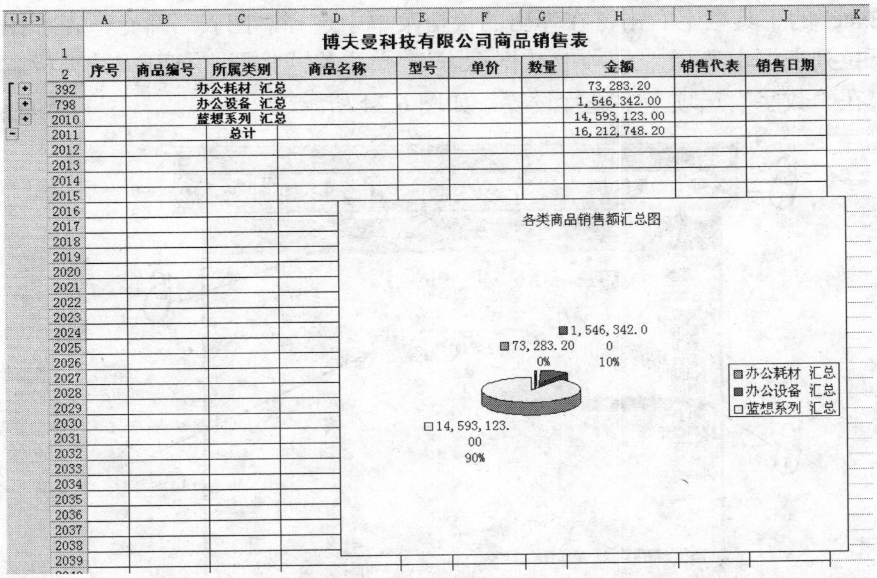

| | | | | | | | | | | | |

图 6.21 图表创建结果

为使图表更美观、更准确地表达信息，进行如下修改。

（1）图表标题设为黑体、14 号字

双击图表标题，打开"图表标题格式"对话框，在"字体"选项卡进行设置，如图 6.22 所示，然后单击"确定"按钮。

（2）图表区填充为淡蓝色

在图表内的空白处右击，选择"图表区格式"命令，在"图表区格式"对话框的"图案"选项卡中选中对应色块，如图 6.23 所示。

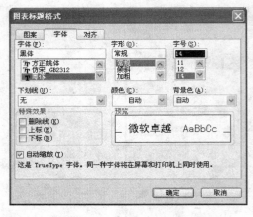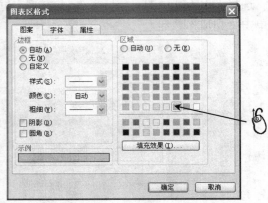

图 6.22　修改图表标题　　　　　　　　图 6.23　填充图表区

（3）数据标志格式中百分比有两位小数

在 Excel 的工具栏上右击，在弹出的快捷菜单中选择"图表"命令，在"图表"对话框的下拉列表框中选择"系列 1 数据标志"，单击格式按钮，打开"数据标志格式"对话框，在"数字"选项卡中进行设置，如图 6.24 所示。

图 6.24　设置数据标志格式

设置完毕，图表如图 6.25 所示。

在图 6.25 中，分离型三维饼图较小，数据标志的引导线未能显示出来，影响观感，需要进一步调整。

（4）适当调整绘图区的大小与位置

1）单击饼图附近的区域，选中绘图区，如图 6.26 所示，绘图区的每个角点即控制点。

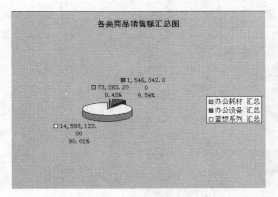

图 6.25　设置了图表标题、图表区、数据
标志格式的图表

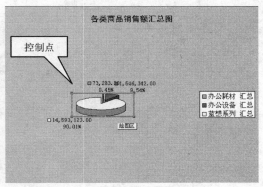

图 6.26　选择绘图区

2）鼠标移至控制点上，则鼠标形状变为双向箭头。此时，按住左键拖拽，将绘图区调至合适的大小。

3）在绘图区内单击，接着按住左键拖拽，将绘图区调至合适的位置。

（5）适当调整数据标签的位置，使引导线显示出来

1）选择数据标签，如图 6.27 所示为选中"办公耗材 汇总"数据标签的状态。

2）按住左键拖拽，将该数据标签移至适当的位置，则引导线可显示出来，如图 6.28 所示。

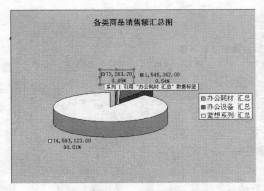

图 6.27　选择数据标签

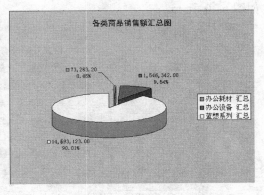

图 6.28　移动数据标签

3）同理，将其余两个数据标签移至适当的位置。

（6）将图表移至合适的位置

单击图表区空白处，按住左键拖拽，将图表移至 C2013:I2035 单元格区域内。

至此，图表的创建与修改完成，结果如图 6.29 所示。

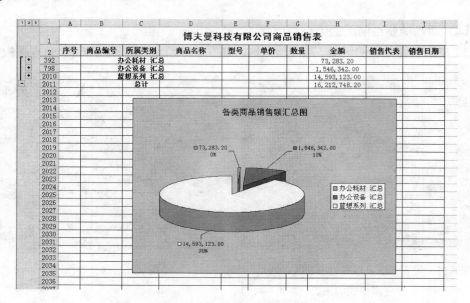

图 6.29 图表最终效果

任务 5 利用筛选功能查询数据

任务描述

销售记录条目繁多，利用筛选功能，可实现按照给定条件选出符合条件的数据。

1）利用自动筛选查询 2009 年 12 月份，金额大于或等于 20000 的销售记录，结果如图 6.30 所示。

序号	商品编号	所属类别	商品名称	型号	单价	数量	金额	销售代表	销售日期
1812	FPCXSE0023	蓝想系列	服务器	T1U	13,200.00	2	26,400.00	王萍	2009-12-1
1820	FPCXNT0014	蓝想系列	X系列笔记本	X520D	7,450.00	3	22,350.00	王萍	2009-12-2
1821	FPCXSE0024	蓝想系列	服务器	NAS	5,000.00	4	20,000.00	宋家明	2009-12-2
1824	FFTY0054	办公设备	明基投影仪	RCE9	3,980.00	7	27,860.00	杨世荣	2009-12-2
1828	FPCXSE0025	蓝想系列	服务器	V202	6,300.00	6	37,800.00	杨世荣	2009-12-3
1845	FPCXSE0025	蓝想系列	服务器	V202	6,300.00	6	37,800.00	杨世荣	2009-12-5
1850	FPCXPC0010	蓝想系列	商用电脑	X201D	9,799.00	5	48,995.00	杨世荣	2009-12-6
1857	FPCXNT0014	蓝想系列	X系列笔记本	X411T	4,700.00	5	23,500.00	杨世荣	2009-12-7
1872	FPCXNT0021	蓝想系列	T系列笔记本	T390E	8,999.00	3	26,997.00	宋家明	2009-12-11
1883	FPCXPC0010	蓝想系列	商用电脑	X201D	9,799.00	5	48,995.00	杨世荣	2009-12-12
1889	FPCXSE0023	蓝想系列	服务器	T1U	13,200.00	2	26,400.00	王萍	2009-12-13
1896	FPCXNT0014	蓝想系列	X系列笔记本	X520D	7,450.00	3	22,350.00	王萍	2009-12-14
1904	FPCXSE0025	蓝想系列	服务器	V202	6,300.00	6	37,800.00	杨世荣	2009-12-15
1935	FPCXPC0008	蓝想系列	商用电脑	D204A	4,900.00	6	29,400.00	王萍	2009-12-20
1943	FPCXNT0021	蓝想系列	T系列笔记本	T390E	8,999.00	3	26,997.00	宋家明	2009-12-21
1946	FPCXPC0010	蓝想系列	商用电脑	X201D	9,799.00	5	48,995.00	杨世荣	2009-12-22
1950	FPCXPC0011	蓝想系列	商用电脑	A800C	10,288.00	5	51,440.00	王萍	2009-12-23
1956	FPCXNT0014	蓝想系列	X系列笔记本	X411T	4,700.00	5	23,500.00	杨世荣	2009-12-24
1958	FPCXSE0025	蓝想系列	服务器	V202	6,300.00	6	37,800.00	杨世荣	2009-12-25
1970	FPCXPC0010	蓝想系列	商用电脑	X201D	9,799.00	5	48,995.00	杨世荣	2009-12-27
1975	FPCXNT0021	蓝想系列	T系列笔记本	T390E	8,999.00	3	26,997.00	宋家明	2009-12-28
1992	FPCXPC0008	蓝想系列	商用电脑	D204A	4,900.00	6	29,400.00	王萍	2009-12-31

图 6.30 自动筛选结果

2）利用高级筛选查询 2009 年 5 月 1 日～2009 年 5 月 7 日，2009 年 10 月 1 日～

2009 年 10 月 7 日的销售记录，结果如图 6.31 所示。

序号	商品编号	所属类别	商品名称	型号	单价	数量	金额	销售代表	销售日期
733	FPCXSE0023	蓝想系列	服务器	T1U	13,200.00	2	26,400.00	王萍	2009-5-1
734	FPCXPT0028	蓝想系列	打印机	5L	498.00	3	1,494.00	杨世荣	2009-5-1
735	FPCXMT0008	蓝想系列	网络产品	SW02	550.00	3	1,650.00	宋家明	2009-5-1
736	FPKQ0060	办公设备	时电脑考勤机	FK158	1,680.00	4	6,720.00	余伟	2009-5-1
737	FPH60082	办公耗材	墨盒	S600	68.00	3	204.00	余伟	2009-5-1
738	FPH80090	办公耗材	碳粉	CL46	18.00	5	90.00	杨世荣	2009-5-1
739	FPCXPC0002	蓝想系列	家用电脑	S510X	5,950.00	1	5,950.00	王萍	2009-5-2
740	FPCXNT0014	蓝想系列	系列笔记本	X520D	7,450.00	3	22,350.00	王萍	2009-5-2
741	FPCXSE0024	蓝想系列	服务器	NAS	5,000.00	3	15,000.00	宋家明	2009-5-2
742	FPCXPT0029	蓝想系列	打印机	LB3	728.00	3	2,184.00	王萍	2009-5-2
743	FPCXMT0009	蓝想系列	网络产品	RT89	1,499.00	2	2,998.00	杨世荣	2009-5-2
744	FPTY0054	办公设备	明基投影仪	RCE9	3,980.00	1	3,980.00	王萍	2009-5-2
745	FPKQ0061	办公设备	时电脑考勤机	ET40	390.00	2	780.00	余伟	2009-5-2
746	FPH60083	办公耗材	墨盒	P375R	26.00	4	104.00	余伟	2009-5-3
747	FPCXNT0015	蓝想系列	系列笔记本	X290E	4,900.00	3	14,700.00	宋家明	2009-5-3
748	FPCXSE0025	蓝想系列	服务器	V202	6,300.00	6	37,800.00	宋家明	2009-5-3
749	FPCXPT0030	蓝想系列	打印机	EP	750.00	5	3,750.00	宋家明	2009-5-3
750	FPCXNP0050	蓝想系列	网络产品	ISDN8	850.00	2	1,700.00	宋家明	2009-5-3
751	FPSM0055	办公设备	激光扫描仪	V70	350.00	1	350.00	宋家明	2009-5-3
752	FPH60084	办公耗材	墨盒	18C0	168.00	1	168.00	余伟	2009-5-4
753	FPH10073	办公耗材	复印纸	A3	25.00	4	100.00	余伟	2009-5-4
754	FPH70085	办公耗材	硒鼓	HP2612	179.00	1	179.00	杨世荣	2009-5-4
755	FPCXSE0026	蓝想系列	服务器	XEON	5,990.00	2	11,980.00	王萍	2009-5-4
756	FPCXPT0031	蓝想系列	打印机	K3	1,350.00	2	2,700.00	杨世荣	2009-5-4
757	FPCXMT0002	蓝想系列	数码产品	MP890	780.00	6	4,680.00	余伟	2009-5-4
758	FPCXNP0051	蓝想系列	网络产品	SCSI9	250.00	2	500.00	杨世荣	2009-5-4
759	FPSM0056	办公设备	激光扫描仪	A780	530.00	6	3,180.00	杨世荣	2009-5-4
760	FPC00063	办公设备	佳能复印机	T0163	5,800.00	2	11,600.00	杨世荣	2009-5-5
761	FPH10073	办公耗材	复印纸	A3	25.00	4	100.00	余伟	2009-5-5
762	FPH70085	办公耗材	硒鼓	HP2612	179.00	1	179.00	余伟	2009-5-5
763	FPCXPC0003	蓝想系列	家用电脑	M510C	5,450.00	1	5,450.00	宋家明	2009-5-5
764	FPCXNT0015	蓝想系列	系列笔记本	X290E	4,900.00	3	14,700.00	杨世荣	2009-5-5
765	FPCXSE0025	蓝想系列	服务器	V202	6,300.00	6	37,800.00	杨世荣	2009-5-5
766	FPCXPT0030	蓝想系列	打印机	EP	750.00	5	3,750.00	宋家明	2009-5-5
767	FPCXNP0050	蓝想系列	网络产品	ISDN8	850.00	2	1,700.00	宋家明	2009-5-5
768	FPSM0055	办公设备	激光扫描仪	V70	350.00	1	350.00	宋家明	2009-5-5

图 6.31　高级筛选结果

解决方案

　　数据筛选是指根据用户设定的条件，在表格中筛选出符合条件的数据。

　　1. 自动筛选

　　当前的原始数据表中存放着 2009 年整年的 2005 行销售记录，若需快速查看 2009 年 12 月金额大于或等于 20000 的销售记录，可使用自动筛选功能。单击“原始数据”表内的任一非空单元格，选择菜单“数据”→“筛选”→“自动筛选”命令，各个列名单元格的右下角出现下拉按钮。如图 6.32 所示，单击“金额”右侧的按钮，选择“自定义”，打开“自定义自动筛选方式”对话框。在“金额”列表框中选择“大于或等于”，输入“20000”，单击“确定”按钮。在“销售日期”列表框中选择“自定义”，打开“自定义自动筛选方式”对话框，分别设置开始日期和结束日期并选择“与”，单击“确定”按钮，则完成自动筛选。

图 6.32　使用自动筛选功能

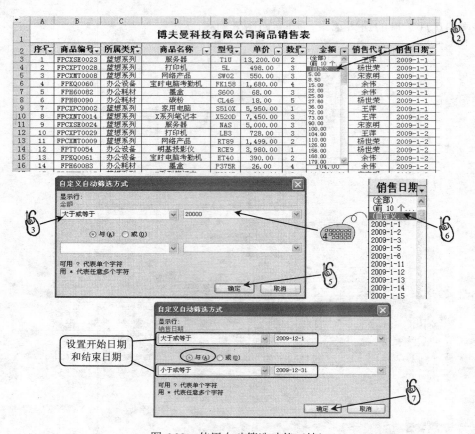

图 6.32   使用自动筛选功能（续）

自动筛选结果如图 6.33 所示。

	A	B	C	D	E	F	G	H	I	J
1				博夫曼科技有限公司商品销售表						
2	序号	商品编号	所属类别	商品名称	型号	单价	数量	金额	销售代表	销售日期
1814	1812	FPCXSE0023	蓝想系列	服务器	T1U	13,200.00	2	26,400.00	王萍	2009-12-1
1822	1820	FPCXNT0014	蓝想系列	X系列笔记本	X520D	7,450.00	3	22,350.00	王萍	2009-12-2
1823	1821	FPCXSE0024	蓝想系列	服务器	NAS	5,000.00	4	20,000.00	宋家明	2009-12-2
1826	1824	FPTY0054	办公设备	明基投影仪	RCE9	3,980.00	7	27,860.00	杨世荣	2009-12-2
1830	1828	FPCXSE0025	蓝想系列	服务器	V202	6,300.00	6	37,800.00	杨世荣	2009-12-3
1847	1845	FPCXSE0025	蓝想系列	服务器	V202	6,300.00	6	37,800.00	杨世荣	2009-12-5
1852	1850	FPCXPC0010	蓝想系列	商用电脑	X201D	9,799.00	5	48,995.00	杨世荣	2009-12-6
1859	1857	FPCXNT0014	蓝想系列	X系列笔记本	X411T	4,700.00	5	23,500.00	杨世荣	2009-12-7
1874	1872	FPCXNT0021	蓝想系列	T系列笔记本	T390E	8,999.00	3	26,997.00	宋家明	2009-12-11
1885	1883	FPCXPC0010	蓝想系列	商用电脑	X201D	9,799.00	5	48,995.00	杨世荣	2009-12-12
1891	1889	FPCXSE0023	蓝想系列	服务器	T1U	13,200.00	2	26,400.00	王萍	2009-12-13
1898	1896	FPCXNT0014	蓝想系列	X系列笔记本	X520D	7,450.00	3	22,350.00	王萍	2009-12-14
1906	1904	FPCXSE0025	蓝想系列	服务器	V202	6,300.00	6	37,800.00	杨世荣	2009-12-15
1937	1935	FPCXPC0008	蓝想系列	商用电脑	D204A	4,900.00	6	29,400.00	王萍	2009-12-20
1945	1943	FPCXNT0021	蓝想系列	T系列笔记本	T390E	8,999.00	3	26,997.00	宋家明	2009-12-21
1948	1946	FPCXPC0010	蓝想系列	商用电脑	X201D	9,799.00	5	48,995.00	杨世荣	2009-12-22
1952	1950	FPCXPC0011	蓝想系列	商用电脑	A800C	10,288.00	5	51,440.00	王萍	2009-12-23
1958	1956	FPCXNT0014	蓝想系列	X系列笔记本	X411T	4,700.00	5	23,500.00	杨世荣	2009-12-24
1960	1958	FPCXSE0025	蓝想系列	服务器	V202	6,300.00	6	37,800.00	杨世荣	2009-12-25
1972	1970	FPCXPC0010	蓝想系列	商用电脑	X201D	9,799.00	5	48,995.00	杨世荣	2009-12-27
1977	1975	FPCXNT0021	蓝想系列	T系列笔记本	T390E	8,999.00	3	26,997.00	宋家明	2009-12-28
1994	1992	FPCXPC0008	蓝想系列	商用电脑	D204A	4,900.00	6	29,400.00	王萍	2009-12-31

图 6.33   自动筛选结果

2. 高级筛选

在高级筛选中，筛选条件必须要在工作表中写出来，形成条件区域。条件区域的首行放置列名，在列名下至少要有一行条件，可见，高级筛选更为灵活。

现在，要查看 2009 年"五一"节期间（即 2009-5-1～2009-5-7）、国庆节期间（即 2009-10-1～2009-10-7）的销售记录，则自动筛选无法实现，需要使用高级筛选。

首先，通过单击菜单"数据"→"筛选"→☑"自动筛选"命令，取消"原始数据"表中的自动筛选。

接着，开始使用高级筛选功能，过程如下。

1）在"原始数据"表中的空白位置建立条件区域，如图 6.34 所示。

所属类别	商品名称	型号	单价	数量	金额	销售代表	销售日期		销售日期	销售日期
					博夫曼科技有限公司商品销售表					
蓝想系列	服务器	T1U	13,200.00	2	26,400.00	王萍	2009-1-1		>=2009-5-1	<=2009-5-7
蓝想系列	打印机	5L	498.00	3	1,494.00	杨世荣	2009-1-1		>=2009-10-1	<=2009-10-7
蓝想系列	网络产品	CK03	550.00	3	1,650.00	宋家明	2009-1-1			

图 6.34　条件区域

因为，要选出 2009-5-1～2009-5-7、2009-10-1～2009-10-7 的销售记录，属于同一列（"销售日期"列）有两组（共四个）条件的情况，所以条件区域的列名分别是"销售日期"、"销售日期"。第一组条件是">=2009-5-1 且<=2009-5-7"，表示"与"的关系，因此，这两个条件放在同一行。第二组条件与第一组条件为"或者"的关系，则第二组条件须另起一行放置。而且，第二组条件是">=2009-10-1 且<=2009-10-7"，表示"与"的关系，因此，这两个条件也在同一行放置。

2）选择"原始数据"表中的任一非空单元格，单击菜单"数据"→"筛选"→"高级筛选"命令，弹出"高级筛选"对话框，然后选择"将筛选结果复制到其他位置"，如图 6.35 所示。

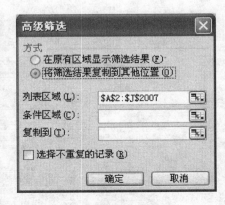

图 6.35　设置"高级筛选"的"方式"选项

3）单击"列表区域"的文本框，此时"原始数据"表中相应的单元格区域被虚边框包围，可以直观看到将要进行高级筛选的区域。若需改动待筛选的区域，则应在表格中拖拽鼠标重新选择。本处的待筛选区域即为"列表区域"文本框中显示的 $A$2:$J$2007，不必重选。

4）单击"条件区域"文本框，然后拖拽鼠标选择条件区域，如图 6.36 所示。

5）单击"复制到"文本框，然后单击单元格 M7，如图 6.37 所示。也可将结果复制到其他空白位置。

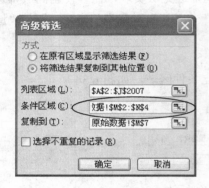

图 6.36 设置"条件区域"

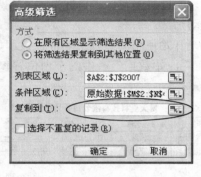

图 6.37 设置"复制到"

6）单击"确定"按钮，完成高级筛选，结果如图 6.38 所示。

	序号	商品编号	所属类别	商品名称	型号	单价	数量	金额	销售代表	销售日期
	733	FPCXSE0023	蓝想系列	服务器	T1U	13,200.00	2	26,400.00	王泽	2009-5-1
	734	FPCXPT0028	蓝想系列	打印机	5L	498.00	3	1,494.00	杨世荣	2009-5-1
	735	FPCXMT0008	蓝想系列	网络产品	SW02	550.00	3	1,650.00	宋家明	2009-5-1
	736	FPKQ0060	办公设备	时电脑考勤	FK158	1,680.00	4	6,720.00	余伟	2009-5-1
	737	FPH60082	办公耗材	墨盒	S600	68.00	3	204.00	余伟	2009-5-1
	738	FPH80090	办公耗材	碳粉	CL46	18.00	5	90.00	杨世荣	2009-5-1
	739	FPCXPC0002	蓝想系列	家用电脑	S510X	5,950.00	1	5,950.00	王泽	2009-5-2
	740	FPCXNT0014	蓝想系列	系列笔记本	X520D	7,450.00	3	22,350.00	王泽	2009-5-2
	741	FPCXSE0024	蓝想系列	服务器	NAS	3,000.00	5	15,000.00	宋家明	2009-5-2
	742	FPCXPT0029	蓝想系列	打印机	LB3	728.00	3	2,184.00	王泽	2009-5-2
	743	FPCXMT0009	蓝想系列	网络产品	RT89	1,499.00	2	2,998.00	杨世荣	2009-5-2
	744	FPTY0054	办公设备	明基投影仪	RCE9	3,980.00	1	3,980.00	杨世荣	2009-5-2
	745	FPKQ0061	办公设备	时电脑考勤	ET40	390.00	2	780.00	余伟	2009-5-2
	746	FPH60083	办公耗材	墨盒	P375R	26.00	4	104.00	余伟	2009-5-2
	747	FPCXNT0015	蓝想系列	系列笔记本	X290E	4,900.00	3	14,700.00	宋家明	2009-5-2
	748	FPCXSE0025	蓝想系列	服务器	V202	6,300.00	6	37,800.00	杨世荣	2009-5-2
	749	FPCXPT0030	蓝想系列	打印机	EP	750.00	5	3,750.00	宋家明	2009-5-2
	750	FPCXNP0050	蓝想系列	网络产品	ISDN8	850.00	2	1,700.00	宋家明	2009-5-4
	751	FPSM0055	办公设备	紫光扫描仪	V70	350.00	1	350.00	宋家明	2009-5-4
	752	FPH60084	办公耗材	墨盒	18C0	168.00	1	168.00	余伟	2009-5-4
	753	FPH10073	办公耗材	复印纸	A3	25.00	4	100.00	余伟	2009-5-4
	754	FPH70085	办公耗材	硒鼓	HP2612	179.00	1	179.00	杨世荣	2009-5-4
	755	FPCXSE0026	蓝想系列	服务器	XEON	5,990.00	2	11,980.00	王泽	2009-5-4
	756	FPCXPT0031	蓝想系列	打印机	K3	1,350.00	2	2,700.00	杨世荣	2009-5-4
	757	FPCXMT0002	蓝想系列	数码产品	MP890	780.00	6	4,680.00	杨世荣	2009-5-4
	758	FPCXNP0051	蓝想系列	网络产品	SCSI9	250.00	2	500.00	杨世荣	2009-5-4
	759	FPSM0056	办公设备	紫光扫描仪	A780	530.00	6	3,180.00	杨世荣	2009-5-4
	760	FPC00063	办公设备	佳能复印机	T0163	5,800.00	2	11,600.00	杨世荣	2009-5-4
	761	FPH10073	办公耗材	复印纸	A3	25.00	4	100.00	余伟	2009-5-4
	762	FPH70085	办公耗材	硒鼓	HP2612	179.00	1	179.00	杨世荣	2009-5-4
	763	FPCXPC0003	家用电脑	M510C		5,450.00	1	5,450.00	宋家明	2009-5-5
	764	FPCXNT0015	蓝想系列	系列笔记本	X290E	4,900.00	3	14,700.00	宋家明	2009-5-5
	765	FPCXSE0025	蓝想系列	服务器	V202	6,300.00	6	37,800.00	杨世荣	2009-5-5
	766	FPCXPT0030	蓝想系列	打印机	EP	750.00	5	3,750.00	宋家明	2009-5-5
	767	FPCXNP0050	蓝想系列	网络产品	ISDN8	850.00	2	1,700.00	宋家明	2009-5-5
	768	FPSM0055	办公设备	紫光扫描仪	V70	350.00	1	350.00	宋家明	2009-5-5

销售日期 >=2009-5-1 <=2009-5-7
销售日期 >=2009-10-1 <=2009-10-7

图 6.38 高级筛选结果

任务6　利用数据透视表深入分析数据

任务描述

数据透视表可对表格中的数据进一步分析，体现各列数据之间的关系，能根据工作需求动态生成具有商业价值的信息，如利用数据透视表统计每一天各类别的不同商品的销售金额，如图6.39所示。

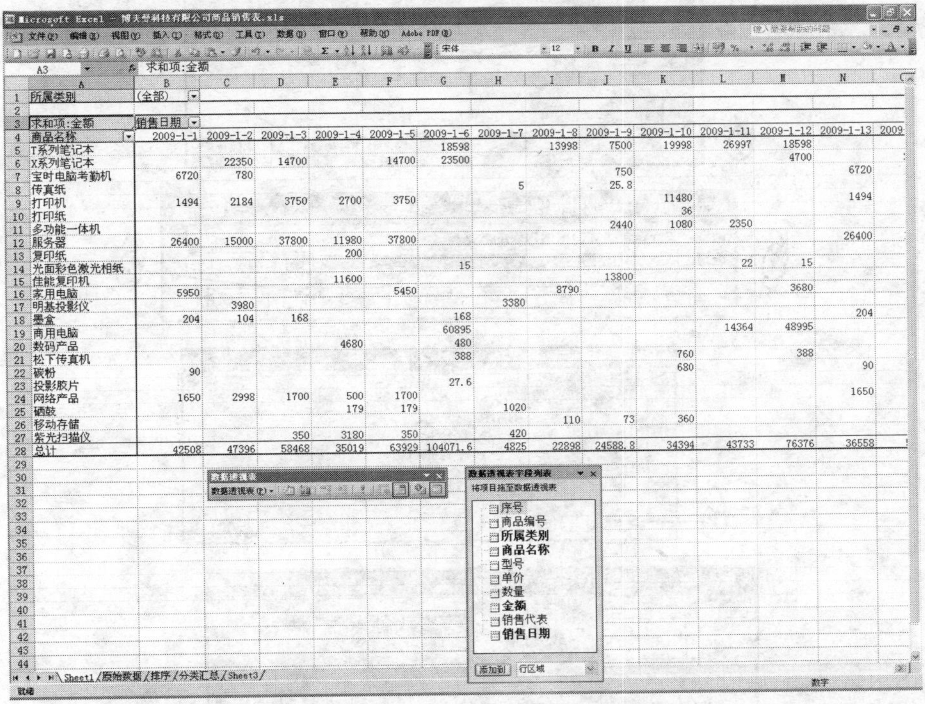

图6.39　数据透视表——各类别的不同商品的每日销售金额统计

解决方案

数据透视表集合了分类汇总、筛选等功能的优点，可进一步对表格中的数据进行分析，通过设置数据项，可重新组织数据并进行计算。但数据透视表中显示的数据是只读的，不能对其修改。

下面，借助数据透视表来统计每一天各类别的不同商品的销售金额，如图6.40所示。单击"原始数据"表内的任一非空单元格，选择菜单"数据"→"数据透视表和数据透视图"命令，打开"数据透视表和数据透视图向导——3步骤之1"对话框，选中"Microsoft Office Excel 数据列表或数据库"和"数据透视表"选项，单击"下一步"按钮，打开"数据透视表和数据透视图向导——3步骤之2"对话框。单击"选定区域"的文本框，此时"原始数据"表中相应的单元格区域被虚边框包围。若需改动选定区域，则应在表

格中拖拽鼠标重新选择，本处的选定区域即为"选定区域"文本框中显示的
$A\$2:\$J\$2007，不必重选，单击"下一步"按钮，打开"数据透视表和数据透视图向
导——3 步骤之 3"对话框。单击"布局"按钮，打开"数据透视表和数据透视图向导——

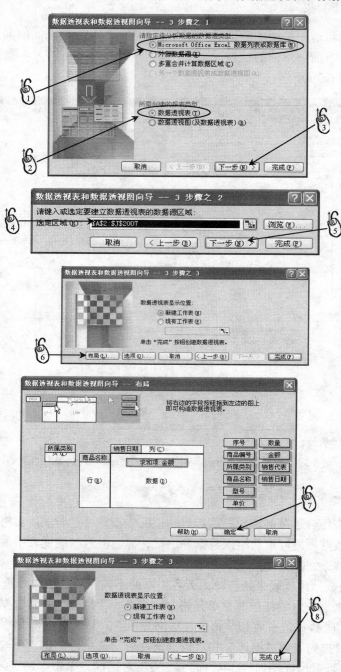

图 6.40　使用数据透视表功能

布局"对话框。将"商品类别"拖到页区域,"商品名称"拖到行区域,"销售日期"拖到列区域,"金额"拖到"数据"区域,单击"确定"按钮。在"数据透视表和数据透视图向导——3 步骤之 3"对话框中单击"完成"按钮。

得到的数据透视表如图 6.39 所示。

操作技巧

1)单击图 6.41 中的按钮 ▼,可改变显示效果。

例如,单击 B1 单元格的下三角按钮,弹出对话框,如图 6.42 所示。可在其中分别选择"办公耗材"、"办公设备"或"蓝想系列",则分别显示各类商品的每天销售情况。如图 6.43 所示为办公耗材类商品的每日销售额。

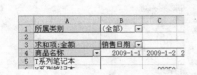

图 6.41 "页"、"行"、"列"具有按钮　　　图 6.42 更改所属类别

图 6.43 数据透视表—办公耗材类的不同商品的每日销售金额统计

2)双击图 6.41 中的 A3 单元格,可改变数据计算方式。

例如,若需计算每天所销售的各类别的不同商品的数量,则双击 A3 单元格,弹出"数据透视表字段"对话框,如图 6.44 所示。选择"汇总方式"列表框中的"计数"选项,然后单击"确定"按钮,结果如图 6.45 所示。

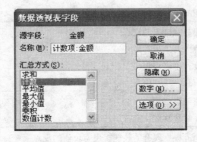

图 6.44 "数据透视表字段"对话框

图 6.45　数据透视表—各类别的不同商品的每日销售数量统计

验 收 单

学习领域	计算机操作与应用		
项目六	处理销售数据	学时	10
关键能力	评价指标	自测（在□中打√）	备注
自我管理能力	1. 培养自己的责任心	□A　　□B　　□C	
	2. 管理自己的时间	□A　　□B　　□C	
	3. 所学知识的灵活运用	□A　　□B　　□C	
沟通能力	1. 知道如何尊重他人的观点	□A　　□B　　□C	
	2. 能否与他人有效地沟通	□A　　□B　　□C	
	3. 在团队合作中表现积极	□A　　□B　　□C	
	4. 能获取信息并反馈信息	□A　　□B　　□C	
解决问题能力	1. 学会使用信息资源	□A　　□B　　□C	
	2. 能发现并解决常规及特殊问题	□A　　□B　　□C	
设计创新能力	1. 面对问题能根据现有的技能提出有价值的观点	□A　　□B　　□C	
	2. 使用不同的思维方式	□A　　□B　　□C	

基本能力测评

续表

学习领域	计算机操作与应用		
项目六	处理销售数据	学时	10
关键能力	评价指标	自测（在□中打√）	备注

	关键能力	评价指标	自测（在□中打√）	备注
基本能力测评	建立商品销售表	1. 新建工作簿、保存工作簿	□A　□B　□C	
		2. 将工作表"Sheet1"重命名为"原始数据"	□A　□B　□C	
		3. 输入表名、标题行	□A　□B　□C	
		4. 设置单元格格式	□A　□B　□C	
		5. 应用条件格式为标题行与销售记录行设置实线边框	□A　□B　□C	
		6. 在 10 分钟内完成	□A　□B　□C	
	利用排序功能处理数据	1. 以"所属类别"为主关键字	□A　□B　□C	
		2. 以"商品名称"为次要关键字	□A　□B　□C	
		3. 以"金额"为第三关键字	□A　□B　□C	
		4. 升序排序	□A　□B　□C	
		5. 在 5 分钟内完成	□A　□B　□C	
	利用分类汇总功能统计数据	1. 设置分类字段为"所属类别"	□A　□B　□C	
		2. 设置汇总方式为"求和"	□A　□B　□C	
		3. 设置选定汇总项为"金额"	□A　□B　□C	
		4. 在 5 分钟内完成	□A　□B　□C	
	利用图表直观比较数据	1. 基于分类汇总结果创建分离型三维饼图	□A　□B　□C	
		2. 修改该分离型三维饼图	□A　□B　□C	
		3. 在 10 分钟内完成	□A　□B　□C	
	利用筛选功能查询数据	1. 利用自动筛选查询 2009 年 12 月份金额大于或等于 20000 的销售记录	□A　□B　□C	
		2. 利用高级筛选查询2009 年 5 月 1 日至 2009 年 5 月 7 日，2009 年 10 月 1 日至 2009 年 10 月 7 日的销售记录	□A　□B　□C	
		3. 在 10 分钟内完成	□A　□B　□C	
	利用数据透视表深入分析数据	1. 统计每一天各类别的不同商品的销售金额	□A　□B　□C	
		2. 在 5 分钟内完成	□A　□B　□C	

教师评语	
成绩	教师签字

课 后 实 践

一、选择题

1. 作为数据的一种表示形式，图表是动态的，当改变了其中_____之后，Excel 会自动更新图表。

A. 所依赖的数据　　B. Y 轴上的数据　　C. X 轴上的数据　　D. 标题的内容

2. 在 Excel 中，使用"高级筛选"命令前，必须为之指定一个条件区域，以便显示出符合条件的行；如果要对于不同的列指定一系列不同的条件，则所有的条件应在条件区域的____输入。

    A. 同一列中   B. 不同的行中   C. 同一行中   D. 不同的列中

3. 下面的_____函数可用于计算每月的分期付款额。

    A. PMT   B. NPER   C. PV   D. FV

4. 在 Excel 中，有时需要对不同的文字标示，使其满足同一标准，为此，Excel 提供了三个特殊的符号，来执行这一工作。"?"是三个特殊的符号之一，该符号表示_____。

    A. 除了该符号后面的文字外，其他都符合准则

    B. 只有该符号后面的文字符合准则

    C. 一个或任意个字符

    D. 任一字符

5. 在 Excel 的工作表中，已创建好的图表中的图例_____。

    A. 按 Del 键可将其删除   B. 不可改变其位置

    C. 不能修改   D. 只能在图表向导中修改

6. 关于删除工作表的叙述错误的是_____。

    A. 执行"编辑/删除工作表"菜单命令可删除当前工作表

    B. 工作表的删除是永久性删除，不可恢复

    C. 右击当前工作表标签，再从快捷菜单中选"删除"可删除当前工作表

    D. 误删了工作表可单击工具栏的"撤销"按钮撤销删除操作

7. 在向 Excel 工作表的单元格里输入公式，运算符有优先顺序，下列_____说法是错误的。

    A. 字符串连接优先于关系运算

    B. 百分比优先于乘方

    C. 乘和除优先于加和减

    D. 乘方优先于负号

8. 下面关于工作表与工作簿的论述正确的是_____。

    A. 一个工作簿中一定有 3 张工作表

    B. 一个工作簿保存在一个文件中

    C. 一个工作簿的多张工作表类型相同，或同是数据表，或同是图表

    D. 一张工作表保存在一个文件中

9. 已知 D2 单元格的内容为=B2*C2，当 D2 单元格被复制到 E3 单元格时，E3 单元格的内容为_____。

    A. =C3*D3   B. =C2*D2   C. =B3*C2   D. =B2*C2

10. 在 Excel 中，选定单元格后单击"复制"按钮，再选中目的单元格后单击"粘贴"按钮，此时被粘贴的是源单元格中的_____。

A. 全部　　　　　B. 数值和格式　　　C. 格式和批注　　　D. 格式和公式

二、问答题

1. 如何使用记录单进行输入？
2. 能否按照笔划排序？
3. 图表中的每个对象各有哪些属性？
4. 自动筛选和高级筛选有何区别？
5. 分类汇总与数据透视表各有什么作用？
6. 数据透视表工具栏中的各个按钮分别有什么功能？

三、操作题

1. 创建一个新的工作簿，保存在"D\习题"文件夹中，文件名为"成绩登记表.xls"，在 Sheet1 中输入如图 6.46 所示的数据。注意学号的输入方法，灵活运用填充输入。

学号	姓名	性别	高数	英语	程序设计	计算机
			0501班各科成绩登记表			
1	陈可怡	女	73	70	50	88
2	白素芬	女	93	61	59	75
3	袁红玉	女	69	56	78	86
4	李国强	男	45	68	63	60
5	黄华东	男	53	74	78	62
6	张秀琼	女	81	53	90	75
7	鲁岩	男	83	65	71	59
8	陈以刚	男	75	40	58	53
9	周放	男	59	79	90	88
10	戴新学	男	61	48	76	87

图 6.46　0501 班各科成绩登记表

完成以下操作。

（1）在"计算机"列的右侧插入三列，分别是"总分"、"平均分"与"等级"。

（2）计算每位学生的总分与平均分。

（3）使用 IF 函数，计算学生成绩的等级。等级的划分：平均分 0～59 为"不及格"，平均分 60～69 为"及格"，平均分 70～79 为"中"，平均分 80～89 为"良"，平均分 90～100 为"优"。

（4）将 Sheet1 重命名为"成绩表"，复制 5 份工作表，并将工作表名分别重命名为"排序"、"自动筛选"、"高级筛选"、"分类汇总"和"数据透视表"。

（5）在"排序"工作表中按"平均分"递减排序，若平均分相同，则按学号递增排序。

（6）在"自动筛选"工作表中筛选出"高数"成绩大于或等于 80 分的学生名单。

（7）在"高级筛选"工作表中筛选出至少有一门课成绩不及格的学生名单。

（8）在"分类汇总"工作表中按照性别进行分类，计算男生与女生的平均分。

（9）在"数据透视表"工作表中，在 B 列后面插入一列，列标题为籍贯，数据自己输入。并建立数据透视表，页字段为性别，列字段为籍贯，行字段为姓名，计算程序设计成绩的平均值。

（10）根据"成绩表"，创建 1 号～5 号学生——陈可怡、白素芬、袁红玉、李国强、黄华东四门课程成绩的簇状柱形图，数据系列产生在"列"。

2. 在项目五的"博夫曼科技有限公司工资表"中，使用分类汇总和数据透视表统计各部门实发工资总额、人均实发工资，比较分类汇总与数据透视表的区别。

3. 在项目六的"博夫曼科技有限公司商品销售表"中，使用数据透视表功能，统计每月各类别的不同商品的销售金额、每季度各类别的不同商品的销售金额，并生成相应的数据透视图。

4. 创建一个新的工作簿，保存在"D:\习题"文件夹中，文件名为"药品销售统计表.xls"，在 Sheet1 中输入如图 6.47 所示的数据，并完成以下操作。

（1）在顶端插入一行，合并单元格，插入标题"药品销售统计表"，楷体，18 号，加粗。

（2）使用公式计算每种药品的销售额、利润额。

（3）将表中的右四列按利润额从左到右升序排列。

	A	B	C	D	E	F	G
1							
2		品名	板兰根冲剂	草珊瑚含片	利君沙	康泰克	
3		编号	C00910	P00121	P00122	J00331	
4		单位	包	盒	盒	盒	
5		单价（进价）/元	0.5	1.1	1.6	6.2	
6		单价（销售价）/元	1	2	2.2	8.5	
7		进货量	50	10	20	15	
8		库存量	23	7	4	8	
9		销售额					
10		利润额					
11							

图 6.47　药品销售统计表

项目七

制作演示文稿

    某公司研发出一种新型电饭锅，为了向消费者推荐这种产品，公司决定在商品展示会上使用演示文稿对其进行宣传演示。要求演示文稿要充分表达和展示本产品、让客户了解这种新产品的先进性和核心技术。

    PowerPoint 是微软公司 Office 组件之一，主要用来制作可以在展厅、会议上、广告、教学中演播的演示文稿，并进行演示控制。演示文稿可以包含文字、图形、图像、声音，以及视频剪辑等多种多媒体元素，对于产品介绍、学术成果展示、企业宣传等有丰富的表现力，效果远胜于印刷媒体。

任务 1　添加产品信息

任务描述

    为企业的新型电饭锅新建一个宣传用演示文稿，演示文稿应用适当的设计模板，然后在文稿中插入幻灯片，录入"鸿智电饭煲"相关的介绍文字，对文字进行必要的修饰，插入与文字相对应的电饭煲图片，并对图片进行适当的编辑。

    （1）新建演示文稿

    在桌面新建一个演示文稿，命名为"鸿智电饭煲核心技术.ppt"，在文稿中加入一张标题幻灯片，标题内容为"鸿智电饭煲核心技术"，如图 7.1 所示。

    （2）应用设计模板

    为"鸿智电饭煲核心技术"演示文稿应用名为"Blends.pot"的设计模板，如图 7.2所示。

    （3）插入幻灯片，并录入文字

    在演示文稿中插入一张新的幻灯片，版式采用"标题和文本"，分别录入标题和文本的内容，如图 7.3 所示。

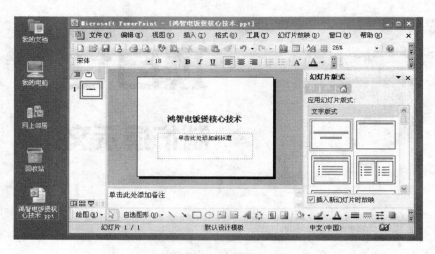

图 7.1 新建演示文稿

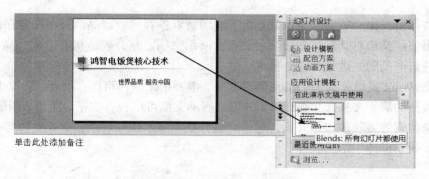

图 7.2 应用设计模板

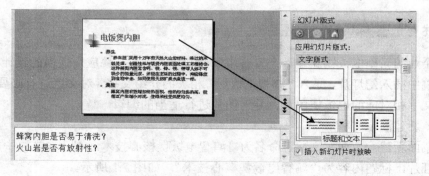

图 7.3 录入文字

（4）在幻灯片中插入图片

在"电饭煲内胆"幻灯片中插入两幅图片，如图 7.4 所示。

（5）编辑图片

在"电饭煲内胆"幻灯片中，调整两幅图片的位置、大小，调整文本框的大小，使文字与图片相互协调，如图 7.5 所示。

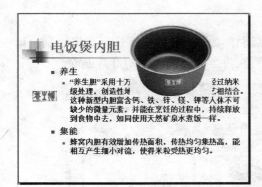
图 7.4　在幻灯片中插入图片

图 7.5　编辑图片

（6）添加备注和批注

为"电饭煲内胆"幻灯片添加一条备注："蜂窝内胆是否易于清洗？火山岩是否有放射性？"，为图片"养生胆"添加批注："注册商标"，如图 7.6 所示。

图 7.6　添加备注和批注

（7）修饰文字

将第二张幻灯片中的小标题文字"养生"、"集能"设置成"华文行楷"字体，大小为 36，颜色为红色，如图 7.7 所示。

图 7.7　修饰文字

（8）幻灯片的移动、复制和删除

将第一张幻灯片复制到第二张幻灯片的后面，如图 7.8 所示。然后再将复制的第三张幻灯片移动到第一张幻灯片的前面，完成后再次将当前的第一张幻灯片删除。

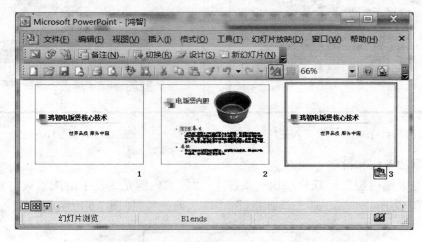

图 7.8　复制幻灯片

解决方案

1. 新建演示文稿

新建一个演示文稿，命名为"鸿智电饭煲核心技术.ppt"，在文稿中加入一张标题幻灯片，操作步骤如下。

1）依次单击"开始"→"程序"→Microsoft Office→Microsoft Office PowerPoint2003命令，就可以打开 PowerPoint，如图 7.9 所示。此时，应用程序已经生成了默认的标题幻灯片。

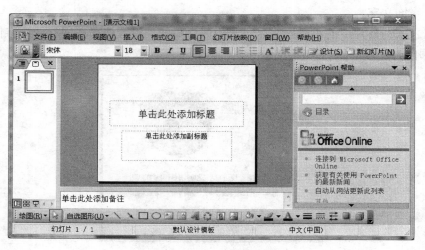

图 7.9　新建演示文稿

2）单击"单击此处添加标题"提示的位置，进入编辑状态，输入幻灯片的标题："鸿智电饭煲核心技术"。按相同的方法为幻灯片添加副标题："世界品质、服务中国"。编辑完成后，效果如图 7.10 所示。

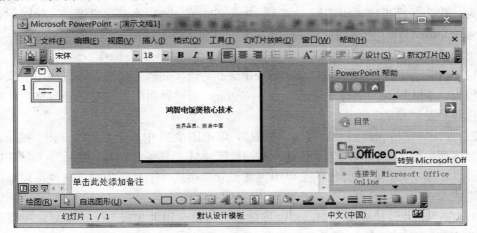

图 7.10　录入标题幻灯片的文字

3）单击菜单中的"文件"→"保存"命令，弹出"另存为"对话框，在对话框中指定存储位置和文件名以保存演示文稿。注意，PowerPoint 软件生成的文档扩展名为.ppt。

操作技巧

保存特殊字体

为了获得好的效果，人们通常会在幻灯片中使用一些非常漂亮的字体，可是将幻灯片复制到演示现场进行播放时，这些字体变成了普通字体，甚至还会因字体而导致格式变得不整齐，严重影响演示效果。在 PowerPoint 中，执行"文件"→"另存为"命令，在对话框中单击"工具"按钮，在下拉菜单中选择"保存选项"，在弹出的对话框中选中"嵌入 TrueType 字体"选项，然后根据需要选择"只嵌入所用字符"或"嵌入所有字符"，最后单击"确定"按钮保存该文件即可。

2. 应用设计模板

"模板"指的是演示文稿的一种固定格式，其中的信息包括幻灯片的背景颜色、图案、文字样式、版式和风格等。"模板"是控制文稿统一外观的最有力、最快捷的方法，每个 PowerPoint 的模板都可以看作是一个特别设计的文稿。

PowerPoint 2003 为我们提供了许多设计模板。这些模板都是专业人员设计的，其中含有建立演示文稿所需的大部分元素，而且还配有漂亮的背景图案，可以帮助我们生成生动的幻灯片文稿。可以说，在应用模板之后，就基本上不用再去修改幻灯片的外观了。

当然，应用一种设计模板后，也可以单独修改幻灯片的配色方案、幻灯片母版和标题母版等内容。

在 PowerPoint 2003 中，可以将模板直接施加于演示文稿上，也可以对模板加以改动之后，作为新模板应用于演示文稿上。PowerPoint 2003 的设计模板，安装时保存在 Microsoft Office 2003 所在的文件夹的子文件夹 Templates 中。

下面，为上一节的演示文稿应用"Blends.pot"设计模板，操作步骤如下。

1）双击上一节保存在桌面上的 PowerPoint 文档，文档被打开。该页应用了默认的设计模板，版式默认为"标题版式"。PowerPoint 编辑界面的右边是任务窗格，此时的默认任务栏是"帮助"。

2）将任务窗格切换到"应用设计模板"，单击图 7.10 中右上角的"设计"按钮，将任务窗格切换到"设计版式"。"设计"按钮位于格式工具条中，若"格式"工具条被隐藏，可以右击工具栏，在弹出的菜单中重新设置"格式"工具条为显示。也可以单击菜单"格式"→"幻灯片设计"命令实现相同的目的。

3）在"应用设计模板"中，将鼠标放到"可供使用的模板"上，会显示模板的名字，单击"Blends.pot"模板，就为当前的演示文稿应用了指定的模板，效果如图 7.2 所示。

3. 插入幻灯片，并录入文字

下面为演示文稿"鸿智电饭煲核心技术.ppt"插入第二张幻灯片，并录入标题和内容。

1）单击菜单"插入"→"新幻灯片"命令，在 PowerPoint 左边的幻灯片选项卡中就插入了一张空白的幻灯片，幻灯片应用了默认的版式，如图 7.11 所示。

2）在图 7.11 所示界面的右侧任务窗格中，顶部有一个下拉列表框，单击后出现如图 7.12 的下拉菜单，可以在其中选择一种任务。选中幻灯片版式，在选项的前方出现选中符号，任务窗格切换到"应用幻灯片版式"状态，如图 7.12 所示。

3）在如图 7.11 所示的任务窗格中，选择一种版式，此处使用默认版式"标题和文本"。

4）分别在标题和文本位置录入内容，通过菜单"格式"→"字体"命令可以设置文字的大小、颜色等，输入完成后，最终效果如图 7.3 所示。

操作技巧

快速调节文字大小

在 PowerPoint 中输入的文字大小不合乎要求或者看起来效果不好，一般情况是通过选择字体字号加以解决，其实我们有一个更加快捷的方法，选中文字后按 Ctrl 可以放大文字，按 Ctrl+[组合键可以缩小文字。

图 7.11　插入幻灯片，并录入文字　　　　图 7.12　任务的切换菜单

4. 在幻灯片中插入图片

为演示文稿"鸿智电饭煲核心技术.ppt"的第二张幻灯片插入"图片 1.jpg"和"图片 2.jpg"。

1）在菜单中选择"插入"→"图片"→"来自文件"命令，打开"插入图片"对话框，选择要从磁盘上加载的文件，如图 7.13 所示。

图 7.13　从文件中插入图片

2）单击"插入"按钮完成插入。

将图片 1 和图片 2 插入幻灯片，最后的效果如图 7.4 所示。

5. 编辑图片和文本框

调整演示文稿第二张幻灯片中文本框的高度，为图片的显示留出合适的空间，其操作步骤如下。

1）单击文本部分，此时文本周围显示出文本框，在文本框周围有 8 个控制点，将鼠标移动到控制点上可以调整文本框的大小，如图 7.14 所示。

2）用鼠标点住文本框上边界中间的控制点，向下拖拉动，减小文本框的高度到使之能显示出整个图片。

调整完成后，效果如图 7.15 所示。

图 7.14　调整文本框的大小

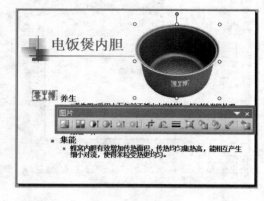

图 7.15　编辑图片

调整演示文稿第二张幻灯片中的图片"锅"以及图片"养生胆"的大小和位置，其中图片"养生胆"要放在文字"养生"的前方，高度适中，操作步骤如下。

1）单击幻灯片中的图片，此时图片的周围出现 8 个控制点和一个旋转控制柄。拖动控制点可以调整图片的大小，拖动旋转控制柄可以旋转图片。单击图片后，同时出现图片工具栏，如图 7.15 所示。使用图片工具栏可以调整图片的颜色、亮度、对比度，以及对图片进行裁剪、着色等操作。

2）单击选中"内胆"图片，鼠标光标不要离开图片。当鼠标光标在占位符上方显示出"✛"时，按下鼠标左键进行拖动，同时显示虚线框表示目标位置。将"内胆"图片移动到适当的目标位置时，松开鼠标左键，完成图片的移动。

3）然后用鼠标控制图片四周的控制点进行拖动，调整图片的大小。在文字"养生"的前方插入适当数目的空格，以容纳图片"养生胆"，然后将图片"养生胆"拖动到文字"养生"的前方，并调整图片的大小。

最后的效果如图 7.5 所示。

操作技巧

利用键盘辅助定位对象

在 PPT 中有时候用鼠标定位对象不太准确，按住 Shift 键的同时用鼠标水平或竖直移动对象，可以基本接近于直线平移。在按住 Ctrl 键的同时用方向键来移动对象，可以精确到像素点的级别。

6. 添加备注

备注是演讲者为幻灯片所加的说明文字或演说词，它并不是位于幻灯片上，而是位于单独的备注页上，讲演者可以将它打印出来，以备演讲时使用。

为"电饭煲内胆"幻灯片添加一条备注："蜂窝内胆是否易于清洗？火山岩是否有

放射性？"，为图片"养生胆"添加批注："注册商标"，操作步骤如下。

1）单击"视图"菜单中的"备注页"选项，弹出如图 7.16 所示的备注页视图，在这里，页面上半部是幻灯片，下半部有一个文本框，其中显示"单击此处添加文本"。

图 7.16　备注页视图

2）在备注文本框中的任意位置单击鼠标，文本框中将出现插入光点，然后就可以输入文字信息了。

3）在备注框中输入"蜂窝内胆是否易于清洗？火山岩是否有放射性？"，最终效果如图 7.3 所示。

> **提　示**
>
> 　　为了更清楚地观察文本框中的文字，可以在常用工具栏的"显示比例"列表框中选择合适的比例，如 75% 或 100%。如果想要修改或添加备注文字，只需要在备注页中的文字上单击，文本框和插入光点都将再次出现，直接修改或添加即可。

7. 添加批注

为第二张幻灯片"电饭煲内胆"中的图片"养生胆"添加批注："注册商标"，操作步骤如下。

1）在左边的幻灯片选项卡中，单击第二张幻灯片，使之成为活动幻灯片，然后选中图片"养生胆"。

2）依次单击菜单栏的"插入"→"批注"命令，此时，在幻灯片的左上角出现一个黄色文本框，其中的第一行文字是 PowerPoint 软件的使用者的名字，在第二行的行首有一个插入点光标，此时批注框处于可编辑状态。

3）在批注框中输入批注内容："注册商标"，结果如图 7.17 所示。

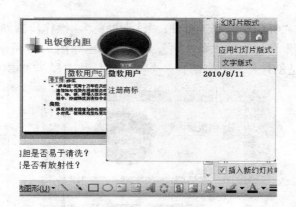

图 7.17　插入批注视图

8. 修饰幻灯片的文字

修饰第二张幻灯片"电饭锅内胆"的文字，将小标题"养生"、"集能"设置为"华文行楷"，36 磅，红色，操作步骤如下。

1）先用鼠标选中文字"养生"，按住 Ctrl 键，再选中文字"集能"。

2）单击工具栏中"字体"工具右边的下拉按钮，选择"华文行楷"。

3）单击工具栏中"字体"工具右边的下拉按钮，选择"36"。

4）以上两步也可以依次单击"格式"→"字体"命令，然后进行相应的设置。

5）单击格式工具栏的 $\blacktriangle$ ·命令，设置字体颜色为红色。

完成后第二张幻灯片效果如图 7.7 所示。

9. 幻灯片的移动、复制和删除

（1）幻灯片的移动

在浏览视图中，可以通过 Ctrl+C 复制所选幻灯片，通过 Ctrl＋V 粘贴幻灯片。下面将复制第一张幻灯片"标题",并插入到第二张幻灯片后面。

1)单击"幻灯片浏览视图"按钮,切换到浏览视图,如图 7.18 所示。

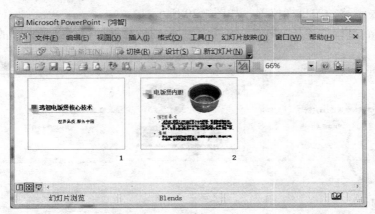

图 7.18 浏览视图

2)在浏览视图中单击选定第一张幻灯片,按下键盘中的 Ctrl+C 组合键复制所选的幻灯片。

3)移动鼠标指针到第二张幻灯片后面并单击,出现黑色竖条表示复制位置,如图 7.19 所示。

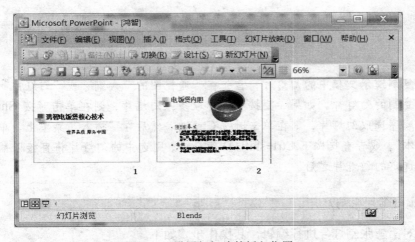

图 7.19 设置幻灯片的插入位置

4)确认位置后,按 Ctrl+V 组合键进行粘贴操作,在最后两张幻灯片后就生成了一张同样的幻灯片,最终效果如图 7.8 所示。

在浏览视图中,用鼠标拖动的方法也可以实现幻灯片的移动。

(2)幻灯片的复制

将上面复制的幻灯片移动到演示文稿的最前面,操作步骤如下。

1)单击"常用"工具栏的"显示比例"下拉列表框右侧的按钮,在列表中选择比

例为"33%"。

2）单击选中第 3 张幻灯片，按住鼠标左键拖动时，指针变为""形状，同时显示黑色竖条表示移动的目标位置，如图 7.20 所示。

3）移动到目标位置后，松开鼠标，第三张幻灯片就被移动到了第一的位置。

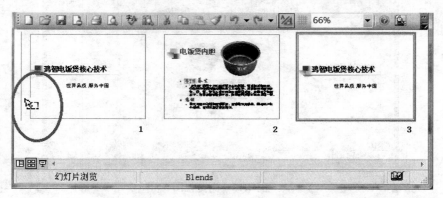

图 7.20　移动幻灯片

（3）删除幻灯片

在"幻灯片浏览视图"中，单击选中第一张幻灯片，按 Delete 键即可删除选定的幻灯片。

操作技巧

在 PPT 演示文稿内复制幻灯片

　　要复制演示文稿中的幻灯片，首先在普通视图的"大纲"或"幻灯片"选项中选择要复制的幻灯片。如果希望按顺序选取多张幻灯片，则在单击时按 Shift 键；若不按顺序选取幻灯片，则在单击时按 Ctrl 键。然后在"插入"菜单上，单击"幻灯片副本"，或者直接按下 Ctrl+shift+D 组合键，则选中的幻灯片将直接以插入方式复制到选定的幻灯片之后。

10. 编辑第三张幻灯片

下面对第三张幻灯片进行编辑，其操作步骤如下。

1）在普通视图中，单击左边的幻灯片选项卡中最后一张幻灯片后面的位置，设置新幻灯片的插入位。

2）单击菜单"插入"→"新幻灯片"命令插入新幻灯片。

3）使用默认的幻灯片版式，在标题位置输入文字"可拆盖式分体电饭煲"。

4）在内容部分输入文字"普通电饭煲上盖无法拆卸，不能全面清洗，容易滋生细菌霉菌，鸿智饭煲轻松拆盖洗，清洁更彻底！"

5）缩小内容文本框的高度，靠底端对齐。

6）在文本框上方插入"可拆洗的上盖"图片，最后的效果如图 7.21 所示。

图 7.21 可拆盖式分体电饭煲

拓展知识

1. 启动 PowerPoint 2003

启动 PowerPoint 的方法有许多种，类似于 Word 2003，下面分别加以介绍。

1）单击"开始"→"程序"→Microsoft Office→Microsoft Office PowerPoint 2003 命令，即可启动 PowerPoint，如图 7.22 所示。

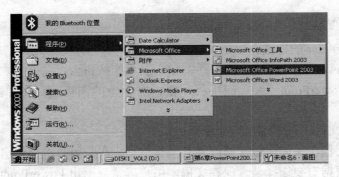

图 7.22 从"开始"按钮启动 PowerPoint

2）双击桌面上的 Microsoft Office PowerPoint 2003 快捷方式图标，即可启动 PowerPoint。

3）如果不久前编辑过 PowerPoint 演示文稿，则可通过单击"开始"→"文档"命令，选择编辑过的文件名，即可启动 PowerPoint 并载入该文件。

4）双击一个 PowerPoint 文件，可以打开 PowerPoint 并加载该文件。

2. 保存演示文稿

可以将已经建立起的演示文稿保存起来，以便以后使用，通过下面方法来实现演示文稿的保存。

　　直接单击工具栏中的图标![保存]，也可以单击"文件"菜单中的"保存"选项，还可以用组合键 Ctrl+S。如果是第一次保存，将弹出"另存为"对话框，如图 7.23 所示。在此对话框中，通过"保存位置"下拉列表框选择合适的驱动器及文件夹，在"文件名"文本框中输入保存演示文稿的名字，然后单击"保存"按钮，文稿就被保存到相应的文件中了。

　　如果已经保存过此演示文稿，在修改或调用后需要再次保存，单击工具栏中的图标![保存]或单击"文件"菜单中的"保存"选项即可。此时，会直接将修改后的演示文稿以原来的文件名保存。

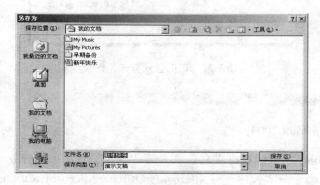

图 7.23　"另存为"对话框

3. 退出 PowerPoint

退出 PowerPoint 的方法有以下几种。

1）单击 PowerPoint 2003 应用程序窗口右上角的按钮![×]。

2）单击 PowerPoint 2003 应用程序窗口左上角的图标![图标]，在弹出的窗口中单击"关闭"。

3）单击"文件"→"退出"命令。

　　如果演示文稿在关闭前做了修改并且没有保存，在关闭时将会弹出一个对话框，提示是否存盘，根据需要选择是否保存文稿，用户确认后退出 PowerPoint。

4. 用户界面

PowerPoint 2003 有着非常友好、方便的用户界面，实现了大纲、幻灯片和备注内容的同步编辑。启动 PowerPoint 2003 时的用户界面如图 7.24 所示。在该图上标注出了四个窗格，分别为大纲选项卡/幻灯片选项卡窗格、幻灯片窗格、备注窗格、任务窗格。此外，还有标题栏、菜单栏、常用工具栏、格式工具栏、绘图工具栏、状态栏、控制菜单等。

（1）大纲选项卡/幻灯片选项卡窗格

大纲选项卡提供了一个组织演示文稿内容的有效途径。在大纲选项卡中，演示文稿会以大纲形式显示，大纲由每张幻灯片的标题和正文组成。使用大纲是组织和开发演示

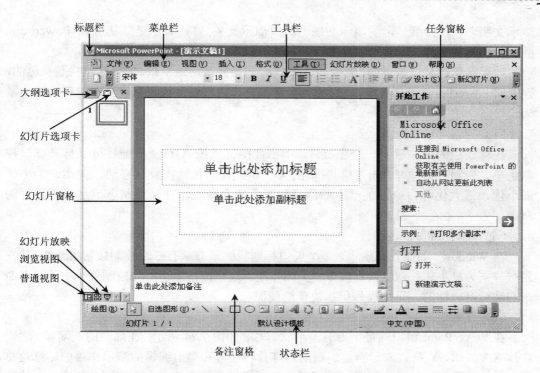

图 7.24 PowerPoint 2003 用户界面（普通视图）

文稿内容的最好方法，因为工作时可以看见屏幕上所有的标题和正文，用户可以在幻灯片中随心所欲地安排要点，或者编辑标题和正文。

幻灯片选项卡状态不能在幻灯片选项卡窗格中对文本进行编辑，可以将整张幻灯片从一处移到另一处或重排幻灯片及项目符号，只要选定要移动的幻灯片图标或文本符号拖到需要的位置即可。

（2）幻灯片窗格

在幻灯片窗格，可以查看每一张幻灯片中的文本外观，可以在单张幻灯片中添加图形、影片和声音，并创建超链接以及向其中添加动画。如果说大纲选项卡是用于对演示文稿的整体内容进行设计，那么幻灯片窗格则用于对演示文稿中的每张幻灯片进行细节描述。

（3）备注窗格

备注窗格写有提示信息"单击此处添加备注"。当将鼠标移入该区域并单击时，这些信息自动消失，成为待输入状态，备注窗格区可以让用户添加与观众共享的演说者备注或信息。

Microsoft PowerPoint 的这些不同视图，可帮助用户方便快捷地创建演示文稿、保持清晰的设计思路。

（4）标题栏

屏幕最上端的是 PowerPoint 的标题栏。显示为"Microsoft PowerPoint-[当前编辑的

演示文稿名]"，如果显示的演示文稿名为"演示文稿 1"，表示是默认进入 PowerPoint 的文件名。如果打开了多个演示文稿，可以在此看到正在编辑的文件。

如果标题栏是深蓝色的，表示 PowerPoint 是当前激活的窗口。如果标题栏是灰色的，则表明 PowerPoint 为非激活窗口，此时，单击窗口内任一处就可以将当前窗口转换为激活窗口。

（5）控制菜单

在标题栏的最左端有一个图标，单击此图标或按 Alt+空格键就可以打开窗口控制菜单。窗口控制菜单用于控制窗口的大小和位置，包括恢复、移动、关闭、大小、最小化、最大化等命令。菜单中颜色呈浅灰色的命令表示在当前状态下是不可执行的命令。

（6）控制按钮

在 Windows 的操作系统中，每个窗口标题栏的最右端有三个控制按钮，从左到右分别为最小化按钮、恢复按钮和关闭按钮。这些按钮的功能与控制菜单中的同名命令的功能是一样的，只是操作更加快捷简便而已。

（7）状态栏

在 PowerPoint 窗口的最下方有一个状态栏，如图 7.24 所示，在此栏的左端显示"幻灯片 X/Y"，X、Y 分别表示当前编辑的幻灯片的序号和当前编辑的演示文稿的幻灯片总数。在中间显示的是当前演示文稿所用的设计模板，从这儿可以看到打开的演示文稿所用的设计模板，双击该处可以从打开的窗口中选择设计模板，并可以更换原有模板。状态栏的另外一个显示框显示的是一个类似书的图形，表示拼写和语法状态，如有问题，该图形上会有一个红色的"X"。

（8）视图切换按钮

在状态栏的上方有一排视图切换按钮，从左至右分别是普通视图、幻灯片浏览视图和幻灯片放映视图，在这一排按钮的上方还有大纲视图、幻灯片视图切换按钮，单击任意一个按钮就可以实现视图切换功能。

（9）菜单栏

在标题栏的下方就是菜单栏，菜单栏包括"文件"、"编辑"、"视图"、"插入"、"格式"、"工具"、"幻灯片放映"、"窗口"和"帮助"等 9 个菜单。这些菜单包括了几乎所有的 PowerPoint 需要用到的功能。单击不同的菜单，将会出现不同的下拉子菜单供用户选择，对于部分子菜单的命令，在其右端有一个黑色三角箭头，表明该命令包含若干子选项。要打开这些子选项，只需要将鼠标移动到有子菜单的命令上，这些子选项就会显示出来。

对于部分命令，PowerPoint 不直接显示，如图 7.25 所示，当单击最下面的双箭头 ⯆ 或将鼠标在菜单上多停留片刻，所有的命令才会显示出来，如图 7.26 所示。

有时，菜单中有些命令是灰色的，表示该命令在当前无法应用，如图 7.26 所示。如果某些命令后面有...，如图 7.25 所示，表明执行该命令时会弹出一个对话框，需要用户提供更多的信息，才能完成此命令的功能。

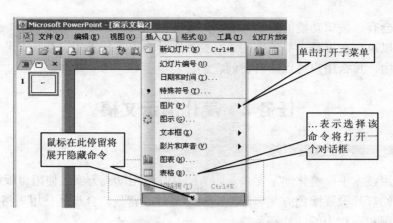

图 7.25 "插入"菜单

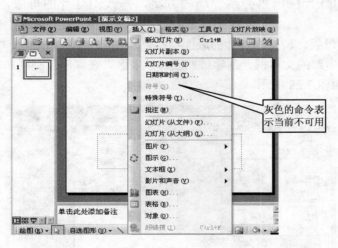

图 7.26 完全展开后的"插入"菜单

所有 PowerPoint 的常用命令按照其功能分别分布在相应的菜单中供用户选择。

（10）工具栏

工具栏中，系统按使用频率的高低排列命令，图 7.27 是常用工具栏的介绍。

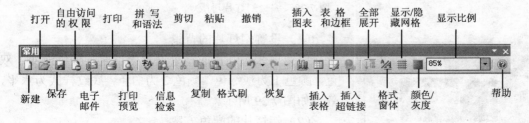

图 7.27 常用工具栏

使用 PowerPoint 工具栏，可以让用户快速访问常用的命令和功能。工具栏中的按钮功能只能通过鼠标单击来实现。各按钮的功能无需用户记忆，只要将鼠标在该按钮上停留片刻，便会有该按钮功能的提示，非常方便。

用户可以决定在屏幕上显示哪些工具栏或在什么位置放置工具栏，如果工具栏浮动在显示窗口中，那么用户可以随时访问它们。

任务 2　美化演示文稿

任务描述

可以使用技术手段美化演示文稿，如为幻灯片应用动画方案、使用母版统一幻灯片的风格、为幻灯片设置配色方案、调整个别幻灯片的背景，合理地使用表格、艺术字、多媒体、动画和图片为幻灯片润色等。

为第二张幻灯片应用"弹跳"动画方案，修改幻灯片的母版，统一幻灯片的外观。

编辑幻灯片母版，调整幻灯片的版面结构，从图片文件夹中加入"背景.jpg"图片作为背景，删除中部的文本框、删除日期区和数字区，在底部页脚区加入文本"鸿智电器有限公司"，如图7.28所示。

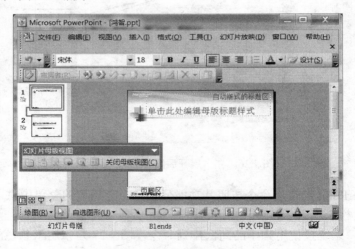

图7.28　编辑幻灯片母版

图7.29　编辑幻灯片背景

（1）设置幻灯片的背景

将第三张幻灯片的背景设置为填充、颜色渐变、双色，颜色1为淡绿色，颜色2为白色，底纹样式为水平，效果如图7.29所示。

（2）幻灯片的配色方案

输入第四张幻灯片的内容，并指定本幻灯片的配色方案是第二行第一列的方案，如图7.30所示。

图 7.30　指定幻灯片的配色方案

（3）段落处理

为演示文稿加入第 5 张幻灯片，在微压阀的作用处使用项目符号，如图 7.31 所示。为演示文稿加入第 6 张幻灯片，"一次成形的 IMD 注塑面板"使用项目编号，如图 7.32 所示。

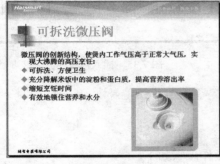

图 7.31　项目符号

图 7.32　项目编号

（4）使用大纲选项卡编辑文本

在大纲选项卡中输入标题文字，提升标题的级别，缩小标题的级别，展开和折叠下级标题。

（5）使用表格

为演示文稿加入第 9 张幻灯片，其中用表格的形式说明鸿智电饭煲的核心技术，如图 7.33 所示，注意表格中的背景设置。

功能	内胆	上盖	面板	加热
蛋糕	养生	可拆洗	一次成形	凹弧形发热盘
锅巴饭	聚能	可拆微压阀	LCD多彩显示	双管加热
焖饭	硬质氧化			远红外加热
煲汤				三维立体加热

图 7.33　表格

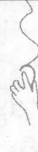

（6）插入艺术字

在演示文稿第 9 张幻灯片表格上方加入艺术字标题"鸿智电饭煲的核心技术"。艺术样式为第 5 行 4 列。艺术字填充色用默认的颜色，形状为"纯文本"，如图 7.34 所示。

（7）多媒体效果

为"鸿智电饭煲核心技术.ppt"第 9 张幻灯片插入"剪辑管理器中的声音"，如图 7.35 所示（注意其中的小喇叭图标）。

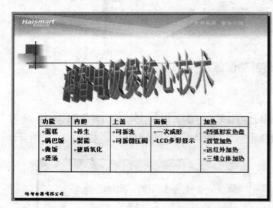

图 7.34 插入艺术字

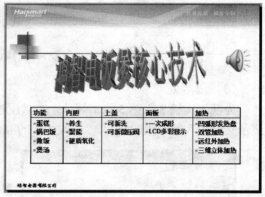

图 7.35 插入声音

解决方案

1. 应用动画方案

为第二张幻灯片文字加上弹跳动画方案的操作步骤如下。

1）单击任务窗格顶部的下拉列表框，在列表框中选择"幻灯片设计－动画方案"命令，切换任务窗格，如图 7.36 所示。

2）在普通视图中，选择第二张幻灯片"电饭锅内胆"。

3）鼠标指针移动到"幻灯片设计－动画方案"任务窗格中的"应用于所选幻灯片"区中的垂直滚动条，单击"华丽型"类中的"弹跳"方案，如图 7.37 所示。

4）在右边任务窗格中单击"播放"或者"幻灯片放映"按钮就可以看到动画效果了。

2. 编辑母版

在演示文稿中，每一张幻灯片的样式和外观都受到母版的控制。在放映幻灯片集时，母版并不出现，但是用户在它上面制作的任何内容都能在每一张幻灯片上表现出来。

母版和模板都可以使演示文稿中的每张幻灯片具有统一的风格，但它们也有不同之处。模板的控制范围很广，它不仅能控制幻灯片集的总体效果，包括配色方案，各种插入对象的位置与格式等，也能控制每张幻灯片的具体内容，包括与主题相关的文字信息，特殊的对象格式等。而母版所能控制的只有幻灯片集的总体效果，所以母版实际上是模板的一部分。

 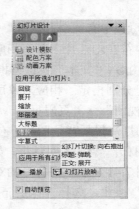

图 7.36　"幻灯片设计－动画方案"菜单　　　图 7.37　设置"弹跳"的动画方案

PowerPoint 2003 中提供了许多模板，它们在颜色的搭配、字体的选择、图案的设计以及形式和内容的配合上都是由专家来设计制作的，我们可以任意选择其中某个模板。对于所有的演示文稿，无论是否应用了模板，它都具有自己的母版，我们可以修改母版，但不能删除它。母版作为模板的一部分对整个演示文稿起作用。

模板是以.pot 文件的形式存储在计算机硬盘上，而母版则以特殊幻灯片的形式包含于演示文稿中。因此，修改幻灯片的母版，不会影响幻灯片所用的模板。在演示文稿中，母版可以分为三类，幻灯片母版、讲义母版和备注母版。

因为幻灯片是演示文稿中最主要的组成部分，也是最直接的展示内容，所以，幻灯片母版也是最常用的母版。

下面编辑幻灯片母版，调整幻灯片的版面结构，从图片文件夹中加入"背景.jpg"图片作为背景，删除中部的文本框、删除日期区和数字区，在底部页脚区加入文本"鸿智电器有限公司"。

1）单击菜单"视图"→"母版"→"幻灯片母版"命令，在左边窗格中显示两张幻灯片，分别为"幻灯片母版"和"标题母版"，单击"幻灯片母版"，出现幻灯片母版视图，如图 7.38 所示。

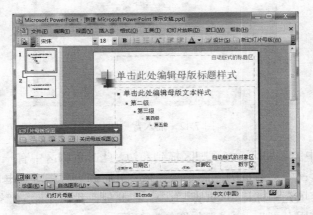

图 7.38　编辑幻灯片母版

在幻灯片母版中有五个占位符，分别是"标题"、"文本"、"日期"、"页脚"和"数字"。每个占位符在幻灯片中都有相应的实际对象，如"文本"占位符对应的是幻灯片中实际的文本内容。"文本"占位符指定了幻灯片中输入文字的格式。"日期"、"页脚"、"数字"占位符分别指定了相应对象所占据的位置。如果需要显示日期、页脚、页码，必须在菜单"视图"→"页眉页脚"中设置相应的内容。

2）设置幻灯片母版背景图片。右击幻灯片母版，在弹出的菜单中选择"背景"，如图 7.39 所示。打开"背景"对话框，如图 7.40 所示，然后单击下方的下拉按钮选择"填充效果"，如图 7.41 所示。在打开的对话框中选择"图片"选项卡，如图 7.42 所示。单击"选择图片"按钮，选择"背景.jpg"图片指定为幻灯片的背景。

图 7.39　菜单

图 7.40　"背景"对话框

图 7.41　指定填充效果

图 7.42　插入背景图片

3）删除母版中的日期区。将页脚区拖到左边，此时页脚区中有一个标记"<页脚>"，单击菜单"视图"→"页眉页脚"命令，打开"页眉和页脚"对话框，在其中指定页脚时，指定的内容会填充到标记"<页脚>"中。在此处，我们在标记"<页脚>"后面插入文字"鸿智电器有限公司"，完成后如图 7.28 所示。

4）单击菜单栏的"视图"→"页眉页脚"命令，弹出"页眉和页脚"对话框。在"幻灯片"选项卡中，单击"页脚"选项前面的方块，选中该选项，方块中显示"√"，这时对话框右下角的预览窗口中的页脚占位符将变黑，表明幻灯片页脚设置生效。

5）单击选中"标题幻灯片中不显示"选项，设置在标题幻灯片中不出现以上这些内容，如图 7.43 所示。

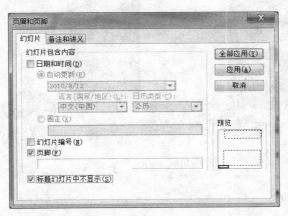

图 7.43　设置页眉和页脚

6）单击"全部应用"按钮，这些设置将应用于整个幻灯片集。

7）在"幻灯片母版视图"工具栏中单击"单击关闭母版视图"，切换到幻灯片视图中，可以看到每张幻灯片的下面将出现上述设置的内容。

> **提示**
>
> 　　根据需要，还可以在幻灯片母版中选择合适的位置插入图片。例如许多用户在制作演示文稿时喜欢在每张幻灯片上插入自己公司的 Logo，这时，最好的方法就是将 Logo 插入到母版上，这样，每张幻灯片都会有公司的 Logo 了。

下面编辑讲义母版，加入固定时间"2010-05-05"。

1）单击菜单中"视图"→"母版"→"讲义母版"命令，或者在按住 Shift 键的同时单击幻灯片浏览视图按钮品，进入讲义母版视图，如图 7.44 所示。

2）讲义母版视图有四个占位符和六个大虚线框。四个占位符分别是"页眉"、"日期"、"页脚"和"数字"，比幻灯片母版多了一个"页眉"。在页眉区中可以记录标题之类的信息。

3）单击"视图"→"页眉页脚"→"备注和讲义"→"日期和时间"→"固定"命令，在文本框中输入"2010-05-05"。

4）在"讲义母版视图"工具栏中单击"单击关闭母版视图"，切换到幻灯片视图。

5）保存对演示文稿所做的修改。

6 个大虚线框不属于占位符，它们只用来代表 6 张幻灯片，其位置、大小和内容都不能改变。由于 PowerPoint 中没有讲义视图，所以其设置的效果只能在打印出讲义之后才能看出来。

图 7.44　讲义母版视图

3. 设置幻灯片的背景

下面为"鸿智电饭煲的核心技术.ppt"的第三张幻灯片添加一个背景。

1）单击菜单栏"格式"→"背景"命令，弹出"背景"对话框，如图 7.45 所示。

2）在"背景"对话框中，"背景填充"选项区的下方有一个空白的扩展框。单击其右端的向下箭头，则出现扩展内容，包括"其他颜色"、"填充效果"两项，并且提供了几种颜色供选择，如图 7.46 所示。

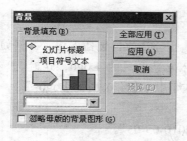
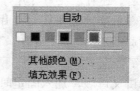

图 7.45　"背景"对话框　　　　图 7.46　背景颜色扩展框

3）为了选择其他的颜色，单击"其他颜色"，出现"颜色"对话框，如图 7.47 所示。在此选择"填充效果"，弹出"填充效果"对话框，如图 7.48 所示，该对话框有"渐变"、"纹理"、"图案"、"图片"四个选项卡可供选择。

4）在"填充效果"对话框中，选择颜色为"双色"，透明度中颜色 1 为淡绿色，颜色 2 为白色。底纹样式为水平。

5）单击"确定"按钮，关闭"颜色"对话框，此时回到"背景"对话框。

6）在"背景"对话框中，单击"应用"，则设置生效，效果如图 7.29 所示。

在"背景"对话框中单击"应用"或者"全部应用"是有区别的，单击"应用"则只设置了当前幻灯片的背景，单击"全部应用"则所有的幻灯片背景都得到了同样的设置。

图 7.47　"颜色"对话框

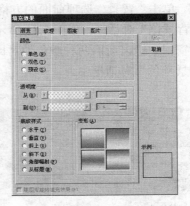

图 7.48　"填充效果"对话框

4. 幻灯片的配色方案

配色方案是指可以应用到所有幻灯片、个别幻灯片、备注页或听众讲义的 8 种均衡颜色。这 8 种颜色是用于演示文稿的主要对象，例如线条和文本、阴影、背景、填充、标题文字、强调文字所用的颜色。配色方案中的每种颜色都会自动用于幻灯片上的不同组件，在设计幻灯片外观时，可以挑选一种配色方案用于个别幻灯片或整份演示文稿中。通过这种方式，可以很容易地更改幻灯片或整份演示文稿的配色方案，并确保新的配色方案和演示文稿中的其他幻灯片的一致性和协调性。

PowerPoint 在建立幻灯片的时候，就已经应用了一种默认的配色方案。在配色方案里，可以将幻灯片中除了图片外的其他对象，如背景、文本和线条等，设置为别的颜色，而且还可以把所设计的方案作为标准配色方案添加到备选方案库中，以后可以直接调用。

（1）选择配色方案

如果用户要为当前的幻灯片选择配色方案，可以先单击"格式"菜单，在其子菜单中再单击"幻灯片设计"，这时在弹出的"幻灯片设计"任务窗格中选择"配色方案"，如图 7.49 所示。在"标准"选项卡中，"配色方案"栏里有 12 种 PowerPoint 提供的备选配色方案。我们可以根据需要单击选中的某种配色方案，然后再单击"应用"按钮，可以看到这张幻灯片有了新的配色方案。如果单击"全部应用"按钮，那么新的配色方案将作用于整个演示文稿。

（2）创建自己的配色方案

在制作演示文稿的过程中，如果对 PowerPoint 提供的配色方案不满意，可以选中一个最接近需要的配色方案，在其基础上进行一些修改来创建自己的配色方案。

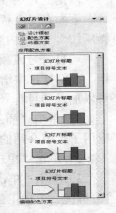

图 7.49　配色方案

在图 7.49 所示的"配色方案"对话框中，单击"编辑配色方案"，打开编辑配色方案对话框，如图 7.50 所示。在"配色方案颜色"对话框中选择所要更改的项目，如选择"背景"。单击"背景"选项前面的方格，选定"背景"项，然后单击"更改颜色"按钮，弹出"背景色"对话框，如图 7.51 所示，选择新的背景颜色后，系统将在对话框右下角的预览窗口中给出新旧两种颜色的对比。选定背景颜色之后，单击"确定"按钮，返回到"背景颜色"对话框中。

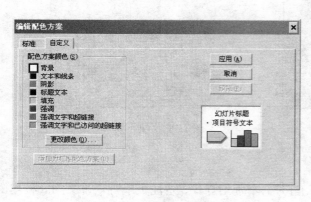

图 7.50　编辑配色方案

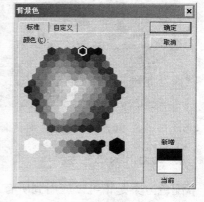

图 7.51　更改背景色

此时对话框的右下角将会显示选定这种颜色后的效果。如果想将其保留起来供以后使用，单击"添加为标准配色方案"按钮，使之成为标准配色方案。单击"应用"按钮，新选定的颜色将应用于当前幻灯片上；单击"全部应用"按钮，该颜色应用于整套演示文稿中。

同样的方法可以给"文本和线条"、"阴影"、"标题文本"等配色。

5. 段落处理

段落处理主要是指项目符号处理、编号处理、段落间距和行距设置、对齐方式设置等。下面在"鸿智电饭煲的核心技术.ppt"中，插入第 5 张新幻灯片，标题为"可拆洗微压阀"，文本内容如图 7.31 所示，为文本内容设置图中所示的项目符号。

项目符号或项目编号一般用在层次小标题的开头位置，其作用是突出这些层次小标题。在幻灯片中增加层次小标题，可以说明所要介绍内容的要点。在这些层次小标题前可以加入项目符号或项目编号，使得层次更加清楚。

1）单击"插入"→"新幻灯片"命令，PowerPoint 插入了一张新幻灯片。幻灯片应用了上节介绍的 Blends 模板，幻灯片版式默认为"标题和文本版式"。

2）单击"单击此处添加标题"，在标题文本框中输入文字"可拆洗微压阀"。

3）单击"单击此处添加文本"，在文本框中出现一项目符号，在项目符号后面输入"可拆洗、方便卫生"并回车。PowerPoint 产生下一个项目符号。

4）在文本框中按同样方法输入后续内容，文本间用回车符间隔，如图 7.31 所示。

　　可以对项目符号进行设置，如果选择"项目符号"，有 8 种项目符号形式供选择，并可以设置项目符号的大小、颜色。

（1）设置项目编号

　　在"鸿智电饭煲的核心技术.ppt "中，插入第 6 张新幻灯片，标题为"一次成型的 IMD 注塑面板"，文本内容如图 7.32 所示，为以上输入的文本内容设置项目编号。

　　1）单击"插入"→"新幻灯片"命令，将插入一张新幻灯片。

　　2）单击"单击此处添加标题"，在标题文本框中输入文字"一次成型的 IMD 注塑面板"。

　　3）单击"单击此处添加文本"，在文本框中出现一项目符号"■"。

　　4）右击在弹出菜单中选择"项目符号和编号"→"编号"命令，在对话框中选择数字编号，并单击"确定"按钮，如图 7.52 所示。此时，将编号设置成了阿拉伯数字。

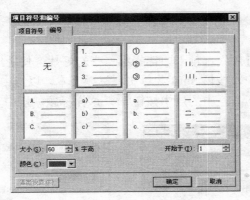

图 7.52　编号对话框

　　5）在编号后面输入以下内容"面板边角不起翘　不变形　外观靓丽　不易磨损"。文本间用回车符间隔，最终效果如图 7.32 所示。

　　对于已输入的内容要设置项目符号和编号，可以先选中内容，然后单击"格式"→"项目符号和编号"命令进行编辑。

　　删除项目符号或项目编号的方法很简单，先选中想要删除项目符号或项目编号的内容，然后单击"常规"工具栏中的项目符号按钮三，或编号按钮三就能删除该项目符号或项目编号。

　　在"编号"选项卡中有 8 种编号形式供选择，并可以设置编号的大小、颜色、设为图片或字符等。

（2）段落间距和行距处理

在"鸿智电饭煲的核心技术.ppt"中，设置第 7 张幻灯片的内容框的段落间距为 1 行。

在 PowerPoint 中，可以对文本内容的段落间距和行距进行设置。段落之间的间距和一个段落中句子间的间距可以根据需要设置成不一样的。比如，增大段落间距可使段落分得更清楚，而增大行距可以使文本更清晰易于阅读。

1）在左边的"幻灯片"选项卡中选择第 6 张幻灯片，使之成为当前幻灯片。

2）在幻灯片窗格中，按住 Shift 并单击要编辑的文本，以选中整个文本框。

3）单击"格式"→"行距"命令，打开"行距"对话框。

4）在"行距"对话框中，设置行距为 1.2 行，段前 0.2 行，段后 0.2 行，如图 7.53 所示，并单击"确定"按钮，这样重新设置了行距。

（3）设置段落对齐方式

在"鸿智电饭煲的核心技术.ppt"中，设置第 6 张幻灯片的标题框的水平对齐方式为居中。

在幻灯片中，文本的对齐方式有"左对齐"、"居中"、"右对齐"、"两端对齐"和"分散对齐"等。

1）在左边的"幻灯片"选项卡中选择第二张幻灯片，使之成为当前幻灯片。

2）在幻灯片窗格中，按住 Shift 并单击要标题文本，以选中整个文本框。

3）单击"常规"工具栏中的居中按钮▤，这样标题就居中了，如图 7.54 所示。

图 7.53　"行距"对话框

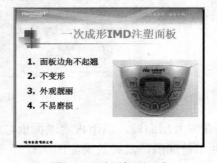

图 7.54　设置标题居中

提　示

使用"常规"工具栏中按钮▤ ▤ ▤ ▤，可以分别设置所选对象为"左对齐"、"居中"、"右对齐"、"分散对齐"。

6．使用大纲选项卡编辑文本

单击左边的大纲选项卡，进入大纲视图。在大纲视图中，PowerPoint 只显示演示文稿的文本部分，它是每张幻灯片的标题，副标题以及说明文字的集合。在该视图中，只能对演示文稿文本部分进行操作，所以，只需集中精力在演示文稿的文字上和通过幻灯片表达观点的方式上。不过可以在窗口的右上角看到光标所在的幻灯片的缩略图，从而观察幻灯片的显示效果。

进入大纲视图后，可以看到在文字左侧有一列从 1 开始顺序编号的数字，如图 7.55 所示，它们代表的是幻灯片的序号。每个序号后面都跟着一个代表幻灯片的图标，图标后面是幻灯片的标题，标题下面是幻灯片的子标题，子标题相对于标题会缩进一级。子标题下还可以有文字条目，这些条目相对于子标题又会缩进一级。这种安排方式可以清楚地表示出各级文字间的层次关系。

图 7.55　大纲视图中的演示文稿

（1）大纲工具栏

大纲工具栏有 10 个工具按钮，如图 7.56 所示。如果大纲工具栏没有在屏幕上显示出来，可以单击"视图"菜单，然后将鼠标指针指向"工具栏"，在显示的子菜单中单击"大纲"，大纲工具栏将出现在屏幕上。利用工具栏里的"升级"和"降级"按钮来改变标题、小标题和更下一步的小标题之间的调换，以及标题的折叠与展开等操作，来增加标题之间的层次。下面将每个工具按钮的作用进行简要说明。

图 7.56　大纲工具栏

1）升级按钮 ：选中某行文本或单击鼠标光标使插入点位于某行文本当中，再单击"升级"按钮（或按快捷键 Shift+Tab 键）将使这行文本升高一级。若选中了多行文本，则各行文本将按自己当前级别分别升高一级。如果幻灯片标题已经是最高级别了，该按钮将呈现灰色而无法进行升级操作。

2）降级按钮 ：选中某行文本或单击鼠标光标使插入点位于某行文本当中，再单击

"降级"按钮（或 Tab 键）将使这行文本降低一级。若选中了多行文本，则各行文本将按自己当前级别分别降低一级。PowerPoint 将文本分为五级，降至第五级后就无法再进行降级操作了。

3）上移按钮：选中一行或多行文本，单击"上移"按钮，选中的文本将与它上面的一行文本调换位置。移动过程中文本的级别保持不变。

4）下移按钮：选中一行或多行文本，单击"下移"按钮，选中的文本将与它下面的一行文本调换位置。移动过程中文本的级别保持不变。

5）折叠按钮：选中某张幻灯片或单击鼠标使光标插入点位于一张幻灯片的文本中的任意位置，再单击"折叠"按钮，除幻灯片标题以外的所有文本将被隐藏起来，同时标题下出现波浪线，表示这里有隐藏的内容。

6）展开按钮：选中某个有下波浪线的幻灯片标题，或单击鼠标使光标插入点位于标题文本当中，再单击"展开"按钮，隐藏的文本将显示出来，同时标题下的波浪线将消失。

7）全部折叠按钮：单击"全部折叠"按钮，将使除幻灯片标题以外的所有文本内容隐藏起来，同时在隐藏内容的幻灯片标题下出现波浪线，如图 7.28 所示。

8）全部展开按钮：单击"全部展开"按钮，将使所有隐藏起来的文本内容重新显示出来，同时标题下的波浪线消失。

9）摘要幻灯片按钮：单击"摘要幻灯片"按钮，将在光标当前所在的幻灯片前面插入一张新的幻灯片，这张新幻灯片的标题就是"摘要幻灯片"，而副标题就是当前幻灯片的标题。

10）显示格式按钮：默认情况下，"显示格式"按钮处于按下状态，此时大纲中的文本以带格式的形式显示，包括字体、字号与字型等。单击此按钮使其处于弹起状态，则大纲中的文本将以一种统一的简单格式显示。再次单击此按钮使其处于按下状态，则文本格式又将显示出来。

（2）在大纲视图中输入主题

在"鸿智电饭煲的核心技术.ppt"中，添加第 7 张幻灯片，在大纲视图中输入内容。

1）在普通视图中新建第 7 张幻灯片，标题为"凹弧形发热盘"，并输入图中的文字内容，效果如图 7.57 所示。

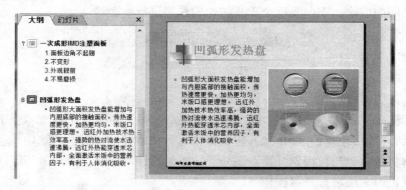

图 7.57　凹弧形发热盘

2）在大纲视图中，将鼠标光标定位到二级标题文字"凹弧形发热盘"的前方，将"凹弧形发热盘"删除。

3）将鼠标光标定位到二级标题文字"接触面积"的后方，删除逗号后回车，此时光标后面的文字成为一个新的二级标题。

4）重复3）步的动作，将"传热速度更快"、"加热更均匀"、"米饭口感更理想"、"远红外加热技术热效率高"、"强势的热对流使水迅速沸腾"、"远红外热能穿透米芯内部"、"全面激活米饭中的营养因子"、"有利于人体消化吸收"全面转换为二级标题。此时可以发现"远红外加热技术热效率高"之后的内容与本页幻灯片关系不大，需要将它放到一个新的幻灯片中，如图7.58所示。

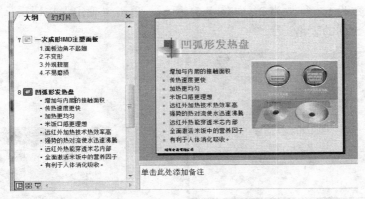

图 7.58　用大纲视图编辑幻灯片

5）将鼠标光标定位到二级标题文字"远红外加热技术热效率高"的前方。

6）单击工具栏的升级按钮，将会新加一张幻灯片，并使文字"远红外加热技术热效率高"成为一级标题。

7）将鼠标定位到热效率高的前方并回车，此时又生成新插入一张幻灯片，仍处于一级标题编辑状态。现在需要将"热效率高"转换为上一张幻灯片的二级标题。

8）单击工具栏降级按钮，此时新建幻灯片消失，将"热效率高"转换为上一张幻灯片的二级标题。最后为本幻灯片加上图片，效果如图7.59所示。

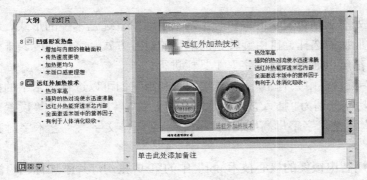

图 7.59　标题级别的调整

7. 插入表格

在"鸿智电饭煲的核心技术.ppt"中，添加第 9 张幻灯片，在其中输入一个表格，概括一下鸿智电饭煲的核心技术。

1）在左边的"幻灯片"选项卡中选择最后一张幻灯片，使之成为当前幻灯片。

2）插入一张新幻灯片。

3）在任务窗格，选择幻灯片版式任务，单击"内容版式"中的"内容"版式，如图 7.60 所示。

4）在"单击图标添加内容"列表中，单击表格图标。在弹出的"插入表格"对话框中，设置列数为 5，行数为 2，如图 7.61 所示。单击"确定"按钮后，在幻灯片中插入了一个 2 行 5 列的表格。

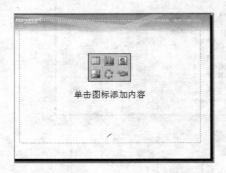

图 7.60　"标题和内容在文本之上"版式　　　　图 7.61　"插入表格"对话框

5）单击表格，用鼠标拖动表格的边框线，可以适当调整表格的宽度和高度。

6）在表格中输入如图 7.33 所示的内容。

7）用鼠标拖动选择第一行右击，选择"边框和填充"→"填充"命令，在"填充"对话框选定"填充颜色"，并选择一种颜色作为背景。

8）用 7）中同样的方法设置第二行的背景，最后效果如图 7.33 所示。

8. 插入艺术字

艺术字的处理包括对文字的编辑、在艺术字库中重选艺术字的形式、艺术字格式的设置、艺术字形状的选择、自由旋转、艺术字的对齐方式、字母高度、排列方式的设置等。这些设置都可以通过"艺术字"工具栏进行。

"艺术字"工具栏中共有 10 个工具按钮，利用它们可以进行艺术字的插入、编辑与加工工作，其功能分别为"插入艺术字"、"编辑文字"、"艺术字库"、"设置艺术字格式"、"艺术字形状"、"艺术字字母高度相同"、"艺术字竖排文字"、"艺术字对齐方式"、"艺术字字符间距"。

下面为"鸿智电饭煲的核心技术.ppt"中的第 9 张幻灯片添加标题"鸿智电饭煲核心技术"，使用艺术字。

1）单击绘图工具栏的"插入艺术字"按钮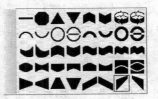，将弹出"艺术字库"列表框，如图 7.62 所示。选中第 5 行 4 列的样式，并单击"确定"按钮。

2）在弹出的"编辑'艺术字'文字"对话框中，输入文字"鸿智电饭煲核心技术"，设置字体为"华文行楷"，设置字体大小为"60"，如图 7.63 所示。单击"确定"按钮，幻灯片中就插入了艺术字。

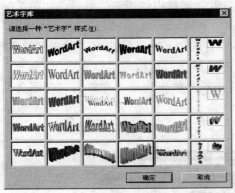

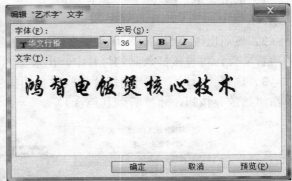

图 7.62 设置艺术字样式   图 7.63 编辑"艺术字"文字

3）如果艺术字工具栏没有打开，右击工具栏，在弹出菜单中选中"艺术字"，则出现"艺术字"工具栏，如图 7.64 所示。

图 7.64 "艺术字"工具栏   图 7.65 "艺术字"形状

4）单击"艺术字"工具栏中的，弹出设置艺术字的形状下拉框，如图 7.65 所示。单击第一行一列的"纯文本"形状。

5）单击艺术字，拖动到标题位置。在内容文本框中输入现有的数字现金方案，最后的效果如图 7.34 所示。

9．增加多媒体效果

在 PowerPoint 中，多媒体效果主要是指声音和电影效果。随着计算机性能的不断提高，在一份文档中插入多媒体效果已不再有技术上的困难，而 PowerPoint 的设计者更是在产品中集成了这一强大功能，使用户只需动动鼠标就可以为幻灯片添加丰富的声音和变换的图像了。

单击菜单栏的"插入"→"影片和声音"命令，弹出的子菜单中有 6 个与声音效果有关的选项，分别是"剪辑管理器中的影片"、"文件中的影片"、"剪辑管理器中的声音"、

"文件中的声音"、"播放 CD 乐曲"和"录制声音"，它们分别代表了不同效果的来源。只要用户的计算机上安装有相应的硬件设备（如声卡）和驱动程序，那么就可以插入任何一种效果。

下面以在幻灯片中插入声音文件为例，说明多媒体效果的使用。为"鸿智电饭煲的核心技术.ppt"中第 9 张幻灯片插入"剪辑管理器中的声音"。

1）单击菜单"插入"→"影片和声音"→"剪辑管理器中的声音"命令，如图 7.66 所示。

2）然后出现"剪贴画"任务窗格，这时会将所有的声音文件找出来，单击"掌声"的声音文件，将直接插入到幻灯片中，出现如图 7.67 所示对话框。

3）选择"自动"则当幻灯片播放时自动播放声音（如果选择"在单击时"则必须单击"播放"按钮，才能听到其声音）。

图 7.66　影片和声音　　　图 7.67　播放声音

在幻灯片上，插入到演示文稿中的声音以一个小的扬声器图标显示，但可以移动改变它的大小。在一张幻灯片上可以插入 Microsoft 剪辑图库中的多个声音，如果在插入之前不移动已插入的声音图标，那么新插入的图标会覆盖原来的图标。

10. 插入剪贴画

单击"插入"→"图片"命令出现下一级子菜单，该子菜单包括 7 个选项：剪贴画、来自文件、来自扫描仪或相机、新建相册、自选图形、艺术字和组织结构图。

剪贴画是指存放在 Microsoft 剪辑库中的一些图片，这些是由 Office 2003 本身提供的。这些剪贴画的内容非常丰富，它们涉及各种主题。在制作演示文稿时可以用这些剪贴画来装饰幻灯片的外观，并力求起到突出主题的作用。

给"鸿智电饭煲的核心技术.ppt"加入第 10 张幻灯片，内容为"谢谢观看！"。忽略背景，并在左上角加入一种植物的剪贴画。

1）单击"插入"→"图片"→"剪贴画"命令（也可以直接单击绘图工具栏中剪贴画按钮 ）。

2）在"剪贴画"任务窗格中，输入关键字"植物"，单击"搜索"，就可以找出选定的收藏的相关图片，如图 7.68 所示。

3）单击剪贴画中的椰树图片，就把相应图片插入到了幻灯片中，效果如图 7.69 所示。

图 7.68　插入剪贴画窗格　　　　图 7.69　插入剪贴画后效果

11. 插入自选图形

自选图形是一组供用户选择的符号图形，包括线条、连接符、基本形状、箭头、流程图以及星与旗帜、标注符号、动作按钮等。

下面为"鸿智电饭煲的核心技术.ppt"的第 10 张幻灯片中的椰树画一个椰子。

1）单击"插入"→"图片"→"自选图形"命令（也可以直接单击绘图工具栏中"自选图形"按钮"**自选图形 (U)**"），此时出现"自选图形"菜单工具条，如图 7.70 所示。

2）在该工具条中可以选择各类自选图形。

3）单击"基本形状"按钮，出现"基本形状"下拉菜单选项。

4）单击按钮○，同时按下 Shift 键，用鼠标在绘图位置拖动画一个合适大小的正圆。

5）右击圆，在菜单中选择"设置自选图形格式"→"线条和颜色"→"线条"命令，设置"无线条颜色"。

6）设置椭圆的填充效果。右击椭圆，单击"设置自选图形格式"→"颜色和线条"→"填充"→"颜色"→"填充效果"→"渐变"，颜色设为双色，颜色一为绿色，颜色二为白色。选择"底纹样式"→"中心辐射"，并单击"确定"按钮，效果如图 7.71 所示。

图 7.70　"自选图形"菜单工具条　　　图 7.71　绘制自选图形

　　与 Word 的自选图形操作一致，PowerPoint 中的自选图形可以根据需要改变大小与位置。如果是几个图形，为了方便整体移动与设置，还可以将它们进行组合或取消组合，更改叠放次序等操作。

12. 插入自定义动画

　　为最后一张幻灯片的"椰树"加上上节所画的椰子，然后制作一个动画：椰子从椰树上落下，弹跳着向前滚动，弹跳高度越来越小，最后离开屏幕。

　　1）将椰子放到椰树上。在屏幕右侧的任务窗格最上方的下拉菜单中选择"自定义动画"命令（如果任务窗格隐藏了，可以通过"视图"→"任务窗格"让其显示出来），如图 7.72 所示。

图 7.72　打开任务窗格

　　2）用鼠标选中"椰子"，在屏幕右侧的任务窗格的"添加效果"下拉菜单选择"动作路径"→"绘制自定义路径"→"曲线"命令，如图 7.73 所示。

图 7.73　为椰子添加效果

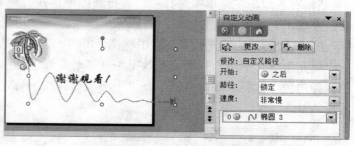

图 7.74　绘制椰子下落路径

3）此时鼠标光标显示为"十字状"，可以为椰子画出下落的路径了。在椰子上单击，然后单击椰子第一次下落的最低点，再单击第一次弹跳的最高点，再单击第二次下落的最低点……当椰子下落路径离开屏幕后，双击或者按 Esc 键结束绘制路径，如图 7.74 所示。

4）修改自定义路径，在任务窗格中将"开始"设置为"之后"，幻灯片出现后将会播放动画。将"路径"设置为"锁定"，不能再编辑路径。将"速度"设置为"非常慢"，如图 7.74 所示。

5）单击"放映"按钮就可以观看设置的动画效果了。

13. 插入超链接

为最后一张幻灯片添加返回首页的超链接。

1）单击底部绘图工具栏中的文本框工具，在最后一张幻灯片底部拖出一个文本框，然后在文本框中输入文字"回到首页"。

2）选中文字"回到首页"，然后单击菜单"插入"→"超链接"命令，打开"插入超链接"对话框。

3）在对话框中，将"链接到"设置为"本文档中的位置"，然后选择文档中的位置为"第一张幻灯片"，确认并完成设置，如图 7.75 所示。

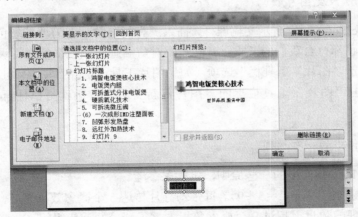

图 7.75　插入超链接

拓展知识

1. 制作备注母版

单击"视图"→"备注母版"命令，进入备注母版视图。

备注母版上有 6 个占位符，它们分别是"幻灯片"、"备注文本"、"页眉"、"日期"、"页脚"和"数字"。对这 6 个占位符都可以进行设置。对"备注文本"占位符中的文字内容可以进行字体、字号、项目符号等格式的设置，设置方法与在幻灯片母版中介绍的"文本"的设置方法相同。

"页眉"、"日期"、"页脚"和"数字"的设置过程同讲义母版中的这 4 个占位符的设置过程相同。在备注母版中不能设置"幻灯片"占位符的内容格式，要进行这项工作，可以在幻灯片上右击，从弹出的快捷菜单中选择"编译幻灯片对象"选项，就可以切换到幻灯片母版视图上进行设置了。

2. 灵活设置背景

大家可以希望某些幻灯片和母版不一样，比如说如果需要全屏演示一个图表或者相片的时候，可以进入"格式"菜单，然后选择"背景"，选择"忽略母版背景图形"选项之后，就可以让当前幻灯片不使用母版背景。

3. 将声音文件无限制打包到 PPT 文件中

幻灯片打包后可以到没有安装 PPT 的计算机中运行，如果链接了声音文件，则默认将小于 100KB 的声音素材打包到 PPT 文件中，而超过该大小的声音素材则作为独立的素材文件。其实我们可以通过设置就能将所有的声音文件一起打包到 PPT 文件中，单击"工具"→"选项"→"常规"命令，将"链接声音文件不小于 100KB"改大一点，如"50000KB"（最大值）就可以了。

4. 快速灵活改变图片颜色

利用 PowerPoint 制作演示文稿课件，插入漂亮的剪贴画会为课件增色不少，可并不是所有的剪贴画都符合我们的要求，有时需要对剪贴画的颜色搭配进行调整。右击该剪贴画选择"显示'图片'工具栏"选项（如果图片工具栏已经自动显示出来则无需此操作），然后单击"图片"工具栏上的"图片重新着色"按钮就可以任意改变图片的颜色了。

5. PPT 制作中的一些原则

下面给出 PPT 制作中的一些原则，供大家参考。

1）魔力 7 原则（7±2＝5～9）。每张幻灯片传达 5 个概念效果最好，7 个概念是人脑恰好可以处理的数量，超过 9 个概念负担太重了，最好重新组织。

2）简单朴素原则。因为我们做 PPT 针对的是大众，不是小众，我们的目的是把自己的理解灌输给听众。PPT 中不要用超过 3 种的动画效果，包括幻灯片切换，好的 PPT 不是靠效果堆砌出来的，朴素一点比花哨的更受欢迎。

3）图表原则。能用图表就用图表，图表比文字更直观更容易理解接受。在图表中标出最低的、最高的和与之相关的东西，让人一目了然。

4）10/20/30 法则。演示文件不超过 10 页，演讲时间不超过 20 分钟，演示使用的字体不小于 30 点。

任务 3　预 演 彩 排

任务描述

学会幻灯片的播放控制技术，设置幻灯片的切换效果、放映方式，录制必要的语音旁白。

（1）幻灯片放映

依次播放前三张幻灯片后，然后返回到第二张幻灯片；在第二张幻灯片，在屏幕上用画笔写出"养生"两字；播放最后一张幻灯片后，单击"回到首页"超链接，回到第一张页幻灯片；按键盘中的 Esc 键结束放映，如图 7.76 所示。

图 7.76　播放时，用鼠标写字

（2）设置幻灯片切换

将所有的幻灯片的切换方式设置为"顺时针形回旋，4 根轮幅"，速度为中速，声音为疾驰。图 7.77 所示为切换效果的屏幕录像图。

图 7.77　幻灯片切换效果

（3）录制语音旁白

为幻灯片第二页加入语音旁白来说明演示的内容。

（4）设置放映方式

设置演示文稿的放映方式是由演讲者全屏幕放映，循环放映，按 Esc 键终止，绘图笔颜色为红色。如果存在排练时间，则使用排练时间。

（5）隐藏幻灯片

隐藏第 5 张幻灯片，使之在播放时不显示出来。

解决方案

1. 幻灯片放映

依次播放前三张幻灯片后，然后返回到第二张幻灯片；在第二张幻灯片，在屏幕上用画笔写出"养生"两字；播完幻灯片后，单击"回到首页"超链接，回到第一张幻灯片，按 Esc 键结束放映动画。

图 7.78　幻灯片播放快捷菜单

1）选定第 1 张幻灯片，单击"幻灯片放映"按钮，进入"幻灯片放映"视图。默认情况下，幻灯片以全屏状态显示并放映相应的动画。

2）看完一张幻灯片，单击播放下一张幻灯片，这样可以一张一张依次播放完所有的幻灯片。

3）放映过程中，右击可弹出快捷菜单，如图 7.78 所示。选择"下一张"、"上一张"、"上次查看过的"、"定位至幻灯片"命令可切换幻灯片；"屏幕"可设置黑屏、白屏，以及显示演讲者的备注；

4）在播放过程中，单击左下角的"指针"按钮，选择一种指针类型（如"荧光笔"），如图 7.79 所示，在播放时可以使用该笔迹在画面上进行标记。"指针选项"可将鼠标转换为各种画笔，使用笔在屏幕上画出"养生"两字。

图 7.79　幻灯片播放控制

5）在最后一张幻灯片播放时，单击"回到首页"可链接到第一张幻灯片；此时，在第一张幻灯片中使用快捷菜单的"上次查看过的"命令可回到最后一张幻灯片。

6）按 Esc 键退出"幻灯片放映"视图，结束放映。

提　示

使用指针进行标记的线条，不影响幻灯片的内容。

2. 设置幻灯片切换

将所有的幻灯片的切换方式设置为"顺时针形回旋，4 根轮幅"，速度为慢速，声音为疾驰。

1）单击"幻灯片放映"→"幻灯片切换"命令，在"幻灯片切换"窗格中，选择切换方式为"顺时针形回旋，4 根轮辐"，"速度"为"慢速"，声音为"疾驰"。

2）"换片方式"设置为"单击鼠标时"，单击"应用于所有幻灯片"按钮，如图 7.80 所示。

3）播放幻灯片，观察设置后的效果，图 7.77 所示。

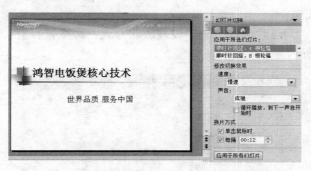

图 7.80　设置幻灯片的切换方式

3. 录制语音旁白

在播放演示文稿时，可以加入语音旁白来说明演示的内容。当然，在要录制和收听旁白时，计算机必须配备声卡、话筒和扬声器。如果要为某个幻灯片加入旁白，可以将其录制在选定的幻灯片上。录制完毕后，每张录有旁白的幻灯片上都会出现声音图标。

下面为幻灯片第二页加入语音旁白来说明演示的内容。

1）选中要开始录制旁白的第二张幻灯片。

2）单击"幻灯片放映"→"录制旁白"命令，弹出"录制旁白"对话框，如图 7.81 所示。

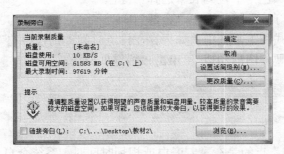

图 7.81　"录制旁白"对话框

3）单击"设置话筒级别"按钮，按照屏幕说明来设置话筒的级别。

4）选中"链接旁白"复选框，并单击"浏览"按钮可以指定链接文件存放的文件夹，否则以嵌入方式插入幻灯片。

5）在确定了开始录制的位置后，进入幻灯片全屏播映方式。此时可以通过话筒录入首张幻灯片的旁白内容，单击鼠标切换到下一张继续录制，直到最后。

6）结束录制时，将显示确认保存排练时间提示框，确认后结束录制过程。

4. 设置放映方式

设置演示文稿的放映方式为由演讲者全屏幕放映，循环放映，按 Esc 键终止，绘图笔颜色为红色。如果存在排练时间，则使用排练时间。演示文稿创建后，用户可以用不同方式放映演示文稿。

1）单击菜单"幻灯片放映"→"设置放映方式"命令，打开"设置放映方式"对话框，如图 7.82 所示。

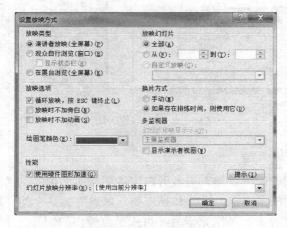

图 7.82　设置放映方式

2）在"放映类型"选项列表中选择"演讲者放映（全屏幕）"，在"放映选项"列表中选择"循环放映，按 Esc 键终止"项。

3）在"绘图笔颜色"下拉列表中选择"红色"。

4）在"放映幻灯片"下，选中"全部"。

5）在"换片方式"下，选中"如果存在排练时间，则使用它"。

6）选中"使用硬件图形加速"，单击"确定"按钮。

拓展知识

1. 排练时间

所谓"排练时间"指的是在录制旁白或规划时间时，系统会自动将每张幻灯片在屏幕上停留的时间记录下来，作为将来自动播放时切换幻灯片的时间依据。

由于语音旁白优先于其他声音，如果已在演示文稿中插入其他声音并设置为自动播放，语音旁白将覆盖其他声音。

2. 让幻灯片自动播放

要让 PowerPoint 的幻灯片自动播放，只需要在播放时右击这个文稿，然后在弹出的菜单中执行"显示"命令即可，或者在打开文稿前将该文件的扩展名从 PPT 改为 PPS 后

再双击它即可。这样一来就避免了每次都要先打开这个文件才能进行播放所带来的不便。

3. 利用画笔来做标记

利用 PowerPoint 放映幻灯片时，为了让效果更直观，有时我们需要现场在幻灯片上做些标记。在打开的演示文稿中右击，然后选择"指针选项—绘图"命令即可，这样就可以调出画笔在幻灯片上写字了，用完后，按 Esc 键便可退出。

4. 快速定位幻灯片

在播放 PowerPoint 演示文稿时，如果要快进到或退回到第 5 张幻灯片，可以按下数字 5 键，再按下回车键。若要从任意位置返回到第 1 张幻灯片，还有另外一个方法，同时按下鼠标左右键并停留 2 秒钟以上。

5. 轻松隐藏部分幻灯片

对于制作好的 PowerPoint 幻灯片，如果希望其中的部分幻灯片在放映时不显示出来，可以将它隐藏。在普通视图下，在左侧的窗口中按 Ctrl 键，分别单击要隐藏的幻灯片，右击弹出快捷菜单选择"隐藏幻灯片"命令。如果想取消隐藏，只要选中相应的幻灯片，再进行一次上面的操作即可。

6. 窗口模式下播放 PPT

在按住 Alt 键不放的同时，依次按 D 和 V 键即可在窗口模式下播放 PPT 了。

验 收 单

学习领域	计算机操作与应用			
项目七	制作演示文稿		学时	6
关键能力	评价指标	自测（在□中打√）		备注
自我管理能力	1. 培养自己的责任心	□A　　□B　　□C		
	2. 管理自己的时间	□A　　□B　　□C		
	3. 所学知识的灵活运用	□A　　□B　　□C		
沟通能力	1. 知道如何尊重他人的观点	□A　　□B　　□C		
	2. 能否与他人有效地沟通	□A　　□B　　□C		
	3. 在团队合作中表现积极	□A　　□B　　□C		
	4. 能获取信息并反馈信息	□A　　□B　　□C		
解决问题能力	1. 学会使用信息资源	□A　　□B　　□C		
	2. 能发现并解决常规及特殊问题	□A　　□B　　□C		
设计创新能力	1. 面对问题能根据现有的技能提出有价值的观点	□A　　□B　　□C		
	2. 使用不同的思维方式	□A　　□B　　□C		

（表格最左侧纵向合并单元格：基本能力测评）

学习领域	计算机操作与应用		
项目七	制作演示文稿	学时	6
关键能力	评价指标	自测（在□中打√）	备注
添加产品信息	1. 新建演示文稿	□A □B □C	
	2. 应用设计模板	□A □B □C	
	3. 插入幻灯片，并录入文字	□A □B □C	
	4. 在幻灯片中插入图片	□A □B □C	
	5. 编辑图片	□A □B □C	
	6. 添加备注和批注	□A □B □C	
	7. 修饰文字	□A □B □C	
	8. 幻灯片的移动复制和删除	□A □B □C	
美化演示文稿	1. 为第二张幻灯片应用"弹跳"动画方案	□A □B □C	
	2. 修改幻灯片的母版，统一幻灯片的外观	□A □B □C	
	3. 设置幻灯片的背景	□A □B □C	
	4. 幻灯片的配色方案	□A □B □C	
	5. 段落处理	□A □B □C	
	6. 使用大纲选项卡编辑文本	□A □B □C	
	7. 插入艺术字	□A □B □C	
	8. 多媒体效果	□A □B □C	
预演彩排	1. 幻灯片放映	□A □B □C	
	2. 设置幻灯片切换	□A □B □C	
	3. 录制语音旁白	□A □B □C	
	4. 设置放映方式	□A □B □C	
	5. 隐藏幻灯片	□A □B □C	
其他			

注：表格左侧纵向文字为"业务能力测评"

教师评语

成绩		教师签字	

课 后 实 践

1. 打开制作好的演示文稿"西部风景.ppt"，按要求完成下列各项操作并保存。

（1）将第一张幻灯片中的标题框设置为 88 磅、加粗。

（2）将第二张幻灯片版面改变为"垂直排列标题与文本"。

（3）将第三张幻灯片移动为演示文稿的第二张幻灯片。

（4）保存文件。

2. 打开制作好的演示文稿"西部风景.ppt"，按要求完成下列各项操作并保存。

（1）将第四张幻灯片的图像部分动画效果设置为：从右侧缓慢进入。

（2）将放映选项设置为循环放映，按 Esc 键终止。

（3）保存文件。

3. 打开制作好的演示文稿"四川特产.ppt"，按要求完成下列各项操作并保存。

（1）第一张幻灯片版式设置为"标题和内容"，在内容框中插入一个图表。

（2）在第三张幻灯片的标题后插入一个超链接，链接到本文档中的第一张幻灯片。

（3）保存文件。

4. 打开制作好的演示文稿"四川特产.ppt"，按要求完成下列各项操作并保存。

（1）在演示文稿最后面插入一张版式为"空白"的幻灯片。

（2）第二张幻灯片的标题框设置为：黑体、54 磅、加粗、白色（请使用自定义标签中的红色 255，绿色 255，蓝色 255）。

（3）设置幻灯片切换效果为随机水平线条，每隔 10 秒钟换片，应用于所有的幻灯片中。

（4）保存文件。

5. 结合本专业，为某新产品制作一个宣传文稿，文件名为"**产品简介.PPT"（至少包含 5 页幻灯片），保存在 D：\PPT 目录下。

（1）使用一个自己喜欢的模板。

（2）幻灯片设置切换方式为"盒状展开"，对标题设置动画效果为"颜色打字机"进入。

（3）设置页脚为"**产品简介"，插入日期和幻灯片编号。

（4）在最后一页插入新幻灯片，内容为艺术字"谢谢观看！"。插入一张剪贴画，并设置为水印效果。

（5）设置动作按钮，使它可以自动跳转。

（6）为第二页添加备注页，内容自定。

项目八

计算机组装、维护与网络访问

A公司为外贸公司，现有8台办公计算机，以2M的ADSL带宽接入互联网。B公司为IT外包服务公司，长期为其他公司进行计算机及网络等方面的软硬件维护。A公司是B公司的客户，现A公司由于业务发展需要，委托B公司为新聘的两名员工各配置一台办公计算机，用于日常办公。

为完成此项工作，双方需进行多次沟通，常用的沟通方式有电话、网络、传真等多种方式，由于网络通信的普及和高效率等特点，本项目均采用网络通信方式来完成所有沟通工作。根据双方业务内容的开展，可将整个项目分为5个任务，分别为确定项目需求表（包括QQ的使用和网络搜索）、确定项目采购方案（电子邮件）、组装计算机（包括硬件组装、驱动安装和系统安装）、计算机软件及网络安装与调试（包括网络设置、软件下载和软件安装）和系统维护（包括远程维护和系统备份还原）。

任务1 确定需求表

任务描述

A公司制定基本需求表，以QQ的方式发给B公司，双方在线讨论需求方案并对其进行修改，确定最终需求方案。讨论时，需上网搜索资料。

两个同学一组，同学A代表A公司，同学B代表B公司，具体过程如下。

1）同学A制作计算机采购基本需求表；

2）同学A和同学B均申请QQ号；

3）同学A和同学B相互加为好友，就采购基本需求表进行聊天，发起讨论；

4）同学A和同学B在讨论时通过网络搜索查找网络商情；

5）B同学根据讨论结果制定计算机采购详细需求表。

解决方案

1. A公司制作基本需求表

A公司计算机采购基本需求表如表8.1所示。

表8.1　A公司计算机采购基本需求表

项目名称		采购人	
采购部门		完成日期	
采购内容			
采购要求			
采购说明			

1）老师通过FTP或电子教室系统将表格"A公司计算机采购基本需求表"的模板发给学生。

2）学生打开该表格模板，不要修改表格格式，根据项目描述的内容在表格空白处填写相应内容。

3）以文件名"##***（A公司计算机采购基本需求表）"保存该文档。文件名或文件夹命名中"##"表示学号后两位数字，"***"表示学生的中文姓名。文件名命名中数字及标点符号等全部采用半角方式。

4）需在本地机器上建立一个文件夹存放以上文档，如D:计算机基础\##***\项目8。本情境所涉及的操作文档均放于该文件夹中。

2. A公司与B公司QQ在线讨论制定详细需求方案。

1）打开QQ软件，如图8.1所示，选择登录状态，输入正确的用户帐号及密码，单击"登录"按钮就可成功登录到QQ工作界面。

2）如没有QQ用户帐号，则需自己申请一个QQ用户帐号，如图8.1所示，单击"申请帐号"链接，就自动打开浏览器，并进入到QQ帐号申请的网页界面中，图8.2所示为免费帐号申请界面。

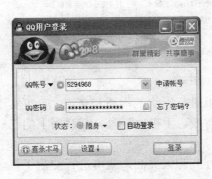

图8.1　QQ帐号登录界面

图8.2　免费帐号申请类型选择

QQ 帐号的申请有两种申请方式，一种是通过网页申请，另一种则是通过手机快速申请。通过手机的方式申请只需发一条短信就可成功获得一个 QQ 号码，但要收 1 元钱的费用。本例使用网页的方式进行说明，单击"立即申请"进入到"网页免费申请"界面中，如图 8.3 所示。

图 8.3　帐号申请信息输入

　　在网页中输入昵称、生日、性别、密码、确认密码、所在地、验证码等信息并提交网页，成功申请 QQ 后的界面如图 8.4 所示。

图 8.4　成功申请 QQ 后的界面

3）成功登录 QQ 后，QQ 的面板如图 8.5 所示。

　　从 QQ 面板中可以看到 QQ 平台不仅可以进行网络的沟通和交流，也可实现网上娱乐、网络存储、网络购物、商情资讯、网络游戏、手机生活等，互联网上的已有应用大多都可以在 QQ 平台中找到。

　　从 QQ 好友列表中选择好友进行聊天，打开聊天界面，就可进行交流了，聊天界面如图 8.6 所示。

图 8.5 QQ 面板

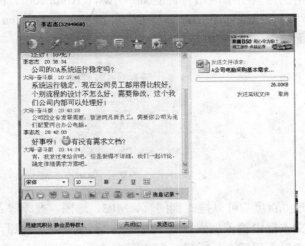

图 8.6 QQ 聊天界面

从以上聊天界面中可以看到 A 公司"大海—奋斗版"与 B 公司"李志杰"的聊天内容，他们正通过聊天的方式就计算机采购需求进行沟通。在使用过程中，可通过文字的字体字号颜色的变化、表情符号、图片、语音、视频及其文件等内容来丰富聊天内容，达到更好的聊天效果。

通过聊天，制定详细的计算机采购需求，具体需求表如表 8.2 所示。

表 8.2 A 公司计算机采购详细需求表

配件名称	性能要求	推荐型号	数量
CPU			
主板			
内存			
硬盘			
显卡			
显示器			
网卡			
光驱			

4）老师通过 FTP 或电子教室系统将表格"A 公司计算机采购详细需求表"的模板发给学生。学生通过 QQ 沟通讨论的方式确定详细配置清单。

5）在使用 QQ 讨论的过程中，需借助于网络搜索功能解决很多实际问题，在网络上找到所要的答案。

3. 通过网络搜索网络行情

要想通过网络找到有用的信息就要掌握正确的方法。在网上搜索信息离不开搜索引擎，常用的搜索引擎网站有很多，不同网站提供的搜索引擎，其搜索技术与功能均不相同。常用的搜索引擎网站有百度 http://www.baidu.com、搜狗 http://www.sogou.com、谷歌 http://www.google.com.hk、天网搜索 http://e.pku.edu.cn 等。图 8.7 为"百度"网站的搜索界面。

图 8.7　"百度"界面

通过"百度"可以搜索到网页、MP3、地图、视频等各种资料。选择好搜索类型后，只需在文本框中输入搜索关键字，单击"百度一下"按钮，很多搜索结果就显示出来了。关键字的输入很重要，关键字可以是多个，介绍如下。

1）加号。在关键词的前面使用加号，表示该词语必须出现在搜索结果中的网页上，例如，在搜索引擎中输入"+视频+音乐"就表示要查找的内容必须要同时包含"视频、音乐"这两个关键词。

2）减号。在关键词的前面使用减号，表示查询结果中不能出现该关键词，例如，在搜索引擎中输入"电视台－北京电视台"，它就表示最后的查询结果中一定不包含"北京电视台"。

3）双引号。给要查询的关键词加上双引号，可以实现精确的查询，这种方法要求查询结果要精确匹配，不包括演变形式。例如在搜索引擎的文字框中输入"电信"，它就会返回网页中有"电信"这个关键字的网址，而不会返回诸如"电脑通信"之类的网页。

在本例中，输入搜索关键字"电脑行情"，打开如图 8.8 所示的搜索界面。

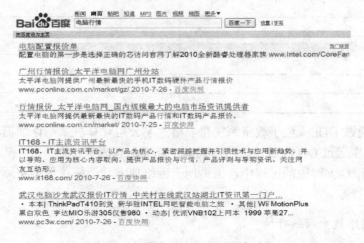

图 8.8　"电脑行情"网页搜索结果

在众多的搜索结果清单中，需要对其进行筛选，找到最适合自己的搜索结果。如"行情报价__太平洋电脑网"及"IT168-IT 主流资讯平台"都是很适合我们要求的搜索结果，打开"行情报价__太平洋电脑网"的链接网页，如图 8.9 所示。

图 8.9　太平洋电脑网

太平洋电脑网是一个综合性很强的专业 IT 网站，要找到产品的介绍或报价，可通过"快搜"功能快速的找到搜索结果，也可以通过"分类检索"功能一步一步找到搜索结果。如要找 CPU，可直接单击"CPU"链接进入到"CPU"链接网页中，如图 8.10 所示。

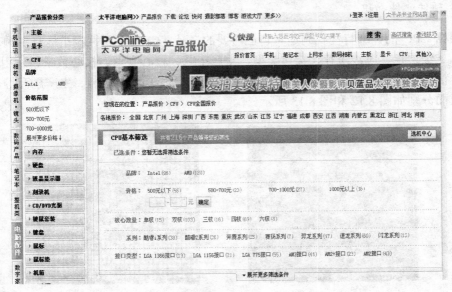

图 8.10　CPU 行情

根据 CPU 类型来进一步筛选：

- 品牌：Intel 和 AMD。
- 核心：单核、双核、四核和六核。
- 系列：酷睿 i、酷睿 2、奔腾系列和赛扬系列。
- 接口：LGA 1366 接口、LGA 1156 接口和 LGA 775 接口。
- 价格：500 元以下、500～700 元、700～1000 元和 1000 元以上。

如选择双核技术的 CPU，如图 8.11 所示。

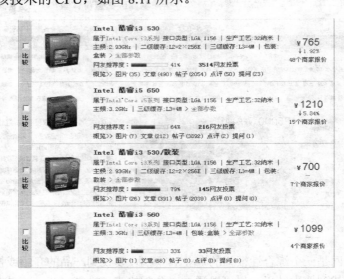

图 8.11　双核 CPU 产品列表

4. 硬件配件知识

根据 CPU 的详细特性找到适合自己所要的产品，CPU 主要性能指标有主频、一级缓存、二级缓存、三级缓存、接口类型、生产工艺、核心类型、核心数量、适用机器、外频、倍频、线程技术、处理器位数、核心电压、工作功率、包装、生产厂商等，其正面和反面分别如图 8.12 和图 8.13 所示。

图 8.12　CPU 正面

图 8.13　CPU 反面

其他配件也可通过以上步骤找到所需要的产品，每一个硬件需要考虑的性能指标如下。

1）主板性能指标：主板品牌、主板架构、CPU 插槽类型、支持 CPU 类型、总线技术、芯片组、适用机型、支持内存类型、内存插槽、内存频率、支持通道模式、硬盘接口、集成板卡功能、扩展接口、适用机型等。华硕主板及其背部接口分别如图 8.14 和图 8.15 所示。

图 8.14　华硕主板　　　　　　图 8.15　主板背部接口

2）内存性能指标：内存品牌、主频、总容量、类型、适用机型、封装、电压等。各类内存的引脚数如图 8.16 所示。

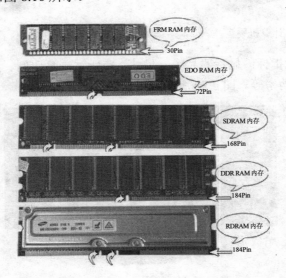

图 8.16　各类内存引脚数

3）显卡性能指标：显卡品牌、芯片厂商、芯片型号、显存类型、显存大小、显存速度、核心频率、输出接口、最大分辨率等。图 8.17 所示为显示卡示意图。

图 8.17　显示卡

4）硬盘性能指标：硬盘品牌、总容量、缓存、接口标准、转速、平均寻道时间等。计算机硬盘和移动硬盘分别如图 8.18 和图 8.19 所示。

图 8.18　计算机硬盘　　　　　　　　　　图 8.19　移动硬盘

5）显示器性能指标：显示器品牌、尺寸、点距、屏幕比例、接口类型、动态对比度、分辨率、耗电功率等。图 8.20 所示为液晶显示器。

图 8.20　液晶显示器

6）光驱性能指标：光驱品牌、DVD 功能、刻录功能、接口类型、读取速度、缓存容量等。图 8.21 和图 8.22 所示分别为 DVD 驱动器和 DVD 托盘。

图 8.21　DVD 驱动器　　　　　　　　　图 8.22　DVD 托盘

7）网卡性能指标：网卡品牌、支持协议、介质类型、接口类型、传输速率、网络标准等。图 8.23 所示为网卡示意图。

8）声卡性能指标：声卡品牌、芯片型号、声道数目、接口类型、音效支持等。图 8.24 所示为声卡示意图。

图 8.23　网卡　　　　　　　　　　　　图 8.24　声卡

9）电源性能指标：电源品牌、额定功率、适用 CPU 范围、电源标准、PFC 类型、接口类型等。图 8.25 所示为电源示意图。

10）机箱性能指标：机箱样式、机箱仓位、机箱材质、标配电源、前置接口、内部散热、扩展插槽、机箱尺寸、适用机型等。图 8.26 所示为机箱示意图。

图 8.25　电源　　　　　　　　　　　　图 8.26　机箱

11）键盘性能指标：接口、连接方式、快捷键等。

12）鼠标性能指标：类型、接口、连接方式、最高分辨率等。图 8.27 所示为键盘和鼠标示意图。

图 8.27　键盘和鼠标

注意事项

1）以上实验内容可通过分组的方式来完成，一个同学为 A 公司采购代表，另一个同学为 B 公司销售代表。

2）计算机系统中如果没有 QQ 软件，需自行下载安装。

3）在聊天讨论过程中，如果对计算机市场行情不熟悉，可直接访问某些专业 IT 网站，查找相关资料。

4）以文件名"##＊＊＊（A 公司计算机采购详细需求表）"保存该文档。

任务 2　确定项目采购方案

任务描述

B 公司根据需求方案，提供采购及维护的解决方案，并对其进行报价，以电子邮件的方式发给 A 公司。A 公司看到方案及报价后，上网搜索计算机配置及报价信息进行验证，并以电子邮件的方式回复对方。

两个同学一组，同学 A 代表 A 公司，同学 B 代表 B 公司，其过程如下。

1）同学 B 制定计算机采购、维护及报价表；

2）同学 A 和 B 同学各自申请电子邮件帐号。

3）同学 A 和 B 同学在 OE 中设置好自己的邮件帐号。

4）同学 B 将计算机采购、维护及报价表以附件形式发送电子邮件给同学 A。

5）同学 B 查看计算机采购、维护及报价表，搜索计算机商情进行验证，回复电子邮件。

解决方案

1. B 公司制定计算机采购、维护及报价表

B 公司根据"A 公司计算机采购详细需求表"，结合 A 公司的实际情况，制定采购

方案及报价表，如表 8.3 所示。计算机维护报价表如表 8.4 所示。

表 8.3　A 公司计算机采购报价表

配件名称	型号及性能	单价	数量	总价
CPU				
主板				
内存				
硬盘				
显卡				
显示器				
网卡				
光驱				
声卡				
键盘				
鼠标				
小计				

表 8.4　A 公司计算机维护报价表

项目名称	维护内容	维护单位	单价	总价
新机预装系统				
网络调试				
系统备份				
硬件维护				
软件维护				
网络维护				

老师通过 FTP 或电子教室系统将表格"A 公司计算机采购报价表和 A 公司计算机维护报价表"的模板发给学生。学生模拟 B 公司销售代表完成以上表格内容，以文件名"##***"保存该文档。

2. B 公司通过电子邮件将相关文件发送给 A 公司

（1）电子邮件

电子邮件（E-mail）是 Internet 应用最广的服务，通过网络的电子邮件系统，用户可以用非常低廉的价格和快捷的速度，与世界上任何一个角落的网络用户通信，这些电子邮件可以包含文字、图像、声音等各种信息。

（2）邮箱地址

使用电子邮件需要一个 E-mail 地址。它是一个类似于用户家庭门牌号码的邮箱地址，或者更准确地说，相当于在邮局租用了一个信箱。E-mail 地址的典型格式是用户名@域名，@即"at"，意思为"在"。"用户名"是信箱名，也叫 E-mail 账户名。用户可以给自己的信箱取一个好记、好听的名字。域名（邮件服务器名）是邮件服务器的 Internet 地址，实际是这台计算机为用户提供了电子邮件信箱。邮箱地址 lzj@gdmec.edu.cn 表示的含义是：在"gdmec.edu.cn"域的邮件服务器中的用户名为"lzj"的邮箱。

（3）邮件服务器

在电子邮件服务中，有两个名词需要解释一下：POP3 及 SMTP。在使用一些邮件客户端软件如 Outlook Express 时，需要设置这两个服务器。POP3（Post Office Protocol 3）是邮局协议 3 的缩写。它是一种接收邮件的协议，说明了用户的计算机与邮件服务器的连接方式，利用 POP3 协议将邮件下载到本地计算机上，这样就可以脱机读/写邮件。支持 POP3 协议的邮件服务器可保存外界发送给用户的 E-mail。SMTP（Simple Message Transfer Protocol）直译过来就是简单邮件传送协议，SMTP 服务器将把用户的邮件发送出去。

（4）申请免费邮箱

网上可以申请免费电子邮箱的网站有许多，例如网易、21CN、新浪、Google 等网站都提供免费邮箱申请，而且许多即时通信软件例如 QQ、MSN 也自带有邮箱。

打开 http://mail.21cn.com/，可以看到 21CN 网站提供的 10G 免费邮箱的特色介绍。单击"注册"按钮，开始进行免费邮箱的注册，如图 8.28 所示。

图 8.28　注册 21CN 免费邮箱

注册的第一个步骤是输入用户名，因为用户名也就是邮箱帐号，所以这一步就是选择邮箱帐号，帐号一般选择有一定意义容易记忆的字符串。输入之后，单击"检测帐号"按钮，检测该帐号是否已经被人使用。如果该帐号已经被注册，那就只能尝试其他帐号。直到出现所选帐号还未被注册的提示为止，如图 8.29 所示。

图 8.29　所选帐号还未被注册

选定帐号之后，输入验证码，单击"提交"按钮，如图 8.30 所示。

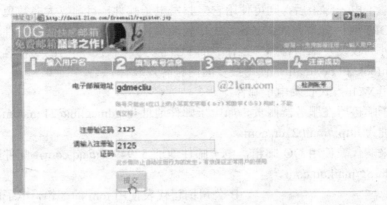

图 8.30　输入注册验证码

继续按照提示填写帐号信息，如图 8.31 所示。选择密码时要注意密码的安全性，尽可能使用字母、数字和符号的混合密码，减少被破译的机会。密码提示问题和答案是在密码丢失的时候用来找回密码用的，所以也应该设成难以猜测的，保证密码安全。还有一点经常被忽略的，就是认真阅读用户协议。了解用户协议，可以减少使用邮箱过程中的麻烦。例如有些网站提供的免费邮箱如果在规定的时间内没有登录过，则该邮箱帐户将被锁定，邮件也会丢失。

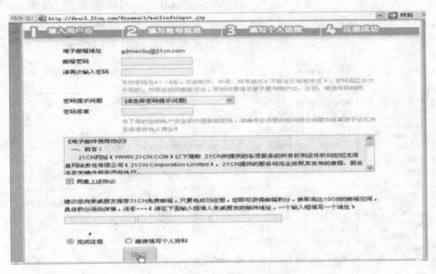

图 8.31　填写帐号信息

完成帐号信息的填写之后，在图 8.31 所示界面的最底部，有两个选择项。默认值是"完成注册"选项，此时单击"提交"按钮即可出现"注册成功"的提示。如果是选择"继续填写个人资料"，则可以更加详细地设置个人资料之后才完成注册流程。

经过以上申请，获得的电子邮件地址为 gdmecliu@21cn.com。

（5）发送电子邮件

成功申请了电子邮箱后，则可使用它来收发电子邮件。目前，大多数免费邮箱均支持 Web 和 POP3 两种登录方式。Web 方式比较简单，通过浏览器登录到邮件服务器就可完成电子邮件的收发及邮箱管理等工作。而 POP3 方式则通过专门的邮件客户软件来完成，其中 Outlook 和 Foxmail 是使用最多的两种客户软件。

（6）使用 Web 方式收发电子邮件

打开电子邮箱所在服务器网页，如电子邮件地址为 gdmecliu@21cn.com，则服务器网页访问地址为 http://mail.21cn.com。

A 公司采购代表使用 QQ 邮箱，电子邮件地址 5294968@qq.com，邮件服务器网页访问地址为 http://mail.qq.com。

图 8.32　邮箱登录

B 公司销售代表使用 tom 的邮箱，电子邮件地址为 lzjysy@tom.com，邮件服务器网页访问地址为 http://mail.tom.com。

B 公司销售代表将文件"##***（A 公司计算机采购报价表和 B 公司计算机维护报价表）"以电子邮件的方式发给 A 公司采购代表的过程如下。

B 公司销售代表使用浏览器打开网页 http://mail.tom.com，如图 8.32 所示，输入用户名"lzjysy"（这里的后缀@tom.com 是自动输入的）及密码，单击"登录"就可成功进入到邮件管理界面。

登录后的管理界面如图 8.33 所示。

图 8.33　邮箱管理界面

从此界面中可以看到收件箱中的邮件列表，打开邮件列表项就可查看到邮件的详细内容；单击"已发送"文件夹可看到已经发送的电子邮件；单击"写信"就可打开撰写电子邮件的界面，给对方发送电子邮件，如图 8.34 所示为 B 公司销售代表在撰写邮件。

发送　存原稿　取消　温馨提醒：请定时保存草稿，避免因故时而丢失

收件人　5294968@qq.com;jakeroseysy@tom.com

删除抄送 | 删除暗送

抄　送　

暗　送　

主　题　A公司电脑采购、维护及报价

附　件　附件总量:49.00K字节/67.22K字节 A公司电脑采购、维护及报价表.doc(49.00K字节/67.22K字节)

添加附件 - 文本编辑↓ - 心意信纸　□ 已读回执

正　文

陈经理，你好！
根据我们那天一起讨论并制定的公司电脑采购详细表，结合目前的市场行情和以后的电脑及网络维护问题，我们做了一份报价。如有疑问或异议，可随时与我沟通！合作愉快！

B公司李志杰
2010年7月22日

图 8.34　撰写邮件

在撰写邮件时需要输入如下内容。

- 收件人：指收件人邮箱地址，收件人地址可以为多个地址，中间用分号隔开。
- 抄送：指抄送人的邮箱地址，该栏内的邮箱地址都将收到信件的副本，并且收到该信件的所有其他收件人都能够看到"抄送"的收件人列表。
- 暗送：指暗送人的邮箱地址，该栏内的邮箱地址都将收到信件的副本，只是并且收到该信件的其他人看不到"暗送"的收件人列表。
- 主题：邮件的标题，在邮件列表中显示的名称。
- 附件：邮件发送时，还可以将计算机中的其他文件附在邮件中一起发送给对方。单击"添加附件"则进入附件添加的链接界面，可同时添加多个附件。
- 正文：邮件的正文部分，可以是文字、图片等内容。

单击"发送"按钮就可将邮件发送给对方，如图 8.35 所示为 A 公司接收到的邮件内容。

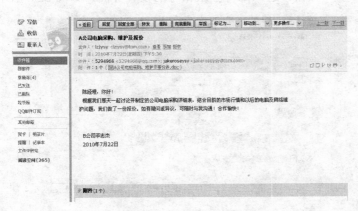

图 8.35　接收邮件

在阅读邮件时可以看到邮件正文、发件人、收件人等信息。如要查看附件内容，则单击"附件"链接，可打开它直接阅读，也可将其下载下来再阅读。

（7）使用 Outlook Express 收发电子邮件

使用邮件客户软件收发电子邮件，需要对其进行设置，添加邮件帐号到 Outlook Express 等客户软件中。

打开 Outlook Express 程序，从"工具"菜单中选择"帐户"命令，打开"Internet 帐户"窗口，如图 8.36 所示。单击"添加"按钮，选择"邮件"类型，则自动打开"Internet 连接向导"，通过它可完成 Internet 电子邮件地址的添加。在图中输入使用者的电子邮件地址，如 B 公司销售代表输入自己的邮件地址：lzjysy@tom.com。

单击"下一步"按钮，进行电子邮件服务器名的设置，如图 8.37 所示。

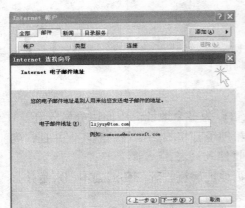 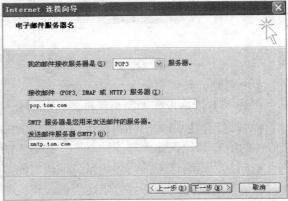

图 8.36　添加邮件帐号　　　　　　　　图 8.37　设置邮件服务器

一般情况下，接收邮件服务器名称为 pop，发送邮件服务器名称为 smtp。本例 B 公司销售代表的邮件服务器域名为 tom.com，接收邮件服务器完整的主机名称为 pop.tom.com，发送邮件服务器完整的主机名称为 smtp.tom.com。

单击"下一步"按钮，进入邮件登录帐号的设置界面，如图 8.38 所示。

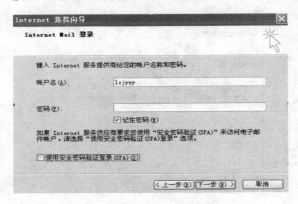

图 8.38　设置邮件帐号

输入用户名"lzjysy"及登录密码,则完成了电子邮件帐号 lzjysy@tom.com 在 Outlook Express 中的添加。

接下来就可在 Outlook Express 中发送和接收邮件,如撰写邮件的发送人就是 lzjysy@tom.com,接收的邮件也是用户 lzjysy@tom.com 的邮件。图 8.39 所示为邮件管理界面。

图 8.39　Outlook Expres s 邮件管理界面

通过"接收全部邮件"可从邮件服务器的收件箱中下载全部接收的邮件到本地机器的收件箱中,通过"发送全部邮件"可从邮件服务器的发件箱中下载全部发送的邮件到本地的发件箱中。在邮件列表中,带有符号 ⓘ 表示此邮件含附件;带有符号 ✉ 表示此邮件还没有被阅读;带有符号 ◁ 表示此邮件已经被阅读。

撰写邮件的界面如图 8.40 所示。

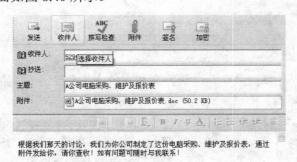

根据我们那天的讨论,我们为你公司制定了这份电脑采购、维护及报价表,通过附件发给你,请你查收! 如有问题可随时与我联系!

图 8.40　撰写邮件

单击"附件"按钮,完成附件内容的添加;单击"签名"按钮可对邮件进行签名,以便对方进行身份识别;单击"加密"按钮可对邮件内容进行加密,对方需对其进行解密后才可读到邮件的内容。写完邮件后单击"发送"按钮就可完成邮件的发送。

> **提　示**
>
> 在使用电子邮件通信前,如没有电子邮箱需先申请邮箱,也可申请付费邮箱,将得到更好的邮箱服务。通过客户端邮件软件来收发电子邮件时,也需要事先对邮箱帐号进行设置。

3．A公司验证方案，回复B公司

A公司采购代表收到B公司销售代表发过来的邮件，下载附件"计算机采购及维护方案和报价表"到本地机器，查看文件内容，结合网络搜索技术查找网络报价，验证方案报价。

A公司采购代表验证方案和报价表后，如有问题可与B公司销售代表进一步沟通和调整，如没有问题则以电子邮件等通信方式回复B公司确认方案内容，以便安排下一阶段工作。

任务 3　组装计算机

任务描述

B公司针对计算机配置，与计算机组装公司C进行联系，C公司组装计算机配件，安装相应的硬件驱动程序和操作系统等。通过物流公司D将计算机送至A公司。

1）将任务 2 中要求的硬件配件组装成一台完整的计算机。本内容作为选做内容，视机房条件而定，也可使用 VMware 虚拟机系统添加相匹配的硬件到系统中。

2）使用 VMware 虚拟机系统对硬盘进行分区。

3）使用 VMware 虚拟机系统安装操作系统 Windows XP。

4）使用 VMware 虚拟机系统安装系统 Windows XP 的驱动程序。

解决方案

1．计算机硬件组装

B公司制定的"计算机采购及维护方案和报价表"经过A公司的确认后，通过网络联系该计算机的代理商。

不同品牌的计算机产品或配件都有不同的计算机代理商，笔记本电脑容易区分品牌，则代理商也容易区分。常见的国外笔记本电脑品牌有 IBM、DELL、SONY、HP、ACER、三星、东芝、华硕等。常见国内笔记本电脑品牌有联想、同方、方正、长城、海尔、新蓝等。

而台式计算机也有品牌计算机和组装计算机之分，其品牌与笔记本电脑的品牌一致。组装计算机内部的各个计算机配件来自于不同的品牌和不同的厂家，很难说统一的代理商，一般一个组装计算机公司分别代理某几种品牌的不同配件。计算机C公司实际上就是一个计算机组装公司，它可能是某 CPU 的三级代理商、某主板的三级代理商等。

B公司通过网络或电话与C公司联系后，C公司查阅计算机配件清单，公司有的配件直接从仓库拿货，公司没有的配件则到同行（指其他计算机配件代理商）公司以同行价拿货。准备好所有计算机配件后，C公司技术员将这些配件组装起来并安装系统。

计算机硬件配件较多，需按一定的顺序和一定的要求才能成功地组装好计算机，顺序如下。

（1）工具准备

常用的装机工具如图 8.41 所示，从左至右分别为尖嘴钳、散热膏、十字解刀、平口解刀。

（2）配件准备

准备好装机所用的配件，包括 CPU、主板、内存、显卡、硬盘、软驱、光驱、机箱电源、键盘鼠标、显示器、各种数据线/电源线等，如图 8.42 所示。

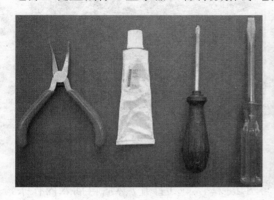 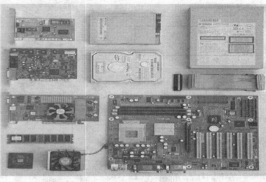

图 8.41　常用装机工具　　　　　　　　图 8.42　装机配件

（3）装机过程中的注意事项

1）防止静电。由于我们穿着的衣物常带有静电，而这些静电则可能将集成电路内部击穿造成设备损坏。在安装前，用手触摸一下接地的导电体或洗手以释放掉身上携带的静电荷。

2）防止液体进入计算机内部。在安装计算机元器件时，要严禁液体进入计算机内部的板卡上，这些液体都可能造成短路而使器件损坏，不要让手心的汗沾湿板卡。

3）使用正常的安装方法。一定要注意正确的安装方法，对于不懂不会的地方要仔细查阅说明书，不要强行安装，稍微用力不当就可能使引脚折断或变形。

4）以主板为中心，把所有东西排好。在主板装进机箱前，先装上处理器与内存，此外在装 AGP 与 PCI 等扩展卡时，要确定其安装牢固，因为上螺丝时，卡容易跟着翘起来。如果撞到机箱，松脱的卡会造成运行不正常，甚至损坏。

5）测试前，建议只装必要的周边配件——主板、处理器、散热片与风扇、硬盘、光驱、显卡。其他配件如 DVD、声卡、网卡等，确定主板等必要配件没问题的时候再安装。

（4）CPU 的安装

主板装进机箱前最好先将 CPU 和内存安装好，以免将主板安装好后机箱内狭窄的空间影响 CPU 等的顺利安装。CPU 的安装如图 8.43 所示，安装好 CPU 后需在 CPU 上涂散热膏或加块散热垫，然后在上面安装 CPU 风扇，风扇如图 8.44 所示。最后将 CPU 风扇的电源线接到主板上 3 针的 CPU 风扇电源接头上。

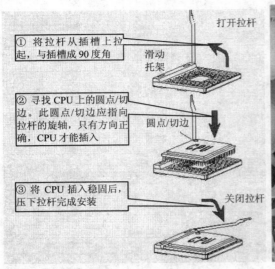

① 将拉杆从插槽上拉起，与插槽成 90 度角

打开拉杆

滑动托架

② 寻找 CPU 上的圆点/切边。此圆点/切边应指向拉杆的旋轴，只有方向正确，CPU 才能插入

圆点/切边

③ 将 CPU 插入稳固后，压下拉杆完成安装

关闭拉杆

图 8.43　CPU 的安装

图 8.44　CPU 风扇的安装

（5）安装内存

安装内存前先要将内存插槽两端的卡子向两边扳动，将其打开，然后再插入内存条，内存条的凹槽必须直线对准内存插槽上的凸点（隔断）。再向下按入内存，在按的时候需要稍稍用力，确保两端的卡子固定住了内存条，如图 8.45 所示。

图 8.45　内存的安装

（6）安装电源

安装电源很简单，先将电源放进机箱上的电源位，并将电源上的螺丝固定孔与机箱上的固定孔对正。然后再先拧上一颗螺钉（固定住电源即可），将最后 3 颗螺钉孔对正位置，再拧上剩下的螺钉即可。在安装电源时，首先将电源放入机箱内，这个过程中要注意电源放入的方向，有些电源有两个风扇，或者有一个排风口，则其中一个风扇或排风口应对着主板，放入后稍稍调整，让电源上的 4 个螺钉和机箱上的固定孔分别对齐，如图 8.46 所示。

图 8.46　电源的安装

（7）主板的安装

1）将机箱或主板附带的固定主板用的螺丝柱和塑料钉旋入主板和机箱的对应位置，如图 8.47 所示。

2）将机箱上的 I/O 接口的密封片撬掉，可根据主板接口情况，将机箱后相应位置的挡板去掉，这些挡板与机箱是直接连接在一起的，需要先用螺丝刀将其顶开，然后用尖嘴钳将其扳下。外加插卡位置的挡板可根据需要决定，而不要将所有的挡板都取下。

3）将主板对准 I/O 接口放入机箱。

4）将主板固定孔对准螺丝柱和塑料钉，然后用螺丝将主板固定好。

5）将电源插头插入主板上的相应插口中，这是 ATX 主板上普遍具备的 ATX 电源接口，只需将电源上同样外观的插头插入该接口既可完成对 ATX 电源的连接。图 8.46 是 P4 主板和电源中独有的电源接头，可一一对应插好。

6）连接机箱接线。一般包括 PC 喇叭的四芯插头、RESET 接头连着机箱的 RESET 键、ATX 结构的机箱上有一个总电源的开关接线、电源指示灯的接线、硬盘指示灯的两芯接头等机箱连接线，如图 8.48 所示。

图 8.47　主板的安装　　　　　　　　图 8.48　连接机箱接线

（8）安装硬盘和光驱

在一台计算机里一般只有两个 IDE 接口，每一根接线有三个接口，其中一个接主板的 IDE 接口，另两个则可以接两个硬盘或一个硬盘和一个光驱。在同一根接线上如果接两个 IDE 接口设备，则其中一个是主盘，另一个为从盘。由于硬盘默认的跳线设置为主硬盘，所以要将其中一个的跳线设为从盘，否则将无法启动系统。具体的设置可见硬盘后面的跳线设置说明。一般来说，光驱出厂时已设为从盘，所以安装时不必再跳。将硬盘用螺丝固定在机箱中，接好电源线、数据线，并设置好主从跳线。图 8.49 所示为硬盘接口，图 8.50 所示为硬盘数据线。

（9）安装显卡、声卡、网卡

显卡、声卡、网卡等插卡式设备的安装大同小异。一般显卡使用 AGP 卡，则需插入主板 AGP 插槽中，声卡和网卡一般为 PCI 卡，则插入主板 PCI 插槽中。

1）从机箱后壳上移除对应插槽上的扩充挡板及螺丝。

电源接口

跳线

IDE 数据线接口

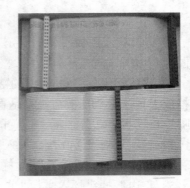

图 8.49　硬盘接口 　　　　　　　　　　　　图 8.50　硬盘数据线

2）将卡很小心地对准插槽并且很确实的插入插槽中。注意，务必确认将卡上的金手指的金属触点很准确地与插槽接触在一起。

3）用解刀将螺丝锁上使卡确实的固定在机箱壳上。

4）连接好卡后面的线路，如显示器上的 15-pin 接脚 VGA 线插头插在显卡的 VGA 输出插头上，音箱和麦克风的音频线插头插在声卡的相应孔上，RJ-45 网线插入到网卡的 RJ-45 接口上。图 8.51 所示为显卡安装示意图，图 8.52 所示为网卡安装示意图。

 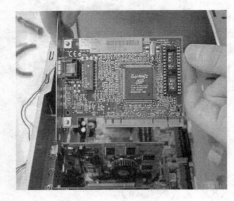

图 8.51　显卡安装示意图 　　　　　　　　图 8.52　网卡安装示意图

（10）安装外部设备

外部设备主要包括显示器、键盘、鼠标、音箱、麦克风、打印机、摄像头等，外部设备的连接很简单，只需在主机箱外壳找到相应的接口，把上述设备连接到这些接口中就完成这些外部设备的安装。如显示器数据线连接到显示卡后面的 VGA 接口，键盘鼠标连接主板背部 PS/2 或 USB 接口，音箱和麦克风连接声卡背部的相应接口，打印机和摄像头连接到 USB 接口。

（11）封装机箱测试计算机

所有硬件设备全部安装好后，将机箱用螺丝固定好，对机器进行测试。看计算机能否正常的开机，各指示灯是否亮。在安装软件之前，有时需对计算机进行 CMOS 设置，其设置的内容主要包括启动盘顺序设置、开机密码设置、电源管理设置、硬盘检测设置、接口及资源配置设置等。

2. 硬盘分区

安装好硬件好，还需安装各种软件，计算机才能正常工作，软件主要分为系统软件和应用软件，系统软件是为应用软件搭建的一个软件平台，只有正确安装了系统软件才能安装应用软件。

（1）准备工作

1）安装规划：安装前需事先规划好怎么安装，不能在安装过程中临时去安排。主要包括硬盘分区规划、操作系统安装版本、应用软件的安装、工具软件的安装、网络名称和地址等。

2）软件准备：准备一张操作系统安装盘，一般为启动盘，准备各硬件设备的驱动程序盘，常用应用程序和工具软件安装盘。

（2）硬盘分区

在使用硬盘前，需对硬盘进行初始化工作。硬盘的初始化工作包括低级格式化、分区和高级格式化，低级格式化工作在硬盘出厂时已经做好了，而我们要做的是分区和高级格式化。分区包括主分区和扩展分区两种，一个硬盘最多只有四个分区，而扩展分区最多只有一个，但在扩展分区中可进一步分为多个逻辑分区，例如 300GB 的硬盘分为一个主分区 80GB（C 盘），一个扩展分区 220GB，在扩展分区中分成了三个逻辑分区，逻辑分区 1 为 70GB（D 盘），逻辑分区 2 为 70GB（E 盘），逻辑分区 3 为 80GB（F 盘）。

常用的分区工具有很多，DM 是字符界面分区工具，如图 8.53 所示。

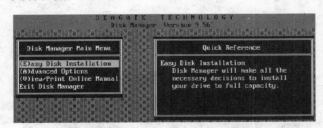

图 8.53　DM 分区界面

Fdisk 是操作系统自带的命令界面的分区工具，功能较为简单，如图 8.54 所示。

PQ 则是最为专业的分区工具，其界面很漂亮，所支持的分区文件类型非常丰富，带分区和格式化功能，而且能对已有的分区大小进行调整，如图 8.55 所示。

Windows 系统安装程序都带有分区工具，这也是最常用的分区方式，只需按照 Windows 安装向导就可简单地完成对整个硬盘的分区，分区界面如图 8.56 所示。在图中看到，可通过"C"键来创建分区，通过"D"键来删除分区。

硬盘分区后，接下来对其进行格式化，很多分区都自带有格式化功能，如 PQ 和 Windows 安装程序，常用的格式化命令是 Format 命令。

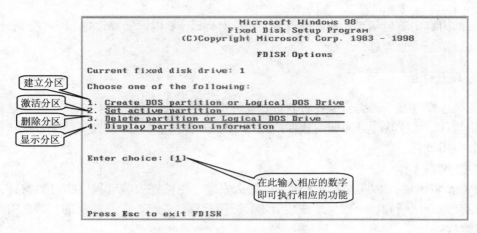

图 8.54　Fdisk 分区工具

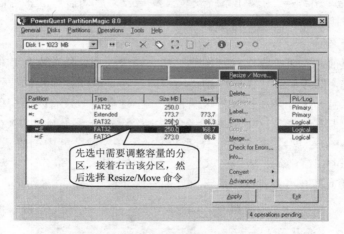

图 8.55　PQ 分区工具

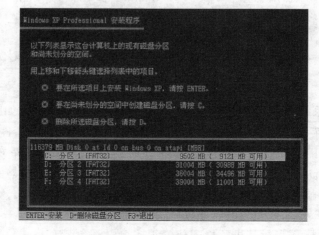

图 8.56　在安装过程中分区

3. 操作系统安装

　　硬盘分区格式化后，接下要安装操作系统，主流操作系统分为 Windows 和 Linux 两大类，其中，Windows 系统有 Windows 2000、Windows XP、Windows 2003、Windows 7 等流行版本；Linux 系统有 Red Hat Linux AS5、Ubuntu 9.0、红旗 Linux6.0 等。Windows 操作系统容易掌握和维护，是绝大多数人的首选。下面以 Windows XP 为例讲解系统的安装。

　　Windows 系统的安装有很多办法：包括光盘安装程序安装、硬盘克隆安装、网络安装程序安装等。硬盘克隆安装并没有真正执行安装程序，它只是将已有的一个完整的 Windows 操作系统复制到本地硬盘中，其操作较为简单，速度较快，在这里不再详述。通过网络安装则较为复杂，主要是在安装前，要在本地机器搭建好网络平台，连接到带有安装程序的机器上，在此也不再详述。下面介绍通过光盘来安装 Windows XP。

　　将 Windows XP 安装盘放入光驱中，在 CMOS 中设置启动顺序，将"从光盘启动"设置为优先。重新启动计算机，计算机将从光驱引导。屏幕上显示 **Press any key to boot from CD…**，请按任意键继续（这个界面出现时间较短暂，请注意及时按下任意键），安装程序将检测计算机的硬件配置，从安装光盘提取必要的安装文件，之后出现欢迎使用安装程序菜单。其安装界面如图 8.57 所示，全中文提示，可根据提示一步步的安装。从图中可以看出，如果继续安装 Windows XP 则按回车键，如果退出安装则按 F3 键，如果要修复 Windows XP 则按 R 键。

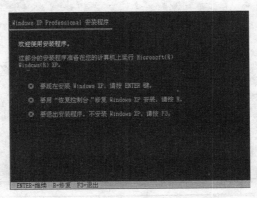

图 8.57　Windows XP 安装界面

　　选择继续安装，根据向导一步一步地操作。

　　1）接下来出现许可协议，按 F8 键同意协议，按 Esc 键为不同意协议，不同意协议也就意味着结束安装。

　　2）接下来出现分区界面，如图 8.56 所示，可对硬盘的空间重新进行规划，也可保留现有的分区，直接选择系统安装所占用的分区，然后格式化分区，格式化分区时，需选择文件系统，如图 8.58 和图 8.59 所示。

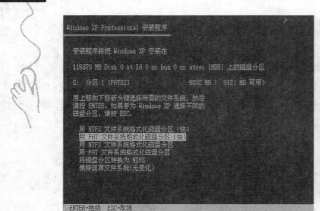

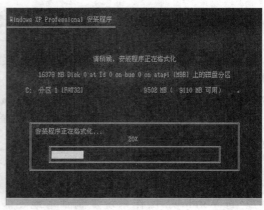

图 8.58　文件系统选择　　　　　　　图 8.59　格式化分区

3）格式化分区之后，Winodws 安装程序从光盘将安装文件复制到硬盘中的安装文件夹中，此过程大概持续 10 分钟左右，具体时间要视机器速度而定。复制文件完成后出现重新启动计算机的提示。

4）重新启动计算机，此时需要从硬盘启动，不能从光盘启动。根据向导选择安装选项，其选择内容包括区域和语言选择（如图 8.60 所示）、姓名、公司名称输入、产品密钥输入（如图 8.61 所示，现在的盗版系统都已经破解，一般没有这一步）、计算机名和管理员密码输入（如图 8.62 所示）、日期和时间设置设置（如图 8.63 所示）、网络设置（如图 8.64 所示）、网络连接模式选择（如图 8.65 所示）等。

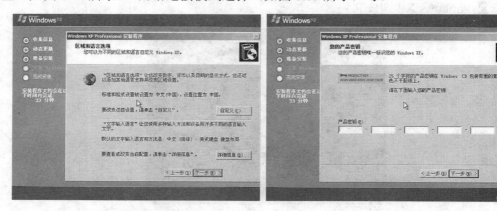

图 8.60　区域语言选择　　　　　　　图 8.61　输入序列号

5）完成系统设置后，复制系统文件，如图 8.66 所示，一直到系统重新启动。重新启动成功后，系统安装全部完成，如图 8.67 所示。

4. 驱动程序的安装

操作系统安装完成后，各硬件不一定能够正常工作，假如系统没安装声卡驱动就没了声音；没装显卡驱动，玩游戏的时候就会卡；没装网卡驱动，当然那上不了网，所以系统一定要安装各种驱动才能正常的工作。没自带驱动的系统就需要手动安装相应的驱动程序才行，操作系统版本越高，对驱动程序的支持就越好。

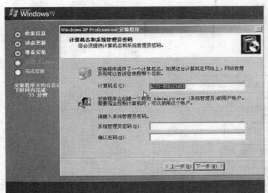

图 8.62 设置计算机名和管理员密码

图 8.63 日期和时间设置

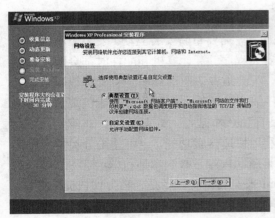

图 8.64 网络设置

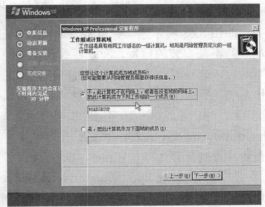

图 8.65 网络连接模式选择

图 8.66 文件系统复制

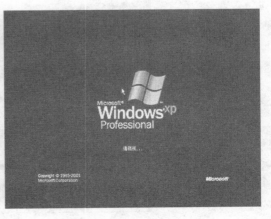

图 8.67 安装完成并重新启动

检查驱动程序是否正确安装，只需打开设备管理器，带有"？"号标志的都是没有正确安装驱动程序的设备，如图 8.68 所示。

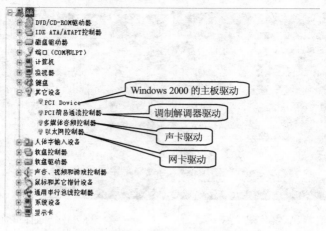

图 8.68　设备管理器

如图 8.68 所示网卡、声卡等硬件都存在问题，需要重新安装驱动。安装驱动程序的难点并不是安装的过程，而是要找到正确的安装程序。买计算机和配件时都会随硬件送驱动盘，这些驱动程序都是经过严格测试的，关键是看该驱动程序是否支持该版本的操作系统，所支持的硬件设备的型号对不对。仔细查看硬件上面写的型号或包装盒上写的型号，根据这个型号到专业驱动程序的网站去搜索，例如驱动之家 http://www.mydrivers.com/网站，在网站上可利用快速搜索功能，也可使用分类搜索慢慢查找，直到找到该硬件正确的驱动程序，并将驱动程序下载到本地机器中。

使用驱动精灵 http://www.drivergenius.com/来安装驱动程序是一种方便快捷的办法，首先从官方网站下载驱动精灵软件并安装到本地机器中。

驱动精灵下载后，把它安装到本地机器中，打开驱动精灵软件，界面如图 8.69 所示。

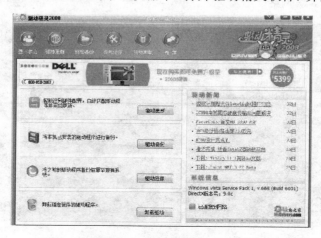

图 8.69　驱动精灵 2008 界面

选择"驱动更新"，能够智能识别硬件配置，自动匹配驱动程序并完成更新。"驱动备份"能够将本机已安装的驱动程序进行备份，"驱动还原"将之前的驱动程序备份还原到系统中，"驱动卸载"卸载指定硬件的驱动程序。

至此，C 公司完成两台计算机的硬件组装、操作系统安装和驱动程序的正确安装。B 公司委托物流 D 公司将这两台计算机送至 A 公司。

任务 4　计算机软件及网络安装与调试

任务描述

B 公司技术人员到 A 公司完成硬件及网络的安装与调试，根据公司的实际需要，通过网络下载并安装必要的软件，测试计算机及网络的运行。

1）将任务 3 中所安装的 Windows XP 系统进行网络设置，分别使用桥接和 NAT 两种方式连接到互联网。

2）从互联网或教师机下载常用的软件到 Windows XP 系统。

3）将以上下载的软件安装到 Windows XP 系统。

4）测试访问互联网速度，测试主要应用软件使用时系统资源使用情况。

解决方案

1. 网络基本设置

无论是办公计算机还是家用计算机都离不开网络，都需要设置网络环境，包括计算机名称、IP 地址、默认网关、DNS 服务器地址等信息。

每一台在网络上的计算机都有一个计算机名，我们通过网上邻居看到的计算机就是计算机名，在同一个网络里计算机名不能重复，在计算机"系统属性"中的"计算机名"选项卡中可以修改计算机名，如图 8.70 所示。

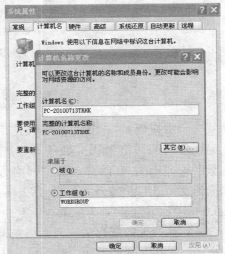

图 8.70　修改计算机名

在同一个网络里除了拥有一个唯一的计算机名外，还需要唯一的 IP 地址。IP 地址有 IPv4 和 IPv6 两种，现在广泛使用的还是 IPv4，下面以 IPv4 来介绍。IPv4 每个 IP 地址长 32bit（而 IPv6 是 128bit），比特换算成字节，就是 4 个字节。例如一个采用二进制形式的 IP 地址是 00001010000000000000000000000001，IP 地址经常被写成十进制的形式，中间使用符号"."分开不同的字节，上面的 IP 地址可以表示为 10.0.0.1。IP 地址分为 A 类（1.0.0.1～127.255.255.254）、B 类（128.0.0.1～

191.255.255.254）、C 类（192.0.0.1～223.255.255.254）、D 类（224.0.0.1～239.255.255.254）和 E 类（240.0.0.1～255.255.255.254）五类地址，只有 A、B、C 三类地址可直接分配给计算机使用，而 D 类地址主要用于多播地址，E 类地址用于实验室。根据应用范围，分为公有地址和私有地址，公有地址是可以直接在 Internet 上使用的地址，而私有地址则在局域网内部使用，私有地址有 A 类（10.0.0.1～10.255.255.254）、B 类（172.16.0.1～172.31.255.254）和 C 类（192.168.0.1～192.168.255.254）。

TCP/IP 协议需要针对不同的网络进行不同的设置，且每个节点一般需要一个 IP 地址、一个子网掩码和一个默认网关。手工设置 IP 较为麻烦，不便管理，适用于较小的网络。可以通过动态主机配置协议（DHCP），给客户端自动分配一个 IP 地址，避免了出错，也简化了 TCP/IP 协议的设置。图 8.71 所示为静态 IP 地址设置，IP 地址设置为192.168.153.102（内部地址，C 类地址），子网掩码设置为 255.255.255.0，默认网关设置为 192.168.153.254，DNS 服务器设置为 192.168.200.254 和 202.96.128.86。

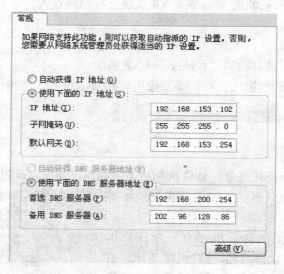

图 8.71　静态 IP 地址设置

子网掩码是与 IP 地址结合使用的一种技术。它的主要作用有两个，一是用于确定地址中的网络号和主机号，二是用于将一个大的 IP 网络划分为若干小的子网络。子网掩码中为 1 的部分定位网络号，为 0 的部分定位主机号。图 8.71 所示的子网掩码为 255.255.255.0，则 192.168.153.102 的网络号为 192.168.153.0，主机号为0.0.0.102。

默认网关的意思是一台主机如果找不到可用的网关，就把数据包发送给默认指定的网关，由这个网关来处理数据包。从一个网络向另一个网络发送信息，也必须经过一道"关口"，这道"关口"就是网关，通常网关就是指一个网络到另一个网络的路由接口。默认网关必须与 IP 地址在同一个网络内部，如图 8.71 所示，192.168.153.102 与192.168.153.254 都属于同一个网络 192.168.153.0。

　　DNS 服务用于将用户的域名请求转换为 IP 地址。用户访问网络时一般使用域名（容易记忆），例如我们访问机电学院网站只要输入 http://www.gdmec.edu.cn，然而计算机在通信时需要将其转换成学院 WEB 网站服务器 IP 地址 222.246.129.82，这个工作就是由 DNS 服务器来完成。如果企业网络没有提供 DNS 服务，DNS 服务器的 IP 地址应当是 ISP 的 DNS 服务器。如果企业网络自己提供 DNS 服务，那么 DNS 服务器的 IP 地址就是内部 DNS 服务器的 IP 地址。如机电学院校园网的计算机 DNS 服务器地址为校内的服务器 219.222.80.6。

2.　ADSL 设置

　　网络的具体设置随网络的环境不同而不同，家用上网和小型公司都采用 ADSL 接入，是最常用的网络接入模式。ADSL 一般由 ISP 供应商负责安装，例如，我们向中国电信申请安装 ADSL，中国电信会在 15 个工作日内完成 ASDL 的安装。如果是多台计算机共用同一 ADSL 线路上网，则需增加交换机或宽带路由器设备，如家用计算机只有一台计算机上网，则只需要 ADSL 调制解调器就可以直接连接到计算机上网。一些企业，用户数量较多，则需同时增加路由器和交换机等设备，如图 8.72 和图 8.73 所示。

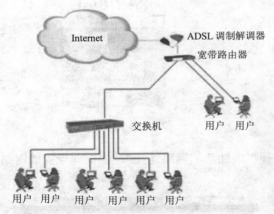

图 8.72　企业 ADSL 宽带接入模型　　　　　　图 8.73　4 端口宽带路由器

　　硬件安装较为简单，按要求固定好各硬件设备，连接好线路，接下来需对宽带路由器进行设置。多数宽带路由器的默认管理地址为 192.168.1.1，管理员帐号和密码都为 admin，要访问宽带路由器需将本机地址设成与 192.168.1.1 同一网段的地址，如图 8.74 所示。进入管理界面，设置成自动拨号，输入由 ISP 供应商提供的帐号和密码，如图 8.75 所示。还需将内网 IP 地址分配设置成由 DHCP 动态分配的方式，此时宽带路由器也是一个 DHCP 服务器。

　　如果是一台计算机使用 ADSL 上网，只需要一个 ADSL 调制解调器（一般是 ISP 供应商赠送）就可以上网了，但需在本机上安装或设置拨号程序。常用的网络拨号程序有 ADSL 拨号专家（如图 8.76 所示）、ADSL 拨号王（如图 8.77 所示）等。

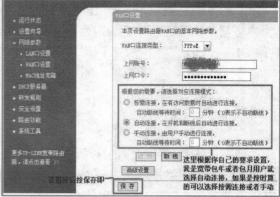

图 8.74　修改本机 IP 地址　　　　　　　图 8.75　设置自动拨号帐号

图 8.76　ADSL 拨号专家　　　　　　　　图 8.77　ADSL 拨号王

　　也可通过 Windows 添加拨号程序，选择"添加新的网络连接"，根据向导完成网络连接的选项，如图 8.78 和图 8.79 所示。

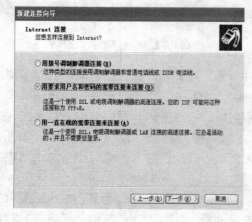

图 8.78　连接类型选择　　　　　　　　　图 8.79　帐号和密码设置

设置完成后，在网络连接窗口可看到新增加的连接"jake 的网络家园"，如图 8.80 所示。打开网络连接，输入正确的用户名和密码，如图 8.81 所示，则自动连接到 Internet。

图 8.80　我的网络连接

图 8.81　ADSL 拨号连接

3. 网络测试

网络设置已经完成，测试网络是否设置正确或网络是否能够正常工作，也是一件很重要的事情。常用的简单测试工具有 Ipconfig、Ping 和 Tracert 等命令。

Ipconfig 用于查看 IP 的配置情况，带不同的参数表示不同的含义。/all 表示查看本机所有网络连接的 IP 信息，如图 8.82 所示。

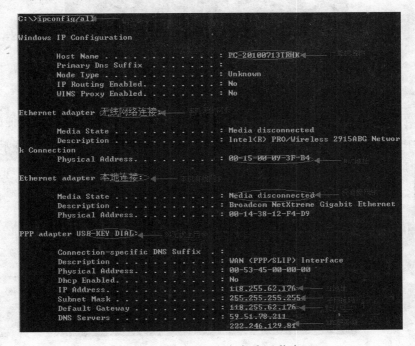

图 8.82　Ipconfig 命令查看 IP 信息

从图 8.82 中可以看出每个网络连接的 IP 信息，其中包括 MAC 地址、IP 地址、子网掩码、默认网关、DNS 服务器地址等信息。

　　Ping 命令主要用于测试网络的连通性，Ping 的测试顺序如下。

　　1）Ping 回传地址：例如 Ping 127.0.0.1，测试 IP 协议及设置是否有问题。

　　2）Ping 本机地址：例如 Ping 118.255.62.176，测试本机 IP 地址是否存在问题。

　　3）Ping 网关地址：例如 Ping 118.255.62.176（本例网关为本机），测试与同网段的计算机是否连通。

　　4）Ping 外网地址：例如 Ping 219.222.80.152（机电学院 WWW 服务器地址），测试是否能够访问外网。

　　5）Ping 域名网址：例如 Ping www.sina.com.cn，测试是否可以成功进行域名解析，当然这一步成功也就代表着前面所有步骤都是正确的。

　　Ping 命令测试网络连通性的界面如图 8.83 所示。

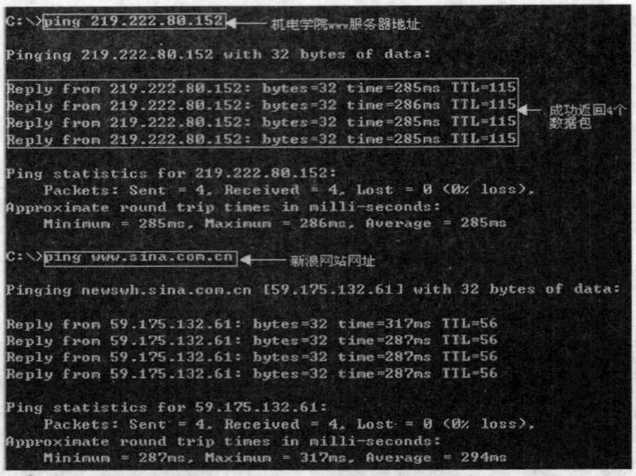

图 8.83　Ping 命令测试网络连通性

　　Tracert 是路由跟踪命令，用于测试到达目的地经过哪些路由器，如图 8.84 所示，可以看到中间路由器的 IP 地址及从路由器返回数据的时间，如果为"*"表示超过预定的时间没有返回数据。

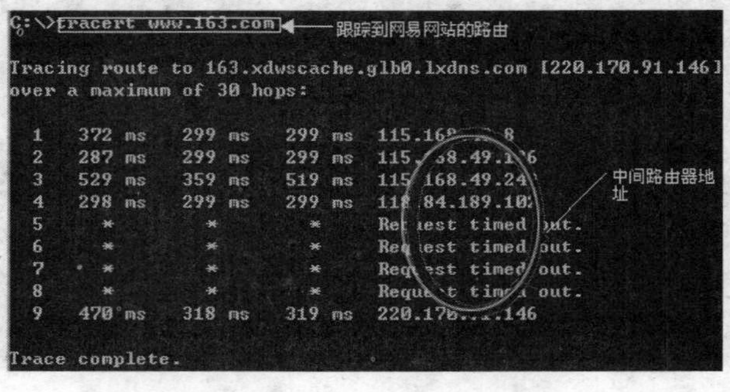

图 8.84　Tracert 跟踪路由

现在很多网站上也有测试互联网访问速度的工具，如图 8.85 所示为 114 啦网站的测试结果，测试网址为 http://tool.114la.com/speed.html。

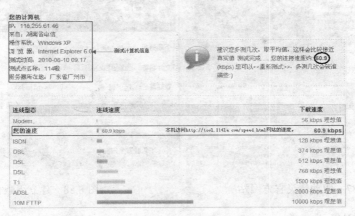

图 8.85　测试互联网速度

4. 网络下载

我们从网络搜索到自己所要的东西后，经常需要将其下载到本地机器使用，如从网上下载软件、下载教程、下载驱动程序等。网上下载资源有直接下载和工具下载两种，直接下载是从网页链接进入文件保存界面的方法，如图 8.86 所示。

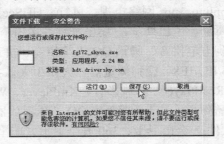

图 8.86　直接下载文件

网络下载工具有很多，网际快车、网络蚂蚁、迅雷、比特精灵、CuteFTP 等。其中，CuteFTP 等 FTP 客户软件需要访问专业的 FTP 网站，通过 FTP 传输协议来下载文件，如要下载微软网站上的资源，则需访问网站 ftp://ftp.microsoft.com。而网际快车、网络蚂蚁、迅雷等下载软件需访问网站的下载链接才能成功下载资源。下面以迅雷为例来下载驱动精灵软件。

访问驱动精灵官方网站 http://www.drivergenius.com/。如果本机已经安装了迅雷下载工具，单击右边的任意一个链接，弹出快捷菜单，如图 8.87 所示。从快捷菜单中选择"使用迅雷下载"，则自动弹出"软件下载任务建立界面"，如图 8.88 所示，选择或输入要保存的本地文件夹位置和文件名称。选择"立即下载"就可进行下载了，在下载过程中，可通过屏幕右上角的浮动图标查看下载进度。

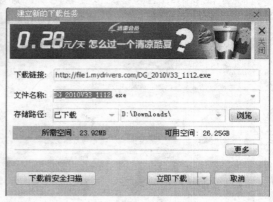

<table>
<tr><td>图 8.87　驱动精灵官方网站</td><td>图 8.88　建立下载任务</td></tr>
</table>

5. 常用软件安装

系统各硬件设备都能正常运行后，接下来根据需要安装各种软件，常用的装机必备软件如下。

1）解压压缩软件：Winrar、好压、7-zip 等。

2）聊天通信软件：QQ、MSN、飞信、阿里旺旺等。

3）下载工具软件：迅雷、快车、电驴、超级旋风等。

4）网络电视软件：pplive、pps 网络电视、风行、UUSee 网络电视等。

5）杀毒软件：金山毒霸、卡巴斯基、瑞星杀毒、诺顿杀毒等。

6）输入法软件：搜狗五笔拼音、腾讯 QQ 五笔拼音、拼音加加、万能五笔等。

7）浏览器软件：IE6/IE7/IE8、搜狗浏览器、火狐 3/火狐 2、腾讯 TT 等。

8）视频播放软件：RealPlayer、暴风影音、KmPlayer、WMP9/10/11 等。

9）音频播放软件：酷狗音乐、千千静听、QQ 音乐播放器、酷我音乐盒等。

10）木马插件查杀软件：金山卫士、360 安全卫士、瑞星卡卡、IE 守护天使等。

11）防火墙软件：瑞星防火墙、360 木马防火墙、天网防火墙、江民防火墙等。

12）系统辅助软件：超级兔子、优化大师、一键还原精灵、驱动精灵等。

13）图像软件：Adobe Reader、ACDSee、PDF 阅读器、光影魔术手等。

14）光盘软件：Nero、DAEMON Tools 中文、IsoBuster 多国语言版、UltraISO 软碟通等。

15）办公软件：Office2003/Office2007、WPS Office、Ultraedit、永中集成 Office 等。

16）翻译软件：有道词典、金山词霸、金山快译、南极星全球通等。

17）网页制作软件：Dreamweaver、PhotoShop、Flash、Fireworks 等。

由于本套系统用于公司办公，根据公司办公需要，黑体部分即为选择安装的软件。Windows 系统中软件的安装较为简单，只需根据安装向导一步一步完成即可，在此不再举例说明。很多软件在安装过程中需要输入注册码或执行破解补丁才能正常使用，这些注册码和破解补丁可到网络上搜索并下载。

任务5 系 统 维 护

任务描述

B 公司长期通过远程为 A 公司进行系统维护，处理计算机或网络中存在的问题，对系统重要数据进行备份和还原。

1）两同学一组，用 QQ 实现远程协助，查看对方的计算机的状况。

2）使用 360 安全卫士等工具检查系统，对存在的问题进行解决。

3）对系统进行全盘杀毒，如有病毒则进行处理。

4）安装防火墙并对其进行严格设置，但能保证正常的网络访问和工作。

5）对系统分区进行 ghost 备份，对系统注册表进行备份。

解决方案

1. 远程访问

计算机及网络在运行过程中不可避免的会出现各种各样的问题，B 公司就是长期负责计算机及网络维护的运维计算机公司。有了远程访问技术，A 公司计算机或网络出现问题，B 公司直接通过远程连接到 A 公司内部网络，调出计算机或网络管理界面，解决存在的各种问题。

实现远程的方法有很多，如 QQ 远程协助功能、Windows 远程桌面、PCanywhere 等。QQ 远程协助功能要求实现双方都同时 QQ 在线，并进行相互操作实现远程连接。Windows 远程桌面主要应用于局域网，因为实现远程通信双方的计算机往往都是使用在局域网内部，使用的地址都是内网地址，没有办法定位远程计算机的 IP 地址。而 PCanywhere 需要通信双方都要安装 PCanywhere 服务或客户软件，并且也存在无法定位对方内网地址的问题。

QQ 远程协助较容易实现，A 公司某计算机有问题只需打开 QQ，在与 B 公司维护工程师 QQ 聊天的窗口中打开"远程协助"，如图 8.89 所示。图 8.90 和图 8.91 所示都是远程

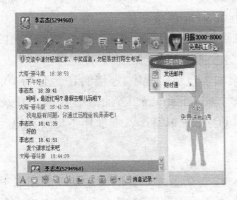

图 8.89 QQ 远程协助命令

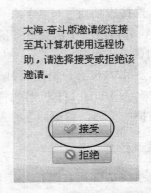

图 8.90 接受远程协助邀请

连接过程中的图片。图 8.92 为远程协助成功连接后的桌面，就像操作本地计算机一样。

图 8.91　申请远程受控　　　　　　　　图 8.92　远程控制远端计算机

QQ 远程协助是否顺利受双方网络速度的影响，网速较快，则工作效率较高。

如果要实现远程桌面的远程连接方式，则需借助于 VPN 连接，实现方法如下。

1）A 公司安装一台 VPN 服务器。服务器操作系统可为 Windows 2000 以上的服务器版本，即具有"路由和远程访问"管理工具的操作系统，并且此服务器可以直接上互联网。安装较为简单，通过"路由和远程访问"中的"建立 VPN 服务器"向导来一步一步完成安装。同时要建立一个计算机用户，用于远程 VPN 客户机拨号，授予"拨入"的权限。

2）B 公司安装一台 VPN 客户机。客户机可以使用任何 Windows 操作系统，最好是用于远程维护的计算机，要求此客户机能够直接上互联网。通过"建立新的连接"中选择"VPN 专用连接"向导来完成 VPN 客户连接的建立。此时建立连接时，需要输入 VPN 服务器的外网地址，如 211.102.98.166。

3）在 VPN 客户机打开上一步建立的 VPN 客户连接，输入用于 VPN 拨号的用户名和密码，连接成功后，可看到任务栏右下角 VPN 连接图标。

4）A 公司内网中需要维护的计算机需开启远程桌面服务功能，例如其 IP 地址为 10.0.0.111。

5）B 公司 VPN 客户机同时打开远程桌面客户连接程序，连接的 IP 地址为 10.0.0.111，登录用户名为 10.0.0.111 机器的管理员帐号 administrator。至此，已经成功登录到 A 公司需要维护的机器，可以完全控制 10.0.0.111 这台机器，就像操作本地计算机一样。

2. 系统检查

一个系统是否正常运行？是否存在一些安全隐患？我们很难从表面上看到这些问题，待问题真正出现时，可能已经给我们的工作带来了很大的不便或者较大的损失。

Windows 系统中的性能监视器和网络监视器就是很重要的系统监测工具。图 8.93 为性能监视器管理界面。

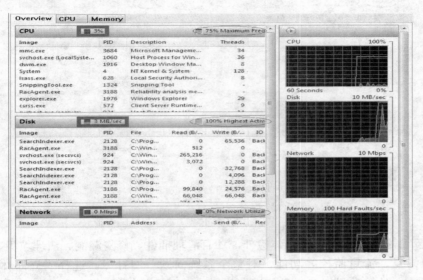

图 8.93　性能监视器

在图 8.93 中可看到 CPU、内存及网络运行时详细的数据，通过数据我们可以进一步分析是否达到瓶颈状态？是否经常超负荷运行？如要详细监测某一具体设备的运行状态，可选择计数器方式，如图 8.94 所示为计数器%processor time 的使用情况，可通过图表查看使用情况，也可通过日志查看监测记录，还可设置阈值和警报，如果该数据平均达到80%，说明 CPU 速度方面存在瓶颈，要更换 CPU 或者程序 Winword 被病毒所破坏。

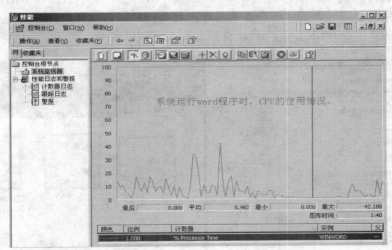

图 8.94　计数器%processor time 监测

还有很多第三方的安全管理工具也是不错的选择，如 360 安全卫士，如图 8.95 所示。

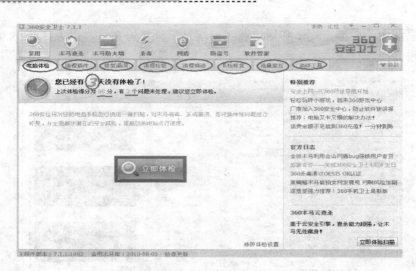

图 8.95　360 安全卫士

360 安全卫士除了对计算机体检外，还有清理插件、修复漏洞、清理垃圾、清理痕迹、系统修复、流量监控等功能，对整个系统问题一网打尽。选择"立即体检"，如图 8.96 所示，体检项目很多，包括漏洞扫描、恶评插件扫描、各类防火墙扫描等。

3. 系统杀毒

随着计算机和网络的普及，病毒也越来越泛滥。病毒不但破坏能力强，而且具有很强的传播能力，它可寄生在任何一个文件或程序中，并且具有很强的隐蔽性，经常到病毒发作时才被发现，但那时计算机可能已经受到很大程度的破坏。常用的杀毒软件有很多，如瑞星杀毒、金山杀毒、卡巴斯基杀毒，360 杀毒等。瑞星杀毒、金山杀毒、卡巴斯基杀毒等都需要花钱购买，而 360 杀毒是永久免费的杀毒软件，只需到 360 官方网站上下载安装即可正常使用。图 8.97 所示为 360 杀毒管理界面。

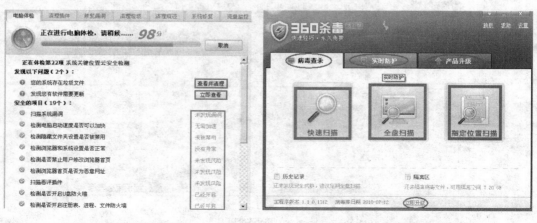

图 8.96　计算机体检　　　　　　　　　　　图 8.97　360 杀毒软件

　　杀毒软件主要靠病毒特征码来识别程序或文件是否被病毒感染，每天都会发现很多新的病毒，因此要经常更新病毒库，单击"立即升级"则自动从网络上升级本地病毒库。"快速扫描"可对系统容易被病毒感染的程序或文件进行快速扫描，发现病毒即提示进行相应的处理。"全盘扫描"即对系统的所有文件或程序进行全面扫描。

4. 防火墙

　　网络安全问题已经越来越严重，如果不加防范，我们随时都有可能中招。防火墙则是很好的网络防范措施。防火墙有基于硬件的防火墙，主要是面向于整个网络的防火墙，如教育网和机电学院校园网之间的第一道屏障就是外网防火墙。而我们每台计算机都有防火墙，它是基于软件实现的防火墙，是本机与网络之间的一道屏障。常用的计算机防火墙有 360 木马防火墙、瑞星防火墙、天网防火墙、Windows 系统防火墙等。其中，Windows 防火墙是系统自带的程序，设置较为简单，如图 8.98 所示。

　　图 8.98 中列表的程序或服务是允许传入的程序，也可用端口来代替程序或服务。例如，只允许端口号为 8008 的 www 服务访问我的网络，不允许端口号为 80 的 www 服务访问我的网络，这时只需添加 8008 端口号到列表中。

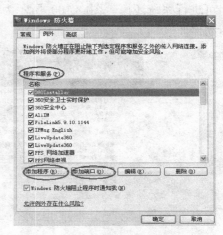

图 8.98　Windows 防火墙

　　360 木马防火墙也是一种免费软件，使用起来也非常方便，功能也相当强大，如图 8.99 所示。特别是针对木马的防范，如网页木马、木马漏洞攻击、U 盘木马、驱动木马等。

图 8.99　360 木马防火墙

5. 系统备份与还原

Windows 系统可能因多种原因出现异常甚至崩溃，对操作系统进行备份或恢复是非常重要的事情，Windows 系统提供了很多方法用于系统的健康恢复。

（1）系统还原

可以事先为系统创建系统还原点，当系统出现问题时可以使用系统还原将系统还原到以前没有问题时的状态。打开"开始"菜单，选择"程序"→"附件"→"系统工具"→"系统还原"命令，打开系统还原向导，选择好系统还原点，单击"下一步"按钮即可进行系统还原。图 8.100 所示为通过"系统还原设置"打开需要使用系统还原的驱动器。

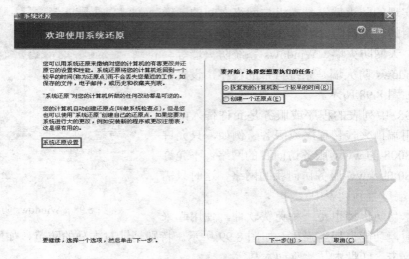

图 8.100　系统还原

如果系统不能正常启动到 Windows 的图形界面，则可在系统启动时按 F8 键，选择"带命令行提示的安全模式"，以管理员身份登录，输入命令%systemroot%\system32\restore\rstrui.exe，然后根据向导完成系统还原。

（2）还原驱动程序

如果在安装或者更新了驱动程序后，发现硬件不能正常工作了，可以使用驱动程序的还原功能。在设备管理器中，选择要恢复驱动程序的硬件，双击它打开"属性"窗口，选择"驱动程序"选项卡，然后选择"返回驱动程序"按钮，如图 8.101 所示。

（3）使用"安全模式"

如果计算机不能正常启动，可以使用"安全模式"或者其他启动选项来启动计算机，成功后我们就可以更改一些配置来排除系统故障。用户要使用"安全模式"或者其他启动选项启动计算机，在启动菜单出现时按下 F8 键，然后使用方向键选择要使用启动选项后按回车键即可，如图 8.102 所示。下面列出了 Windows 的高级启动选项的说明。

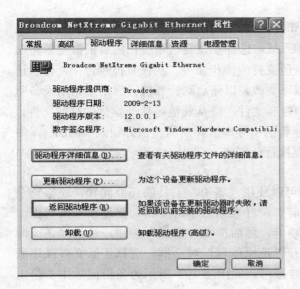

图 8.101 还原驱动程序   图 8.102 Windows 高级启动菜单

1）基本安全模式：仅使用最基本的系统模块和驱动程序启动 Windows，不加载网络支持，加载的驱动程序和模块用于鼠标、监视器、键盘、存储器、基本的视频和默认的系统服务，在安全模式下也可以启用启动日志。

2）带网络连接的安全模式：仅使用基本的系统模块和驱动程序启动 Windows，并且加载了网络支持，但不支持 PCMCIA 网络，带网络连接的安全模式也可以启用启动日志。

3）启用启动日志模式：生成正在加载的驱动程序和服务的启动日志文件，该日志文件命名为 Ntbtlog.txt，被保存在系统的根目录下。

4）启用 VGA 模式：使用基本的 VGA（视频）驱动程序启动 Windows，如果导致 Windows 不能正常启动的原因是安装了新的视频卡驱动程序，那么使用该模式非常有用，其他的安全模式也只使用基本的视频驱动程序。

5）最后一次正确的配置：使用 Windows 在最后一次关机是保存的设置（注册信息）来启动 Windows，仅在配置错误时使用，不能解决由于驱动程序或文件破坏或丢失而引起的问题，当用户选择"最后一次正确的配置"选项后，则在最后一次正确的配置之后所做的修改和系统配置将丢失。

6）目录服务恢复模式：恢复域控制器的活动目录信息，修改选项只用于 Windows 域控制器。

7）调试模式：启动 Windows 时，通过串行电缆将调试信息发送到另一台计算机上，以便用户解决问题。

（4）使用紧急恢复盘修复系统

如果"安全模式"和其他启动选项都不能成功启动 Windows，可以考虑使用故障恢复控制台，要使用恢复控制台，需使用 CD 驱动程序中操作系统的安装 CD 重新启动计

算机。当在文本模式设置过程中出现提示时，按 R 键启动恢复控制台，按 C 键选择"恢复控制台"选项，如果系统安装了多操作系统，选择要恢复的系统，然后根据提示输入管理员密码，并在系统提示符后输入系统所支持的操作命令，从恢复控制台中，可以访问计算机上的驱动程序，然后可以进行以下更改，以便启动计算机：启用或禁用设备驱动程序或服务；从操作系统的安装 CD 中复制文件，或从其他可移动媒体中复制文件，例如可以复制已经删除的重要文件；创建新的引导扇区和新的主引导记录（MBR），如果从现有扇区启动存在问题，则可能需要执行此操作。

（5）还原常规数据

当 Windows 出现数据破坏时，用户可以使用"备份"工具的还原向导，还原整个系统或还原被破坏的数据，当然还原之前要做好数据的备份工作。要还原常规数据，可打开"备份"工具窗口的"欢迎"选项卡，然后单击"还原"按钮，进入"还原向导"对话框，单击"下一步"按钮，打开"还原项目"对话框，选择还原文件或还原设备之后，单击"下一步"按钮继续向导即可。如图 8.103 所示为备份向导中备份内容的选择。

（6）使用克隆软件备份系统

Ghost 是目前最为常用的克隆软件，它能将硬盘或硬盘分区制作成镜像文件复制到另一个硬盘及硬盘分区当中，使用它还原时，保证与备份时数据完全一致。用 Ghost 执行备份与还原最好在 DOS 状态下进行。图 8.104 所示为硬盘到镜像文件的备份。如果选择 Local→Partition→To Image 命令，则为分区到镜像文件的备份。如果要将图 8.104 所制作的镜像文件还原到硬盘则选择 Local→Disk→From Image 命令。

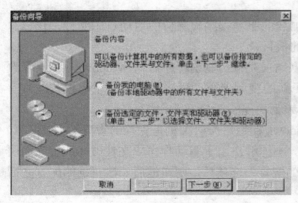
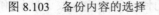
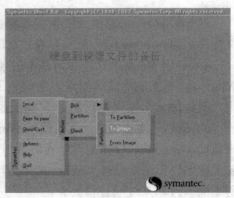

图 8.103　备份内容的选择　　　　　　图 8.104　Ghost 的使用

现在很多 Windows 系统安装盘在安装 Windows 系统时就是使用这种克隆技术，将其他机器已经安装好的 Windows 系统分区做成分区镜像文件保存在安装盘中，从安装盘启动，并自动运行 Ghost 程序，自动选择命令 Local→Partition→From Image，完成系统分区的克隆，重新启动计算机，更新驱动程序即完成了系统的安装。

验 收 单

学习领域	计算机操作与应用			
项目八	计算机组装、维护与网络访问	学时		8
关键能力	评价指标	自测（在□中打√）		备注
自我管理能力	1. 培养自己的责任心	□A □B □C		
	2. 管理自己的时间	□A □B □C		
	3. 所学知识的灵活运用	□A □B □C		
沟通能力	1. 知道如何尊重他人的观点	□A □B □C		
	2. 能否与他人有效地沟通	□A □B □C		
	3. 在团队合作中表现积极	□A □B □C		
	4. 能获取信息并反馈信息	□A □B □C		
解决问题能力	1. 学会使用信息资源	□A □B □C		
	2. 能发现并解决常规及特殊问题	□A □B □C		
设计创新能力	1. 面对问题能根据现有的技能提出有价值的观点	□A □B □C		
	2. 使用不同的思维方式	□A □B □C		
确定需求表	1. 制作计算机采购基本需求表	□A □B □C		
	2. QQ 号申请	□A □B □C		
	3. QQ 在线聊天讨论	□A □B □C		
	4. 网络搜索计算机商情	□A □B □C		
	5. 制作计算机采购详细需求表	□A □B □C		
	6. 45 分钟内完成	□A □B □C		
确定项目采购方案	1. 制定计算机采购、维护及报价表	□A □B □C		
	2. 电子邮件帐号申请	□A □B □C		
	3. 电子邮件发送与接收	□A □B □C		
	4. 网络搜索计算机商情	□A □B □C		
	5. 45 分钟内完成	□A □B □C		
组装计算机	1. 计算机硬件组装	□A □B □C		
	2. 硬盘分区	□A □B □C		
	3. 操作系统安装	□A □B □C		
	4. 驱动程序安装	□A □B □C		
	5. 45 分钟内完成	□A □B □C		
计算机及网络安装与调试	1. 网络的基本配置	□A □B □C		
	2. 常用软件的下载	□A □B □C		
	3. 常用软件的安装与调试	□A □B □C		
	4. 系统性能测试	□A □B □C		
	5. 45 分钟内完成	□A □B □C		
系统维护	1. 远程访问技术使用	□A □B □C		
	2. 系统安全性检查及设置	□A □B □C		

基本能力测评 / 业务能力测评

续表

学习领域	计算机操作与应用			
项目八	计算机组装、维护与网络访问		学时	8
关键能力	评价指标	自测（在□中打√）	备注
业务能力测评 系统维护	3. 系统杀毒 4. 防火墙设置 5. 系统备份及常用数据备份 6. 45分钟完成	□A　□B　□C □A　□B　□C □A　□B　□C □A　□B　□C	
教师评语				
成绩		教师签字		

课 后 实 践

一、填空题

1. 最常用的浏览器是微软公司的_____。

2. 当将鼠标指针移到网页中的超链接上时，鼠标指针会变成_____的形状。

3. 主页，英文名称为_____，它是在万维网（WWW）上的超链接网页。

4. 使用地址栏访问 Internet 时，在地址栏中输入网址，然后按下_____键即可。

5. 要使搜索结果中包含有与关键字完全相符的词，应该在关键字上加_____。

6. 要浏览前几天或几周内曾经浏览过的网页，可以使用_____功能。

7. 电子邮件又叫_____，它是利用计算机网络进行信息传输的一种现代化通信方式。

8. 要想通过 Internet 收发邮件，必须先申请一个属于自己的_____。

9. abc@163.com 邮件地址中的 abc 代表的是_____，163.com 代表的是_____。

10. "抄送"和"暗送"的不同之处在于，所有收件人（包括被抄送和暗送的人）都会看到"收件人"中的_____地址，但看不到文本框中的_____地址。

11. 在邮件列表框中，收件人地址左侧以及邮件正文预览窗格右上角的_____图形，表示此邮件带有附件。

12. 在 Outlook Express 中使用_____，可以使接收到的邮件自动分类并放入不同的文件夹中 。

13. FTP 是英文 File Transfer Protocol 的缩写，其中文意思是_____。

14. 登录 FTP 服务器的方式有两种：一种是要求用户提供_____和_____进行身份验证；还有一种是_____。

15. 一个硬盘最多有_____个主分区，逻辑分区最多有_____个。

16. 现在最流行的 Windows 操作系统有_____。

17. IPv4 中 IP 地址是用_____位二进制来表示，而 IPv6 中是用_____位二进制来表示。

18. 目前主流的 CPU 采用_____插槽结构。

19. 常用的杀毒软件有_____。

二、选择题

1. 以下_____方法不能启动 Internet Explorer 浏览器。

    A. 从桌面上的快捷图标启动

    B. 从"开始"→"所有程序"→"附件"菜单中启动

    C. 从"开始"→"所有程序"菜单中启动

    D. 从"快速启动"工具栏中启动

2. 工具栏中的停止按钮的作用是_____。

    A. 断开拨号网络的连接   B. 停止对当前网页的载入

    C. 暂停 Internet 服务   D. 以上都不对

3. 在浏览网页时,由于网上传输速度很慢,所以在打开一些数据量比较大的文件时,网页只能慢慢出现在屏幕上,或者显示一半后就无法显示,在这种情况下可以单击工具栏上的_____按钮停止下载。

    A. 主页   B. 历史记录   C. 刷新   D. 停止

4. 要将某一个页面设置成主页,首先单击_____菜单中的"Internet 选项"命令,打开"Internet 选项"对话框,然后在_____选项卡中进行设置。

    A. "工具"、"连接"   B. "查看"、"连接",

    C. "工具"、"常规"   D. "查看"、"常规"

5. 只查找网站标题名称中含有某个关键字的站点,需要在关键字前加_____。

    A. t: B. u: C. v: D. w:

6. 要求搜索结果中一定不含有某个关键词,需要使用_____逻辑运算符。

    A. AND   B. OR   C. NOT   D. NEAR

7. abc@163.com 邮件地址是_____网站的邮件地址。

    A. 搜狐   B. 新浪网   C. 263 在线   D. 网易

8. 电子邮件地址由两部分组成,用@分开,其中@前为_____。

    A. 用户名   B. 机器名   C. 本机域名   D. 密码

9. 假如要把一封邮件同时发送给多个收件人,需要用_____隔开每个地址。

    A. 英文逗号   B. 英文分号   C. 顿号   D. 斜杠

10. 新邮件撰写窗口中的"发件人"下拉列表框只有在用户设置了_____以上的邮件账户时才会显示出来,用户只有一个邮件账户时该下拉列表框不会出现。

    A. 2 或 2   B. 3 或 3   C. 4 或 4   D. 5 或 5

11. POP3 是指_____,而 SMTP 是指_____。

    A. 接收邮件服务器、发送邮件服务器

    B. 发送邮件服务器、接收邮件服务器

    C. 接收邮件服务器、域名服务器

D. 域名服务器、发送邮件服务器

12. 使用 CuteFTP 软件，不能完成_____操作。

    A. 登录 FTP 站点 B. 下载文件   C. 收发 E-mail   D. 上传文件

13. 下列_____ IP 地址不能直接分配给计算机使用？

    A. 1.1.1.1   B. 127.100.20.1   C. 192.168.100.100   D. 10.255.255.10

14. 下列_____ IP 地址不能直接分配给 Internet 上的计算机？

    A. 92.10.100.1   B. 3.10.10.10   C. 172.18.1.1   D. 11.25.2.10

15. IP 地址 222.192.98.19 默认的子网掩码是_____。

    A. 255.0.0.0   B. 255.255.255.0   C. 255.255.0.0   D. 255.255.255.255

三、简答题

1. 简述保存、打印网页或图片的方法。

2. 使用哪些方法可以加快浏览网页的速度？

3. 主页的作用是什么，如何进行设置？

4. 如何设置 Internet 临时文件的存储位置和大小？如何删除临时文件？

5. 什么是电子邮件？电子邮件有哪些特点？

6. 发送邮件时，暗送与抄送有什么区别？

7. 什么是 FTP 协议？

8. 简述在 IE 浏览器中使用 FTP 下载文件的过程。

9. 简述计算机硬件组装的程序。

10. Windows 安装盘自带的驱动不能正确识别网卡时怎么办？

11. 如何检测系统是否存在安全漏洞？

12. 常用的虚拟光驱软件有哪些？常用的光盘刻录软件又有哪些？

13. 如何测试网络访问速度？

14. 计算机操作系统被破坏后，有哪些解决办法？

15. 防火墙起什么作用？常用的个人防火墙软件有哪些？

四、操作题

1. 使用 IE 浏览器访问 www.21cn.com，掌握 IE 浏览器的高级设置。

2. 利用 www.google.com，学习搜索引擎的相关知识和搜索技巧。

3. 申请一个网易（www.163.com）免费邮箱，并用 Outlook Express 给自己发一封测试邮件。

4. 使用 CuteFTP 软件，在教师机 ftp 服务器下载课件，并上传课堂作业。

5. 结合所学知识，给自己组装一台台式计算机，要求详细列出每一个硬件的配置情况及报价，并列出所安装的各种软件，通过网络下载这些软件（除操作系统软件外）。

利用 VMware 虚拟机平台安装操作系统 Windows XP，并安装以上下载的各种软件，对系统进行优化和备份。

项目九

企业可视化分析与营销

任务 1 绘制组织结构图

任务描述

公司要求画一张组织结构图，如图 9.1 所示，表达各部门中的人员构成情况。这里给了一些材料：我公司（广州博夫玛五金进出口贸易有限公司）下设四个部门，外贸事业部有陈妙丹、林楚纯、曾证明和谭连芳 4 人；采购部有林晓敏 1 人；单证部有林洁武 1 人；人事部有冯涛 1 人。

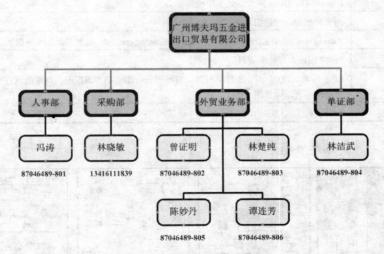

图 9.1　广州博夫玛五金进出口贸易有限公司组织结构图

这是一个普通的组织结构图设计，可以使用 Word 或 PowerPoint 完成。但从设计的方便、快捷程度以及修改难易考虑，使用 Visio 设计更合适。Visio 的"拖曳式绘图"是一大特色，它通过拖动模板中的模具即可组合、生成图表。

相关知识

1990 年，Visio 公司的产品面世。由于产品很畅销，被微软公司看中，于 1999 年并购了 Visio 公司，之后，微软将 Visio 与 Word、Excel、Access、PowerPoint 等软件集成在一起，成为 Microsoft Office 家族中的一员。

Visio 提供了 16 大类图表类型及 67 个模板，如表 9.1 所示。

表 9.1　Visio 2003 提供的各种图表类型及模板

图表类型	图表模板
Web 图表	网站图、网站总体设计图
地图	方向图、三维方向图
电气工程	电路图、工业控制系统图、基本电气图、系统图
工艺工程	工艺流程图、管道和仪表设备图
机械工程	部件和组件绘图、流体动力图
建筑设计图	HVAC 规划图、HVAC 控制逻辑图、安全和门禁平面图、办公室布局图、电气和电信规划图、工厂布局图、管线和管道平面图、家居规划图、空间规划图、平面布置图、天花板反向图、现场平面图
框图	基本框图、具有透视效果的框图、框图
灵感触发	灵感触发图
流程图	IDEF0 图表、SDL 图、基本流程图、跨职能流程图、数据流图表
软件	COM 和 OLE、Jackson、ROOM、UML 模型图、Windows 用户界面、程序结构、企业应用、数据流模型图
数据库	Express-G、ORM 图表、数据库模型图
图表和图形	图表和图形、营销图表
网络	ActiveDirectory、LDAP 目录、Novell Directory Services、机架图、基本网络图、详细网络图
项目日程	PERT 图表、甘特图、日历、时间线
业务进程	EPC 图表、TQM 图、工作流程图、故障树分析图、基本流程图、跨职能流程图、审计图、数据流图表、因果图
组织结构图	组织结构图、组织结构图向导

图 9.2 所示为几种常用的图形。

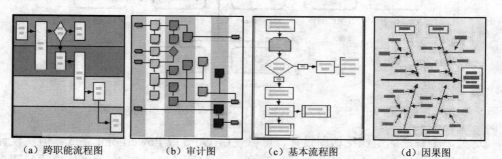

（a）跨职能流程图　　　（b）审计图　　　（c）基本流程图　　　（d）因果图

图 9.2　常用图形

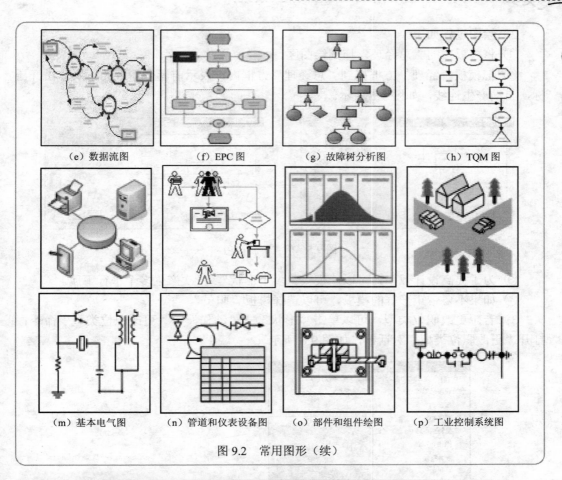

（e）数据流图　　　（f）EPC 图　　　（g）故障树分析图　　　（h）TQM 图

（m）基本电气图　　（n）管道和仪表设备图　　（o）部件和组件绘图　　（p）工业控制系统图

图 9.2　常用图形（续）

解决方案

1）"组织结构图"的打开过程如图 9.3 所示，组织结构图的模板与设计界面如图 9.4 所示。

图 9.3　"组织结构图"的打开过程　　　图 9.4　组织结构的模板与设计界面

2）绘图过程如下。

① 将模板中的"总经理"拖到绘图区。

② 把模板"经理"方框拖到"总经理"方框内，表示前者是后者的下属。松开鼠标，自动产生连线，如图 9.5 所示。

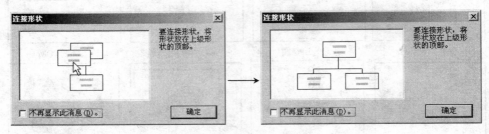

图 9.5　放置下属技巧

③ 为了提高设计效率，可以选模板"多个形状"，一次产生多个平行下属。

④ 如果不要带矩形框的模板，可以选择模板"职员"。

3）若想更改职位类型，可以单击"形状"→"动作"→"更改职位类型"命令，打开"更改职位类型"对话框，如图 9.6 所示。

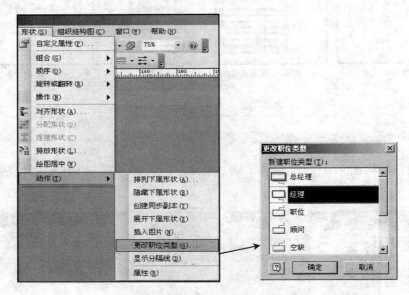

图 9.6　打开"更改职位类型"对话框

4）当矩形框重叠，可以单击菜单"组织结构图"→"重新布局"命令，自动调整布局，如图 9.7 所示。

5）将图形的方向由"从上到下"改为"从左到右"的过程如下，选中要修改的部分，单击菜单"形状"→"排放形状"命令，打开如图 9.8 所示的"排放形状"对话框。设置"放置"选项区的"方向"下拉列表框中为"从左到右"，由"从上到下"改为"从

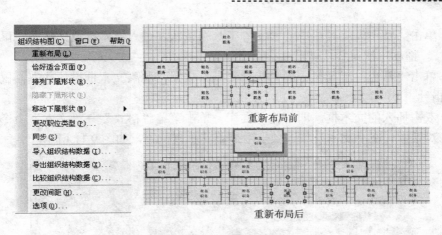

图 9.7　通过菜单"重新布局"调整间距

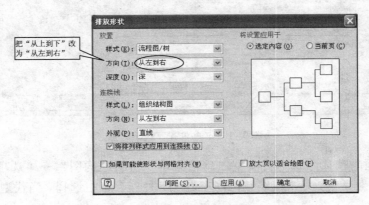

图 9.8　"排放形状"对话框

左到右"后，会看到修改后的效果如图 9.9 所示，但连线很乱。

6）调整连线。每个形状方框都有 4 个连接点"×"，如图 9.10 所示。单击连接点，将出现一个红色框 ▢ 来突出显示该线的端点，拖动红色框就可以改变该线的连接点。

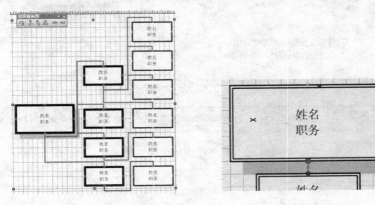

图 9.9　把"由上到下"调整为"由左向右"　　图 9.10　修改连接点

7）单击"常用"工具栏中的"文本工具"按钮，进入文本框设计状态，鼠标的形状变为⁺▣。拖动一次鼠标，就产生一个文本框。

8）单击"常用"工具栏中的"指针工具"按钮，脱离文本框设计状态，鼠标的形状变为指针。

9）双击插入的文本框，即可输入文字。单击菜单"格式"→"文本"命令，打开"文本"对话框，在"文本块"选项卡中调整其垂直位置，如图 9.11 所示。

图 9.11　垂直对齐方式的选择

10）方框的默认形状为古典型，单击菜单"组织结构图"→"选项"命令，则打开"选项"对话框，在"组织结构图主题"下拉列表框中选择"当代型"，如图 9.12 所示。

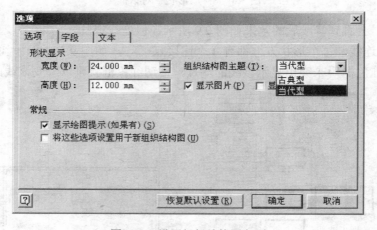

图 9.12　设置组织结构图主题

操作技巧

通过单击菜单"工具"→"报表"命令可以获取组织结构图的信息。

任务 2　绘制贸易流程图

任务描述

公司想通过贸易流程图（如图 9.13 所示）使新员工尽快熟悉业务流程。流程的主要环节为通过展会（或网站）获取客户资料，与进行供需交谈、报价，若达成产品规格和价格共识，做形式发票，当订金到位，业务部将订单送采购部，采购部给工厂下采购订单，…，客户验货，支付余款。

贸易流程图利用 Word、Excel 也能完成，但完成的速度、效果及修改的方便程度远远低于 Visio。

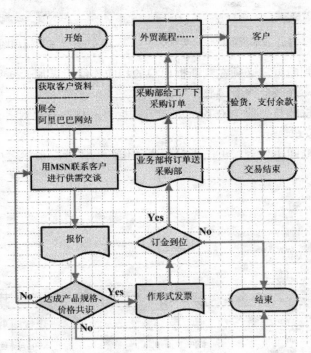

图 9.13　广州博夫玛五金进出口贸易有限公司贸易基本流程图

解决方案

1）打开"基本流程图"的过程如图 9.14 所示。

2）"基本流程图形状"中的主要模板如图 9.15 所示。

3）选中全部方框，单击工具栏"动作"中的"连接形状"按钮，软件会按照放置方框的先后顺序自动画出所有箭头线。

4）若连线的箭头方向与要求相反，则选中此线，单击"形状"→"操作"→"颠倒两端"命令进行操作，如图 9.16 所示。

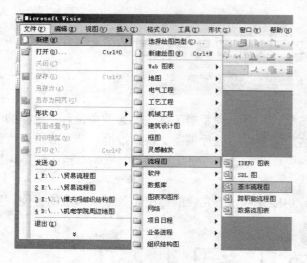

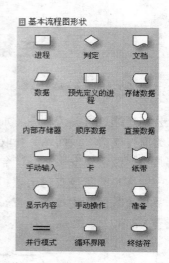

图 9.14　打开基本流程图设计界面　　　　图 9.15　"基本流程图形状"中的主要模板

5）对于菱形判断框，必须在判断框出口的相应连线附近加上 yes 和 no。

6）移动方框，连线会跟着调整。

7）为了使方框横排、竖排对齐，单击工具栏"动作"→"对齐形状"按钮，选择图 9.17 中相应的按钮。

8）为了使方框间距相等，单击工具栏"动作"→"分配形状"按钮，选择图 9.18 中相应的按钮。

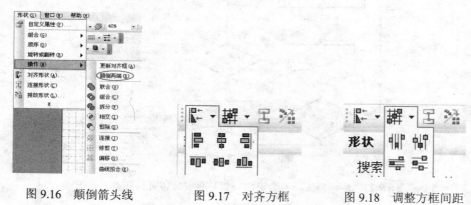

图 9.16　颠倒箭头线　　　　图 9.17　对齐方框　　　　图 9.18　调整方框间距

任务 3　绘制办公室平面图

任务描述

将公司 8m×5.5m 的办公室画出来，如图 9.19 所示。办公室包括经理办公室、财务室、会客厅。需要购置办公桌椅、沙发、计算机、打印机等。

该办公平面图，用 Word 完成是非常吃力的，用 Visio 设计则轻而易举。

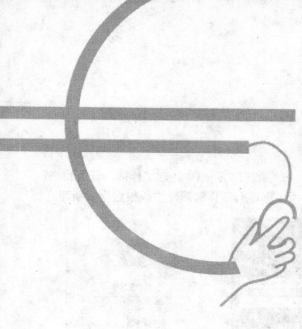

项目五

制作工资表

在企业中，工资计算是必不可少的一项工作。使用 Excel 可快速制作员工工资表并进行工资计算，既提高了工作效率，又规范了工资核算，为此后的工资查询、汇总等提供了方便。博夫曼科技有限公司将根据公司实际情况制作工资表。

任务 1　建立工资表

任务描述

工资表包括表名、制表时间、标题行，以及员工编号、姓名、部门、职务、基本工资、午餐补贴的基本数据等内容，如图 5.1 所示。

	A	B	C	D	E	F	G	H	I	J	K	L	M	N
1	博夫曼科技有限公司工资表													
2	制表时间: 2010年6月													
3														
4	员工编号	姓名	部门	职务	基本工资	职务津贴	午餐补贴	应发工资	失业保险	养老保险	医疗保险	应税所得额	个人所得税	实发工资
5	CW001	马一鸣	财务部	部门经理	4000	2000	250							
6	CW002	樊静	财务部	职员	2400	1000	250							
7	CW003	邹燕燕	财务部	职员	2800	1000	250							
8	XZ001	范俊	行政部	部门经理	4000	2000	250							
9	XZ002	王耀东	行政部	职员	2600	1000	250							
10	XZ003	孙晓斌	行政部	职员	2000	1000	250							
11	XZ004	竹青青	行政部	职员	3000	1000	250							
12	XS001	赵文博	销售部	部门经理	5000	2000	250							
13	XS002	王帅	销售部	职员	2200	1000	250							
14	XS003	宋家明	销售部	职员	2800	1000	250							
15	XS004	余伟	销售部	职员	4000	1000	250							
16	XS005	杨世荣	销售部	职员	3500	1000	250							
17	JS001	蒋晓舟	技术部	部门经理	6000	2000	250							
18	JS002	李丽	技术部	工程师	4400	1500	250							
19	JS003	鲁严	技术部	职员	3000	1000	250							
20	JS004	潘明涛	技术部	工程师	4000	1500	250							
21	JS005	赵昌彬	技术部	工程师	4200	1500	250							
22	JS006	陈敏之	技术部	职员	3600	1000	250							
23	KF001	郝心怡	客服部	部门经理	4000	2000	250							
24	KF002	黄芳儿	客服部	职员	3000	1000	250							
25	KF003	姚玲	客服部	职员	2000	1000	250							
26	KF004	张雨涵	客服部	职员	2200	1000	250							

图 5.1　工资表

解决方案

1. *启动 Excel 2003*

选择"开始"→"程序"→Microsoft Office→Microsoft Office Excel 2003 命令，如

图 5.2 所示。

2. 新建工作簿、保存工作簿

在 Excel 2003 界面的菜单中选择"文件"→"新建"，弹出"新建工作簿"任务窗格，如图 5.3 所示。可以选择"新建空白工作簿"、"根据现有工作簿新建"或根据模板新建。

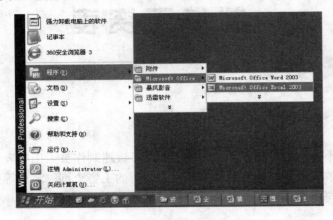

图 5.2　启动 Excel 2003　　　　　　　　　　　　图 5.3　"新建工作簿"任务窗格

启动并进入 Excel 2003 后，当前显示的工作簿即为新建的空白工作簿，默认情况下含有三个空白工作表 Sheet1、Sheet2、Sheet3，可在其中的任一工作表格区输入数据。

单击工具栏的"保存"按钮 。如果从未保存过该文件，此时将弹出"另存为"对话框，如图 5.4 所示。在该对话框中选择工作簿文件的保存位置，输入文件名，之后单击"保存"按钮。

图 5.4　"另存为"对话框

提　　示

当完成工作簿文件的建立后，在编辑过程中，或需要关闭文件时，都应将工作簿文件保存起来。为避免不必要的损失，需养成随时存盘的好习惯。

3. 将工作表 Sheet1 重命名为"工资表"

重命名工作表标签的步骤如图 5.5 所示。

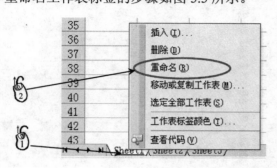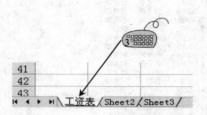

图 5.5　将 Sheet1 重命名为"工资表"

4. 输入表名、制表时间、标题行

从工资表的第一行开始输入表名、制表时间和标题行，如图 5.6 所示。

图 5.6　输入表名、制表时间和标题行

1）单击 A1 单元格，输入表名"博夫曼科技有限公司工资表"。

2）单击 A2 单元格，输入"制表时间：2010 年 6 月"。

3）单击 A4 单元格，输入"员工编号"。然后，使用 Tab 键依次选中 B4、C4、D4…N4 单元格，分别输入"姓名"、"部门"、"职务"、"基本工资"、"职务津贴"、"午餐补贴"、"应发工资"、"失业保险"、"养老保险"、"医疗保险"、"应税所得额"、"个人所得税"，"实发工资"，如此便完成了标题行的输入。

操作技巧

　　工作表的行列交叉处是工作单元格，简称单元或单元格。单元格是 Excel 数据存放的最小独立单元。单元格依照所在的行和列的位置命名，如 A1 表示由第 A 列和第 1 行交叉处形成的单元格。单元格区域是一组被选中的相邻或不相邻的单元格。若要表示相邻单元格组成的单元格区域，可以用该区域的左上角和右下角的单元格来表示，例如"A1:C3"。

5. 输入工资表中的基本数据

输入工资表中的基本数据，包括员工编号、姓名、部门、职务、基本工资、午餐补贴，如图 5.7 所示。

	A	B	C	D	E	F	G	H	I	J	K	L	M	N
1	博夫曼科技有限公司工资表													
2	制表时间：2010年6月													
3														
4	员工编号	姓名	部门	职务	基本工资	职务津贴	午餐补贴	应发工资	失业保险	养老保险	医疗保险	应税所得	个人所得	实发工资
5	CW001	马一鸣	财务部		4000		250							
6	CW002	崔静	财务部		2400		250							
7	CW003	邹燕燕	财务部		2800		250							
8	XZ001	范俊	行政部		4000		250							
9	XZ002	王耀东	行政部		2600		250							
10	XZ003	孙晓斌	行政部		2000		250							
11	XZ004	钟青青	行政部		3000		250							
12	XS001	赵文博	销售部		5000		250							
13	XS002	王萍	销售部		2000		250							
14	XS003	宋家明	销售部		2800		250							
15	XS004	余伟	销售部		4000		250							
16	XS005	杨世荣	销售部		3500		250							
17	JS001	蒋晓舟	技术部		6000		250							
18	JS002	李丽	技术部		4400		250							
19	JS003	鲁严	技术部		3000		250							
20	JS004	潘明涛	技术部		4000		250							
21	JS005	赵昌彬	技术部		4200		250							
22	JS006	陈敏之	技术部		3600		250							
23	KF001	郝心怡	客服部		4000		250							
24	KF002	黄芳儿	客服部		3000		250							
25	KF003	姚玲	客服部		2000		250							
26	KF004	张雨涵	客服部		2200		250							

图 5.7　工资表中的基本数据

（1）自动填充

　　若输入的数据是有规律的、有序的，如在一行或一列单元格中录入相同的数据，或输入 1、2、3……，星期一、星期二……星期日等连续变化的系列数据时，则可以使用 Excel 2003 中提供的自动填充功能，提高工作效率。

　　工资表中 "午餐补贴" 列的具体数据均为 "250"，可使用自动填充进行输入。在工资表的 G5 单元格输入 "250"，鼠标移到 G5 单元格的右下角，形状变为黑色的十字型，按住鼠标左键，沿列的方向拖动到 G26 单元格，松开鼠标左键，如图 5.8 所示。

	A	B	C	D	E	F	G	H
1	博夫曼科技有限公司工资表							
2	制表时间：2010年6月							
3								
4	员工编号	姓名	部门	职务	基本工资	职务津贴	午餐补贴	失业
5	CW001	马一鸣	财务部		4000		250	
6	CW002	崔静	财务部		2400			
7	CW003	邹燕燕	财务部		2800			
8	XZ001	范俊	行政部		4000			
9	XZ002	王耀东	行政部		2600			
10	XZ003	孙晓斌	行政部		2000			
11	XZ004	钟青青	行政部		3000			
12	XS001	赵文博	销售部		5000			
13	XS002	王萍	销售部		2000			
14	XS003	宋家明	销售部		2800			
15	XS004	余伟	销售部		4000			
16	XS005	杨世荣	销售部		3500			
17	JS001	蒋晓舟	技术部		6000			
18	JS002	李丽	技术部		4400			
19	JS003	鲁严	技术部		3000			
20	JS004	潘明涛	技术部		4000			
21	JS005	赵昌彬	技术部		4200			
22	JS006	陈敏之	技术部		3600			
23	KF001	郝心怡	客服部		4000			
24	KF002	黄芳儿	客服部		3000			
25	KF003	姚玲	客服部		2000			
26	KF004	张雨涵	客服部		2200			
27							250	

图 5.8　自动填充 "午餐补贴" 列的具体数据

　　类似的，可完成 "部门" 列具体数据的输入。

任务5　设计折叠广告

任务描述

为 司设计一个宣传广告，宣传页为 28cm×7cm，折叠成 4 页。宣传内容中包括公司名称、公司 Logo、公司产品、电话、邮箱、地址、公交乘车等，通过图片反映公司的产品，其效果如图 9.29 所示。

使用 Publisher 可以快速确定折叠纸张的版面位置、文字排放和打印后的剪切标记。

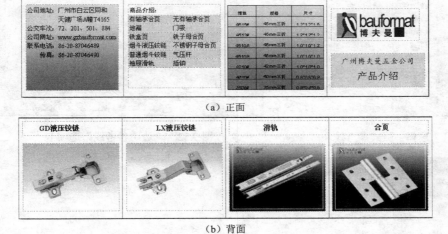

（a）正面

（b）背面

图 9.29　折叠式宣传广告

解决方案

1）选择"新建出版物"窗格中的"空白出版物"→"横幅"命令。

2）确定尺寸为 28cm×7cm，如图 9.30 所示。

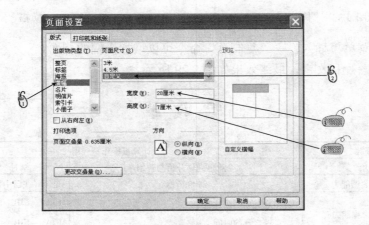

图 9.30　修改横幅尺寸

3）为了把 28cm 等分 4 块，单击菜单"排列"→"版式参考线"命令，如图 9.31 所示。然后将图 9.32 中的左右上下边距都改为 0；将图 9.33 网格参考线的列数改为 4，间距改为 0。横幅此时如图 9.34 所示。

图 9.31　选择"版式参考线"命令

图 9.32　"边距参考线"选项卡

图 9.33　网格参考线

图 9.34　横幅

4）单击菜单"插入"→"复制页"命令可以增加横幅的背面。

5）选择图片和文字，最终效果如图 9.29 所示。

验 收 单

学习领域		计算机操作与应用		
项目九		企业可视化分析与营销	学时	6
关键能力		评价指标	自测（在□中打√）	备注
基本能力测评	自我管理能力	1. 培养自己的责任心	□A　□B　□C	
		2. 管理自己的时间	□A　□B　□C	

续表

学习领域		计算机操作与应用		
项目九		企业可视化分析与营销	学时	6
	关键能力	评价指标	自测（在□中打√）	备注
基本能力测评	自我管理能力	3. 所学知识的灵活运用	□A □B □C	
	沟通能力	1. 知道如何尊重他人的观点	□A □B □C	
		2. 能否与他人有效地沟通	□A □B □C	
		3. 在团队合作中表现积极	□A □B □C	
		4. 能获取信息并反馈信息	□A □B □C	
	解决问题能力	1. 学会使用信息资源	□A □B □C	
		2. 能发现并解决常规及特殊问题	□A □B □C	
	设计创新能力	1. 面对问题能根据现有的技能提出有价值的观点	□A □B □C	
		2. 使用不同的思维方式	□A □B □C	
业务能力测评	Visio 的使用	1. 快速绘制出组织结构图	□A □B □C	
		2. 会绘制贸易流程图、程序流程图	□A □B □C	
		3. 能绘制简单的建筑设计图	□A □B □C	
		4. 能绘制简单的地图	□A □B □C	
		5. 每种图能在 30 分钟完成	□A □B □C	
	Publisher 的使用	1. 能设计名片	□A □B □C	
		2. 能设计折叠广告	□A □B □C	
		3. 每种设计能在 30 分钟完成	□A □B □C	
	其他			

教师评语

成绩			教师签字	

课 后 实 践

一、选择题

1. Visio 是用于_____的软件。

    A．图片处理　　　B．可视化管理　　C．图像制作　　　D．图形制作

2. Publisher 是用于_____的软件。

    A．文本编辑　　　B．出版印刷　　　C．表格设计　　　D．图表制作

3. 下列关于 Visio 的说法正确的是_____。

    A．仅仅用于绘制专业图形

B. 仅仅用于绘制生活图形

C. 不仅可以用于绘制专业图形，也可以绘制生活图形

D. 绘制专业图形胜过专业图形软件

4. Visio 中，"排放形状"按钮用于_____。

A. 改变方框放置样式   B. 改变方框放置方向

C. 改变方框放置深度   D. 以上 3 个都对

5. Visio 中，许多形状的边缘上有若干个"×"，它们用于_____。

A. 改变形状的大小   B. 改变形状的位置

C. 作为连线的关键点   D. 表示此形状即将被删除

6. Visio 中，当产生"□"时，表示_____。

A. 此连接点处于激活状态   B. 操作错误时的严重警告

C. 一个形状   D. 作为删除此形状的关键点

7. Visio 中，"文本工具"按钮_____。

A. 只能改变形状的文本   B. 只能改变模具的文本

C. 可以改变连线的文本   D. 可以在绘图页添加独立文本

8. Publisher 能设计_____。

A. 书面出版物和空白出版物   B. 网站和电子邮件

C. 设计方案集   D. 以上 3 个都行

二、判断题

1. Visio 和 Publisher 是 Office 家族的成员。（   ）

2. Visio 的一个特色是"拖曳式绘图"。（   ）

3. Visio 图表不可以插入其他 Office 文档中。（   ）

4. Visio 不能设计网站图。（   ）

5. Publisher 能设计网页。（   ）

6. 在用 Visio 设计组织结构图时，将一个模板形状拖到绘图页上的一个形状上，若覆盖面达到 50%以上，则会使两个形状产生连线。（   ）

7. 在 Visio 中，单击"连接形状"按钮可以将选中区域的所有形状都连接起来。

三、操作题

1. 参照图 9.35，画校园地图。

2. 用 Publisher 设计一张海报。

3. 绘制如图 9.36 所示的程序流程图。

4. 绘制一个如图 9.37 所示的教室（有标记板、讲台、门窗等）。

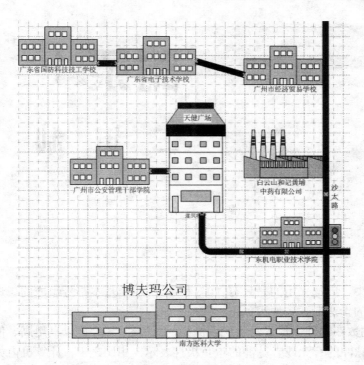

图 9.35 校园地图

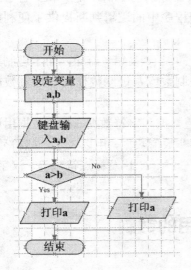

图 9.36 判断数字大小的流程图

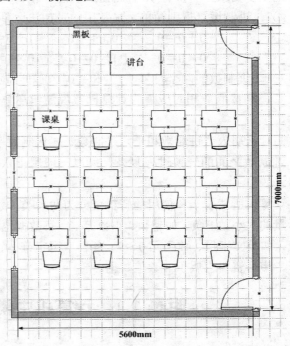

图 9.37 教室示意图

附录 1

二 进 制

在计算机中，广泛采用的是只有"0"和"1"两个基本符号组成的二进制数，而不使用人们习惯的十进制数，原因如下。

1）二进制数在物理上最容易实现。例如，"1"和"0"可以只用高、低两个电平表示，也可以用脉冲的有无或者脉冲的正负极性表示。相比之下，计算机内如果采用十进制，则至少要求元器件有 10 种稳定的状态，在目前这几乎是不可能的事。

2）二进制运算规则简单，最常用的是加法运算和乘法运算，其运算法则如下。

$$0+0=0 \qquad 0+1=1 \qquad 1+0=1 \qquad 1+1=10$$
$$0\times0=0 \qquad 1\times0=0 \qquad 0\times1=0 \qquad 1\times1=1$$

3）二进制数的两个符号"1"和"0"正好与逻辑命题的两个值"是"和"否"或称"真"和"假"相对应，为计算机实现逻辑运算和程序中的逻辑判断提供了便利的条件。

为什么引入八进制数和十六进制数？二进制数书写冗长、易错、难记，而十进制数与二进制数之间的转换过程复杂，所以一般用十六进制数或八进制数作为二进制数的缩写。

计算机所能表示和使用的资料可分为两大类：数值数据和字符数据。数值数据用以表示量的大小、正负、如整数、小数等。字符数据也叫非数值数据，用以表示一些符号、标记，如英文字母、数字元 0～9、各种专用字符＋、－、*、/、[及标点符号等。汉字、图形、声音资料也属于非数值数据。

附录 1.1 计算机中常用的数制

（1）十进制

1）基数为 10，即逢十进一。

2）需要 10 个数字符号：0、1、2、3、4、5、6、7、8、9。

【例1】　$135.625D = 1 \times 10^2 + 3 \times 10^1 + 5 \times 10^0 + 6 \times 10^{-1} + 2 \times 10^{-2} + 5 \times 10^{-3}$

D表示十进制数，但D可以省略。

（2）二进制

1）基数为 2，即逢二进一。

2）需要有两个数字符号：0、1。

【例2】　$110.101B = 1 \times 2^2 + 1 \times 2^1 + 0 \times 2^0 + 1 \times 2^{-1} + 0 \times 2^{-2} + 1 \times 2^{-3}$

B 表示二进制数。

（3）八进制

1）基数为 8，即逢八进一。

2）需要 8 个数字符号：0、1、2、3、4、5、6、7。

【例3】　$(3523.56)_8 = 3 \times 8^3 + 5 \times 8^2 + 2 \times 8^1 + 3 \times 8^0 + 5 \times 8^{-1} + 6 \times 8^{-2}$

O 表示八进制数，即 3523.56O，也可用 $(3523.56)_8$ 这种形式表示。其他数制也一样，如 $(110.101)_2$。

（4）十六进制

1）基数为 16，即逢十六进位。

2）需要 16 个数字符号：0、1、2、3、4、5、6、7、8、9、A、B、C、D、E、F，其中 A、B、C、D、E、F 依次与十进制的 11、12、13、14、15 相当。

【例4】　$135.625H = 1 \times 16^2 + 3 \times 16^1 + 5 \times 16^0 + 6 \times 16^{-1} + 2 \times 16^{-2} + 5 \times 16^{-3}$

H 表示十六进制。

应当指出，二、八、十六和十进制都是计算机中常用的数制，附表 1.1 列出了 0～15 这 16 个十进制数与其他三种数制的对应表示。

附表 1.1　四种计数制的对应表示

十进制	0	1	2	3	4	5	6	7	8	9	10	11	12	13	14	15
二进制	0	1	10	11	100	101	110	111	1000	1001	1010	1011	1100	1101	1110	1111
八进制	0	1	2	3	4	5	6	7	10	11	12	13	14	15	16	17
十六进制	0	1	2	3	4	5	6	7	8	9	A	B	C	D	E	F

附录 1.2　各种数制间的转换

就十进制、二进制、八进制和十六进制这 4 种数制来说，它们之间的转换可分为三类。

1. 非十进制数转换成十进制数

利用按权展开的方法，可以把任一数制的数转换成十进制数。

【例5】　将二进制数转换成十进制数。

$$(110.101)_2 = 1 \times 2^2 + 1 \times 2^1 + 0 \times 2^0 + 1 \times 2^{-1} + 0 \times 2^{-2} + 1 \times 2^{-3} = (6.625)_{10}$$

【例6】　将十六进制数转换成十进制数。

$$(2B)_{16} = 2 \times 16^1 + B \times 16^0 = 32 + 11 = 43$$

其他数制的数转换成十进制数的过程与上述相同。

2. 十进制数转换成非十进制数

十进制数包含两类数，一类是整数，另一类是小数。由于对整数部分和小数部分处理方法不同，我们将分别进行讨论，而且先以十进制数对二进制数的转换为例。

（1）十进制数整数转换成二进制数

1）除2取余法。先用基数2去除被转换的十进制数，然后不断地用2除上次相除所得的商，直至商为0。每次相除所得余数便是对应的二进制数各位的数字。第一个余数为最低有效位，最后一个余数为最高有效位。

【例7】　将十进制数215转换成二进制数。

解　如附图1.1所示，可得215=$(11010111)_2$。

2	215	余数	
2	107	1	最低位
2	53	1	
2	26	1	
2	13	0	
2	6	1	
2	3	0	
2	1	1	
	0	1	最高位

附图1.1　十进制—二进制转换

2）填写法。

【例8】　用填写法将十进制数215转换成二进制数。

215−128=87	87−64=23	23−16=7	7−4=3	3−2=1	1−1=0
128	64	32	16	8	4	2	1
1	1	0	1	0	1	1	1

所以215=$(11010111)_2$。

（2）十进制小数转换成二进制数

1）乘2取整法。对十进制小数乘2，取积的整数部分作为相应的二进制位；然后再对积的小数部分乘2，重复前述步骤，直到小数部分为0或者达到精度要求为止。第一次得到的整数部分为最高位，最后一次得到的为最低位。

【例9】　将十进制数0.625转换成二进制数。

解　如附图1.2所示，所以0.6875=$(0.1011)_2$。

	整数	小数
	0	.625
	×	2
最高位	1	.250
	×	2
	0	.500
	×	2
最低位	1	.000

附图1.2　十进制—二进制转换

2）填写法。可以用填写法的思想对小数部分进行转换、即如果包含一个 2^{-n}，就在相应位置下填 1，不足 2^{-n}，就在相应位置下填 0。

【例 10】　将十进制数 0.6875 转换成二进制数。

解　$0.625-0.5=0.125$　　$0.125-0.125=0$

　　　　0.5　　0.25　　　　0.125

　　　　1　　0　　　　　1　　　1

所以 $0.65=(0.101)_2$。

由上可知，对任一带有小数的数、只需将其整数、小数部分分别转换，然后用小数点连接起来即可。但是需要指出，并不是任何一个十进制小数都能经过有限次乘 2 后变成整数的，所以十进制小数通常只能用二进制近似表示。这就是很多程序设计语言把整数定义为整型，把小数定义为实型的原因。

上述将十进制数转换成二进制数的方法同样适用于十进制—八进制、十六进制—十六进制的转换，只是基数不同。

3. 二、八、十六进制数间的转换

用二进制数编码，存在这样一个规律：若用一组二进制数表示具有 8 种状态的八进制数，至少要用三位。同样，表示一位十六进制数，至少要用 4 位。

【例 11】　将 $(11101010011.10111)_2$ 转换成八进制。

解　在 011　　101　　010　　011.101　　110

　　　　　3　　5　　2　　3.5　　6

将一个二进制数转换成八进制数，自小数点开始分别向左向右每三位一组划分，第一组和最后一组是不足三位经补上 0 后而成的。然后将各组代换为相应的八进制数，小数点位置不变。

所以原二进制数转换成 $(3523.56)_8$

【例 12】　将 $(3740.562)_8$ 转换成二进制数。

解　　（3　　7　　4　　0　　5　　6　　2）$_8$

　　　　　　011　111　100　000　101　110　010

　　　所以原八进制数转换成二进制为 $(11111100000.10111001)_2$。

【例 13】　将 $(111101010011.10111)_2$ 转换成十六进制。

解　因为1111　　0101　　0011.1011　　1000

　　　　　　F　　5　　3.B　　8

将一个二进制数转换成十六进制数，自小数点开始分别向左向右每四位一组划分，最后一组是不足四位经补 0 而成的。

所以原二进制数转换成十六进制为 $(F53.B8)_{16}$。

【例14】将 $(2AF.C5)_{16}$ 转换为二进制数。

解　因为　（2　　A　　F　　C　　5）$_{16}$

　　　　　　0010　　1010　　1111　　1100　　0101

所以原十六进制数转换成二进制为（1010101111.11000101）$_2$

关于八进制数与十六进制数之间的转换可以以二进制为桥梁进行，即先把八进制转化为二进制数，然后再把二进制数转换为十六进制数。

附录 1.3　字符的编码表示

如前述，计算机中的信息是用二进制编码表示。用以表示字符的二进制编码称为字符编码。计算机中使用的字符编码有 BCD 码、EBCDIC（扩展 BCD 码）、ASCII 码和 Unicode 等。ASCII 码则是最常用的一种，下面介绍几种常用的字符编码。

1. ASCII 码

ASCII 码（America Standard Code for Information Interchange）是美国标准信息交换码，被国际化组织指定为国际标准，分为 7 位和 8 位两种版本。国际通用的是 7 位 ASCII 码，包括大、小写英文字母、阿拉伯数字、标点符号及控制符等特殊符号编码，共 128 个字符。扩展的 ASCII 码已使用 8 位，可表示 256 个字符，其编码表如附录 2 所示。表中每个字符都对应一个数值，称为该字符的 ASCII 码值。如数字"0"的 ASCII 码值为 48（30H），"A"的为 65（41H），"a"的为 97（61H）等。

请注意，阿拉伯数字、小写英文字母、大写英文字母三组常用的字符，各组字符的 ASCII 码值都是连续递增的。所以，记住一组中第一个字符的 ASCII 码值就可推算出其他字符的。如"d"的 ASCII 码值是 100，"2"的 ASCII 码值是 50 等。

2. BCD 码

BCD 码是二进制编码的十进制数（Binary Coded Decimal）的简写，有四位 BCD 码、六位 BCD 码和扩展的 BCD 码三种。

（1）8421 BCD码

8421BCD 码曾被广泛使用，它用四位二进制数表示一个十进制数字，四位二进制数从左到右其权分别为 8、4、2、1。为了对一个多位十进制数进行编程，需要有和十进制元数字的位数一样多的四位组。显然，8421BCD 只能表示十进制数的 0～9 十个字符。

（2）扩展 BCD 码

8421BCD 只能表示十个十进制数，自然数字元数太少。即使后来产生的六位 BCD 码也只能表示 64 个字符，其中包括十个十进制数，26 个英文字母和 28 个特殊字符。而在某些场合，还需要区分大、小写英文字母。扩展 BCD 码（Extended Binary Coded Decimal Interchang Coded）缩写为 EBCDIC，它是由 8 位组成，可以表示 2^8=256 个符号。EBCDIC 码就是为此提出的。

EBCDIC 码是最常用的编码之一，IBM 及 UNIVAC 计算机系统均采用这种编码。

3. Unicode

EBCDIC 和扩展的 ASCII 码所提供的 256 个字符，对于英语和西欧地区的语言来说已经够用了。但对于亚洲和其他地区所用的表意文字还不够，它们还需要表示更多的字符和意义，因此又出现了 Unicode。

Unicode 是一种 16 位的编码，能够表示 65000 多个字符或符号。而目前世界上的各种语言，一般都是用 34000 多个字母或符号，所以 Unicode 可以用于任何一种语言。此外，Unicode 与现在流行的 ASCII 码完全兼容，因为二者的前 256 个字符是一样的。目前，Unicode 已经在 Windows NT、OS/2、Office 等软件中使用。

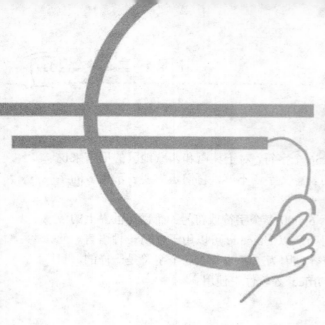

附录 2

常用 ASCII 码表

目前使用最广泛的西文字符集及其编码是 ASCII 字符集和 ASCII（American Standard Code for Information Interchange）码，它同时也被国际标准化组织 ISO（International Organization for Standardization）批准为国际标准。

常用的 ASCII 码表共有 128 个字符，其中有 96 个可打印字符，包括常用的字母、数字、标点符号等，另外还有 32 个控制字符，如附表 2.1 所示。

附表 2.1   常用 ASCII 码表

代码	字符	代码	字符	代码	字符	代码	字符	代码	字符
32		52	4	72	H	92	\	112	p
33	!	53	5	73	I	93	]	113	q
34	"	54	6	74	J	94	^	114	r
35	#	55	7	75	K	95	_	115	s
36	$	56	8	76	L	96	`	116	t
37	%	57	9	77	M	97	a	117	u
38	&	58	:	78	N	98	b	118	v
39	'	59	;	79	O	99	c	119	w
40	(	60	<	80	P	100	d	120	x
41	)	61	=	81	Q	101	e	121	y
42	*	62	>	82	R	102	f	122	z
43	+	63	?	83	S	103	g	123	{
44	,	64	@	84	T	104	h	124	|
45	-	65	A	85	U	105	i	125	}
46	.	66	B	86	V	106	j	126	~
47	/	67	C	87	W	107	k		
48	0	68	D	88	X	108	l		
49	1	69	E	89	Y	109	m		
50	2	70	F	90	Z	110	n		
51	3	71	G	91	[	111	o		

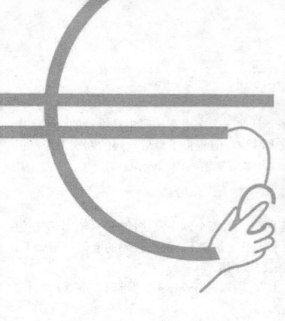

附录3

五笔字型输入法

五笔字形码是一种形码，它是按照汉字的字形（笔划、部首）进行编码的，在国内非常普及。例如，"通知"只需键入"cetd"，"会议室"只需键入"wypg"。

五笔字型一般敲四键就能输入一个汉字。为了提高速度，设计了简码输入和词汇码输入方法。

1. 简码输入

（1）一级简码字

对一些常用的高频字，敲一键后再敲一空格键即能输入一个汉字。高频字共 25 个，如附图 3.1 所示。如"和"，输入码（t+空格）；"一"输入码（g+空格）。

我 35 Q	人 34 W	有 33 E	的 32 R	和 31 T	主 41 Y	产 42 U	不 43 I	为 44 O	这 45 P
	工 15 A	要 14 S	在 13 D	地 12 F	一 11 G	上 21 H	是 22 J	中 23 K	国 24 L
		Z	经 55 X	以 54 C	发 53 V	了 52 B	民 51 N	同 25 M	

附图 3.1 一级简码字

（2）二级简码字

由单字全码的前两个字根代码接着一空格键组成，最多能输入 25×25=625 个汉字。如"长"输入码为（ta），"年"输入码（rh），"到"输入码（gc）。

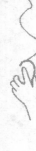
（3）三级简码字

由单字前三个字根接着一个空格键组成。凡前三个字根在编码中是唯一的，都选作三级简码字，一共约 4400 个。虽敲键次数未减少，但省去了最后一码的判别工作，仍有助于提高输入速度，如"兹"输入码（uxx），"请"输入码（yge）。

2. 词汇输入

五笔字型中的词和字一样，一词仍只需四码。用每个词中汉字的前一、二个字根组成一个新的字码，与单个汉字的代码一样，来代表一条词汇。词汇代码的取码规则如下。

1）双字词：分别取每个字的前两个字根构成词汇简码。

【例1】　"全体"取"人、王 、亻、木"，输入码（wgws）；"准时"取"冫、亻、日、寸"，输入码（uwjf）。

2）三字词：前二个字各取一个字根，第三个取前二个字根作为编码。

【例2】　"会议室"取"人、讠、宀、一"，输入码（wypg）。

3）四字词：每字取第一个字根作为编码。

【例3】　"程序设计"取"禾、广、言、言"，输入码（tyyy）；"事实证明"取"一"。

4）多字词：取一、二、三、末四个字的第一个字根作为构成编码。

【例4】　"中华人民共和国"取"口、亻、人、囗"（kwwl）；"电子计算机"取"日、子、言、木"（jbys）等。

3. 输入键名字

把对应键连敲四次的方法输入。键位左上角的字根就是键名，王、土、大、木、工、目、日、口、田、山、言、立、水、火、之、禾、白、月、人、金、子、女、又、纟共25 个，如附图 3.2 所示。

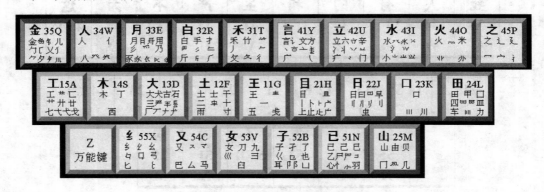

附图 3.2　五笔字型字根总表

4. 成字字根输入

采用先敲字根所在键一次（称为挂号），然后再敲该字字根的第一、第二以及最末一个单笔按键。

【例5】　石，第一键为"石"字根所在的 d，二键为首笔"横"g 键，第三键为次笔"撇"t 键，第四键为末笔"横"g 键；甲，可拆为"甲、丨、乙、丨"，输入码为（lhnh），手，是一个二级简码，只需输入字根所在的"手"和首笔"丿"，输入码（rt）。

但对于用单笔划构成的字，如"一"、"丨"、"丿"、"丶"、"乙"等，第一、二键是相同的，规定后面增加两个英文 ll 键。这样"一"、"丨"、"丿"、"丶"、"乙"等的单独编码如下。

一：ggll　　　丨：hhll　　　丿：ttll　　　丶：yyll　　　乙：nnll

5. 复合汉字编码

凡是由基本字根(包括笔型字根)组合而成的汉字，都必须拆分成基本字根的一维数列，然后再依次键入计算机。

【例6】　"新"字要拆分成：立、木、斤，输入码（usr）；"灭"要拆分成：一、火，输入码（goi）；"未"拆分成：二、小，输入码（fii）等。

6. 末笔字型交叉识别码

对于不足四码的汉字，要加上末笔字型交叉识别码。

【例7】　"灭"要拆分成：一、火，输入码（goi），其中 i 为末笔字型交叉识别码。

【例8】　这个例子说明末笔字型交叉识别码的必要性。

"汀"字拆分成"氵、丁"，编码也为 is；"沐"字拆分成"氵、木"，编码也为 is；"洒"字拆分成"氵、西"编码也为 is。

这是因为"木、丁、西"三个字根都是在 s 键上。就这样输入，计算机无法区分它们。为了进一步区分这些字，五笔字型编码输入法中引入一个末笔字型交叉识别码，它是由字的末笔笔划和字型信息共同构成的。

末笔笔划只有 5 种，字型信息只有三类，因此末笔字型交叉识别码只有 15 种，如附表 3.1 所示。

附表 3.1　末笔字型交叉识别码

末笔画 ＼ 字型	左右型 1	上下型 2	杂合型 3
横 1	11G	12F	13D
竖 2	21H	22J	23K
撇 3	31T	32R	33E
捺 4	41Y	42U	43I
折 5	51N	52B	53V

从表中可见，"沐、汀、洒"的交叉识虽码分别为 y、h、g。如果字根编码和末笔交叉识别码都一样，这些汉字称重码字。对重码字只有进行选择操作，才能获得需要的汉字。

从上面的例子可以看出，汉字输入的第一步是先拆分字根，再由字根所在的键及输入规则组成输入码，下面简单介绍一下五笔字型的拆分规则。

7. 五笔的字根及排列

在五笔字型编码输入法中，选取了组字能力强、出现次数多的 130 个左右的部件作为基本字根，其余所有的字，包括那些虽然也能作为字根，但是在五笔字型中没有被选为基本字根的部件，在输入时都要经过拆分成基本字根的组合。

对选出的 130 多种基本字根，按照其起笔笔划，分成五个区。以横起笔的为第一区，以竖起笔的为第二区，以撇起笔的为第三区，以捺（点）起笔的为第四区，以折起笔的为第五区，如附表 3.2 所示。

附表 3.2   五笔字型输入法五种笔划

代　　号	笔画名称	笔画走向	笔画及变形
1	横	左→右	一
2	竖	上→下	｜
3	撇	右上→左下	丿
4	捺	左上→右下	丶丶
5	折	带转折	乙 乛 亅

每一区内的基本字根又分成五个位置，也以 1、2、3、4、5 表示。这样 130 多个基本字根就被分成了 25 类，每类平均 5-6 个基本字根。这 25 类基本字根安排在除 Z 键以外的 A～Y 的 25 个英文字母键上。五笔字型字根总表以及五笔字型键盘字根排列如附图 3.2 所示。

8. 拆分的基本规则

（1）按书写顺序

【例9】   "新"字要拆分成：立、木、斤（usr），而不能拆分成立、斤、木；"想"拆分成木、目、心（shn），而不是木、心、目等，以保证字根序列的顺序性。

（2）能散不连，能连不交

【例10】   "于"字拆分为一、十（gf），而不能拆分为二、｜。因为后者两个字根之间的关系为交而前者是"散"。拆分时遵守"散"比"连"优先"连"比"交"优先的原则。

（3）取大优先

【例11】   "果"拆分为日、木（js）；而不拆分为旦、小。保证在书写顺序下拆分成尽可能大的基本字根，使字根数目最少。所谓最大字根是指如果增加一个笔划，则不成其基本字根的字根。

（4）兼顾直观

【例12】   "自"字拆分成：丿、目（thd）；而不拆分为：白、一等，后者欠直观。

9.　字根的区位和助记词

为了便于记忆基本字根在键盘上的位置，王永民编写了字根助记忆词。

1（横）区字根键位排列。

11G　王旁青头戋（兼）五一（借同音转义）

12F　土士二干十寸雨

13D　大犬三羊古石厂

14S　木丁西

15A　工戈草头右框七

2（竖）区字根键位排列

21H　目具上止卜虎皮（"具上"指具字的上部"且"）

22J　日早两竖与虫依

23K　口与川，字根稀

24L　田甲方框四车力

25M　山由贝，下框几

3（撇）区字根键位排列

31T　禾竹一撇双人立（"双人立"即"彳"）反文条头共三一（"条头"即"夂"）

32R　白手看头三二斤（"三二"指键为"32"）

33E　月彡（衫）乃用家衣底（"家衣底"即"豕"）

34W　人和八，三四里（"三四"即"34"）

35Q　金勺缺点无尾鱼（指"勹、"）犬旁留乂儿一点夕，氏无七（妻）

4（捺）区字根键排列

41Y　言文方广在四一　高头一捺谁人去

42U　立辛两点六门疒

43I　水旁兴头小倒立

44O　火业头，四点米（"火"、"业"、"灬"）

45P　之宝盖，摘礻（示）（衣）

5（折）区字根键位排列

51N　已半巳满不出己　左框折尸心和羽

52B　子耳了也框向上（"框向上"指"凵"）

53V　女刀九臼山朝西（"山朝西"为"彐"）

54C　又巴马，丢矢矣（"矣"丢掉"矢"为"厶"）

55X　慈母无心弓和匕　幼无力（"幼"去掉"力"为"幺"）

10.　Z 键的用法

从五笔字型的字根键位图可见，26 个英文字母键只用了 A～Y 共 25 个键，Z 键用于辅助学习。

当对汉字的拆分难以确定用哪一个字根时，不管它是第几个字根都可以用 Z 键来代替。借助于软件，把符合条件的汉字都显示在提示行中，再键入相应的数字，则可把相应的汉字选择到当前光标位置处。在提示行中还显示了汉字的五笔字型编码，可以作为学习编码规则使用。

　　金山打字通是一款练习中文输入法的好工具，我们可以利用它来进行各种输入法的练习与速度、正确率测试。

操作技巧

输入法常用快捷键

Ctrl+空格键：中英文输入法之间的切换。

Ctrl+Shift：不同中文输入法之间的切换。

Ctrl+点号：中英文标点符号之间的切换。

Shift+空格：全角半角之间的切换。

参 考 文 献

李昌福，黄翔东，马长坤. 2006. 我用 Visio 制图[M]. 北京：国防工业出版社.

李建俊，陈捷. 2006. 计算机应用基础[M]. 北京：科学出版社.

宋文官. 2007. 电子商务实用教程[M]. 3 版. 北京：高等教育出版社.

吴长海，陈达. 2008. 计算机基础教程[M]. 北京：科学出版社.

许晞. 2007. 计算机应用基础[M]. 北京：高等教育出版社.

张翼，李辉. 2004. 案例学 Excel 2003 中文版[M]. 北京：人民邮电出版社.

郑德庆等. 2005. 大学计算机基础[M]. 广州：暨南大学出版社.

http://baike.baidu.com/view/880.htm?fr=ala0_1_1

http://baike.baidu.com/view/2214.htm?fr=ala0_1_1

http://baike.baidu.com/view/1254947.htm

http://baike.baidu.com/view/2327763.htm#2

http://en.wikipedia.org/wiki/History_of_Microsoft_Windows

http://en.wikipedia.org/wiki/Windows_XP

http://hi.baidu.com/chenji8074/blog/item/600b8a103f5c1d0b203f2ef5.html

http://wiki.answers.com/Q/How_many_lines_of_source_code_did_Windows_XP_take_to_program

http://www.dell.com.cn/h

http://www.docin.com/p-55956224.html

http://www.hallsmart.com.cn/

http://www.pooban.com/html/66/n-366.html

http://zhidao.baidu.com/question/142274916.html?si=1&wtp=wk